Liebe Schülerin, lieber Schüler,

der Schnittpunkt soll dich in diesem Schuljahr beim Lernen begleiten und unterstützen. Damit du dich jederzeit zurecht findest, wollen wir dir ein paar Hinweise geben.

Jedes neue Kapitel beginnt mit einer **Doppelseite**, auf der es viel zu entdecken und auszuprobieren gibt und auf der du nachlesen kannst, was du in diesem Kapitel lernen wirst. Innerhalb der Kapitel wirst du vor allem die **Aufgaben** bearbeiten – gemeinsam mit anderen oder allein.

Auf vielen Aufgabenseiten findest du immer wieder bunt hervorgehobene Kästen, die Verschiedenes bieten:

- Wichtige mathematische Methoden und Vorgehensweisen, die du immer wieder brauchen wirst.
- Informationen, Daten und Diagramme zu einem interessanten Thema sowie einige Fragestellungen, zu denen du Antworten und Fragen finden kannst.
- Den Anstoß zu einer ausführlichen Beschäftigung mit einem Thema, bei dem es einiges zu entdecken gibt.
- Wissenswertes aus alter Zeit.
- Schaufenster in die Mathematik mit Interessantem, Staunenswertem, mit Spielen, Bastelideen, Gedankenexperimenten und echten Knobelnüssen.

Methode

Thema

Anstoß

Zeitfenster

Schaufenster

Info | Spielen | Basteln

Experiment | Staunen | Knobeln

Am Ende jedes Kapitels findest du in der **Zusammenfassung** noch einmal alles, was du dazugelernt hast. Hier kannst du dich für die anstehenden Klassenarbeiten fit machen und jederzeit nachschlagen.
Unter **Üben • Anwenden • Nachdenken** sind Aufgaben zum Üben, Weiterdenken und Anknüpfen an früher Gelerntes zusammengestellt.
Die letzte Seite des Kapitels, der **Rückspiegel**, bietet dir eine Aufgabenauswahl, mit der du dein Wissen und Können testen kannst. Links findest du die leichteren, rechts die schwierigeren Aufgaben. Wenn du einen Aufgabentyp schon sehr gut beherrschst, kannst du nach rechts springen, wenn dir eine Art von Aufgaben noch Schwierigkeiten bereitet, wechselst du auf die linke Seite. Die Lösungen zu diesen Aufgaben findest du alle am Ende des Buches.
Im **Sammelpunkt** sind noch einmal Aufgaben zusammengestellt, die aufgreifen, was du bis Klasse 8 gelernt hast. Auch zu diesen Aufgaben findest du Lösungen am Ende des Buches.

Manche Aufgaben haben eine blaue Aufgabenziffer. Bei diesen musst du ein bisschen länger überlegen oder brauchst eine gute Idee.

Und jetzt wünschen wir dir viel Spaß und Erfolg!

Inhalt

Basiswissen | Rechnen mit Brüchen

$\frac{1}{6} + \frac{3}{4} = \frac{1 \cdot 2}{6 \cdot 2} + \frac{3 \cdot 3}{4 \cdot 3} = \frac{2}{12} + \frac{9}{12} = \frac{11}{12}$

$\frac{4}{5} - \frac{2}{3} = \frac{4 \cdot 3}{5 \cdot 3} - \frac{2 \cdot 5}{3 \cdot 5} = \frac{12}{15} - \frac{10}{15} = \frac{2}{15}$

$\frac{2}{3} + \frac{1}{2} = \frac{1}{2} + \frac{2}{3}$, denn $\frac{2}{3} + \frac{1}{2} = \frac{4}{6} + \frac{3}{6} = \frac{7}{6} = 1\frac{1}{6}$

$\frac{1}{2} + \frac{2}{3} = \frac{3}{6} + \frac{4}{6} = \frac{7}{6} = 1\frac{1}{6}$

$\left(\frac{2}{3} + \frac{2}{5}\right) + \frac{1}{5} = \frac{2}{3} + \left(\frac{2}{5} + \frac{1}{5}\right) = \frac{2}{3} + \frac{3}{5} = \frac{10}{15} + \frac{9}{15}$

$= \frac{19}{15} = 1\frac{4}{15}$

Zwei Brüche werden **addiert** oder **subtrahiert**, indem man beide Brüche auf einen gemeinsamen Nenner erweitert und dann die beiden Zähler addiert oder subtrahiert.
In Summen dürfen die Summanden vertauscht
und beliebig Klammern gesetzt und weggelassen werden.

1 Berechne im Kopf.

a) $\frac{2}{5} + \frac{3}{5}$ b) $\frac{5}{7} - \frac{2}{7}$ c) $\frac{3}{4} + \frac{5}{4}$

d) $\frac{2}{3} + \frac{1}{4}$ e) $1 - \frac{1}{5}$ f) $\frac{2}{3} + \frac{2}{5}$

g) $\frac{1}{3} + 1$ h) $\frac{3}{4} - \frac{3}{8}$ i) $\frac{5}{6} - \frac{1}{3}$

2 Addiere und subtrahiere.

a) $\frac{5}{6} + \frac{3}{8}$ b) $\frac{3}{4} + \frac{4}{5}$ c) $\frac{3}{4} - \frac{5}{9}$

d) $\frac{7}{8} + \frac{4}{5}$ e) $\frac{3}{5} - \frac{2}{7}$ f) $\frac{2}{3} - \frac{2}{5}$

g) $\frac{6}{7} - \frac{5}{8}$ h) $\frac{5}{7} + \frac{2}{9}$ i) $\frac{3}{8} - \frac{2}{9}$

3 Rechne in gemischter Schreibweise.

a) $1\frac{3}{4} - \frac{1}{2}$ b) $2\frac{2}{3} + 1\frac{1}{2}$

c) $1\frac{2}{3} + 2\frac{7}{8}$ d) $1\frac{4}{5} - 1\frac{1}{8}$

e) $1\frac{4}{9} - \frac{1}{6}$ f) $\frac{1}{2} + 1\frac{5}{6}$

4 Berechne.

a) $\frac{3}{4} + \frac{4}{3} + \frac{1}{4}$ b) $\frac{1}{6} + \left(\frac{1}{4} + \frac{5}{6}\right)$

c) $\frac{1}{2} + \left(\frac{3}{7} + \frac{1}{4}\right) + \frac{9}{14}$ d) $\left(\frac{2}{7} + \frac{5}{8}\right) + \left(\frac{5}{7} + \frac{3}{4}\right)$

e) $\frac{1}{12} + \left(\frac{3}{7} + \frac{5}{6}\right) + \frac{2}{7} + \frac{1}{3}$ f) $\left(\frac{1}{6} + \frac{2}{3}\right) + \frac{1}{2} + \left(\frac{8}{9} + \frac{3}{4}\right)$

$\frac{2}{3} \cdot \frac{5}{7} = \frac{2 \cdot 5}{3 \cdot 7} = \frac{10}{21}$

$\frac{2}{3} : \frac{4}{5} = \frac{2}{3} \cdot \frac{5}{4} = \frac{2 \cdot 5}{3 \cdot 4} = \frac{10}{12} = \frac{5}{6}$

$\frac{3}{5} \cdot \frac{4}{7} = \frac{4}{7} \cdot \frac{3}{5}$, denn $\frac{3}{5} \cdot \frac{4}{7} = \frac{3 \cdot 4}{5 \cdot 7} = \frac{12}{35}$

$\frac{4}{7} \cdot \frac{3}{5} = \frac{4 \cdot 3}{7 \cdot 5} = \frac{12}{35}$

$\left(\frac{2}{3} \cdot \frac{2}{5}\right) \cdot \frac{5}{2} = \frac{2}{3} \cdot \left(\frac{2}{5} \cdot \frac{5}{2}\right) = \frac{2}{3} \cdot 1 = \frac{2}{3}$

Zwei Brüche werden **multipliziert**, indem man Zähler mit Zähler und Nenner mit Nenner multipliziert.
Zwei Brüche werden **dividiert**, indem man den ersten Bruch mit dem Kehrbruch des zweiten Bruches multipliziert.
In Produkten dürfen die Faktoren vertauscht und beliebig Klammern gesetzt und weggelassen werden.

5 Berechne im Kopf.

a) $\frac{3}{5} \cdot \frac{1}{2}$ b) $\frac{1}{2} \cdot \frac{9}{5}$ c) $\frac{2}{3} \cdot \frac{1}{2}$

d) $\frac{3}{8} \cdot 1$ e) $\frac{3}{4} : \frac{7}{3}$ f) $1 \cdot \frac{5}{7}$

g) $1 : \frac{5}{6}$ h) $\frac{2}{3} \cdot \frac{3}{4}$ i) $\frac{8}{9} : 1$

6 Multipliziere und dividiere.

a) $\frac{3}{5} \cdot \frac{7}{6}$ b) $\frac{3}{7} : \frac{8}{5}$ c) $\frac{4}{9} \cdot \frac{4}{5}$

d) $\frac{7}{9} \cdot \frac{1}{4}$ e) $\frac{5}{6} : \frac{6}{7}$ f) $\frac{4}{9} : \frac{7}{4}$

g) $\frac{11}{9} : \frac{6}{5}$ h) $\frac{5}{9} \cdot \frac{7}{8}$ i) $\frac{3}{8} : \frac{8}{7}$

7 Berechne. Kürze wenn möglich.

a) $\frac{5}{4} : \frac{15}{8}$ b) $\frac{8}{25} \cdot \frac{5}{12}$

c) $\frac{5}{9} \cdot \frac{3}{10}$ d) $\frac{3}{5} \cdot \frac{10}{3}$

e) $\frac{9}{8} : \frac{3}{10}$ f) $\frac{25}{12} : \frac{5}{6}$

8 Benutze die Rechengesetze.

a) $\left(\frac{2}{5} \cdot \frac{3}{4}\right) \cdot \frac{5}{3}$ b) $\frac{3}{8} \cdot \left(\frac{5}{7} \cdot \frac{4}{3}\right)$

c) $\left(\frac{8}{9} \cdot \frac{7}{5}\right) \cdot \left(\frac{3}{4} \cdot \frac{15}{14}\right)$ d) $\frac{5}{8} \cdot \left(\frac{14}{3} \cdot \frac{12}{25}\right) \cdot \frac{4}{7}$

e) $\frac{8}{6} \cdot \left(\frac{2}{25} \cdot \frac{4}{7}\right) \cdot \left(\frac{15}{8} \cdot \frac{21}{16}\right)$ f) $\left(\frac{8}{9} \cdot \frac{3}{10}\right) \cdot \frac{7}{20} \cdot \left(\frac{5}{4} \cdot \frac{10}{21}\right)$

Basiswissen | Rechnen mit rationalen Zahlen

Beim **Addieren** von rationalen Zahlen mit **gleichen Vorzeichen** addiert man zunächst die Zahlen, ohne die Vorzeichen zu berücksichtigen. Das Ergebnis erhält das gemeinsame Vorzeichen beider Zahlen. Bei **verschiedenen Vorzeichen** subtrahiert man die Zahlen ohne Berücksichtigung ihres Vorzeichens. Das Ergebnis erhält das Vorzeichen der Zahl, die von null weiter entfernt liegt.

$-12 + (-17) = -29$

$17 + (-29) = -12$

Beim **Subtrahieren** einer rationalen Zahl wird ihre Gegenzahl addiert.

$(-11) - (+13) = (-11) + (-13) = -24$

$(-22) - (-15) = (-22) + (+15) = -7$

Haben beim **Multiplizieren** beide Faktoren **gleiche Vorzeichen**, dann ist der Wert des Produkts **positiv**. Haben die Faktoren **verschiedene Vorzeichen**, dann ist der Wert des Produkts **negativ**.

$(-12)\cdot(-7) = +(12\cdot7) = 84$

$(-12)\cdot(+7) = -(12\cdot7) = -84$

Haben beim **Dividieren** Dividend und Divisor **gleiche Vorzeichen**, dann ist der Wert des Quotienten **positiv**. Haben Dividend und Divisor **verschiedene Vorzeichen,** ist der Wert des Quotienten **negativ**.

$(-96):(-12) = +(96:12) = 8$

$(-96):(+12) = -(96:12) = -8$

1 a) $(+23) + (+36)$ b) $(-15) + (-45)$ c) $-45 + (-13)$ d) $34 + (-23)$ e) $-4{,}6 + 2{,}2$ f) $\frac{1}{2} + \left(-\frac{3}{4}\right)$

2 a) $(+34) - (+18)$ b) $(-56) - (-64)$ c) $42 - (-17)$ d) $-100 - 120$ e) $3{,}2 - 5{,}8$ f) $-\frac{1}{4} - \frac{1}{8}$

3 a) $(+12)\cdot(+9)$ b) $(-11)\cdot(-22)$ c) $-5\cdot(-25)$ d) $-0{,}5\cdot(-12{,}8)$ e) $-\frac{1}{3}\cdot\left(-\frac{1}{2}\right)$ f) $\frac{1}{2}\cdot\left(-\frac{1}{3}\right)$

4 a) $(+15)\cdot(-22)$ b) $(-9)\cdot(+19)$ c) $7\cdot(-21)$ d) $-30\cdot0{,}4$ e) $\frac{1}{4}\cdot(-8)$ f) $-\frac{2}{3}\cdot24$

5 a) $(+99):(+11)$ b) $(-100):(-8)$ c) $-175:(-25)$ d) $-15:(-0{,}5)$ e) $-\frac{17}{40}:(-17)$ f) $\frac{3}{4}:\left(-\frac{1}{4}\right)$

6 a) $(+56):(-7)$ b) $(-256):(+16)$ c) $72:(-3{,}6)$ d) $-3{,}9:0{,}13$ e) $\frac{1}{3}:\left(-\frac{2}{9}\right)$ f) $-5{,}2:0{,}1$

Berechnen von Rechenausdrücken

Rechenausdrücke mit rationalen Zahlen werden nach denselben Regeln berechnet wie Ausdrücke mit natürlichen Zahlen.

Punktrechnung geht vor **Strich**rechnung.

$-96 - 24:8 = -96 - 3 = -99$

Was in **Klammern** steht, wird **zuerst** berechnet.

$-15 - (100 - 2\cdot25)$
$= -15 - (100 - 50) = -15 - 50 = -65$

Innere Klammer vor **äußerer Klammer**.

$12 - (35 - (25 - 12)) = 12 - (35 - 13)$
$= 12 - 22 = -10$

7 a) $20 + 11\cdot(-8)$
b) $13\cdot(-5) + 25\cdot(-11)$
c) $-2{,}5\cdot10 - (-2)\cdot(-4{,}5) + 0{,}5\cdot(-4{,}2)$
d) $100:25 - (-8{,}4):(-2{,}1)$
e) $20 - (-25 + 105)$
f) $-(-35 - 35) - (36 - 37)$
g) $-\left(\frac{1}{2} - \frac{1}{3}\right) + \left(\frac{1}{3} - \frac{1}{2}\right)$

8 a) $5{,}2 - (10{,}8 - 2\cdot5{,}6)$
b) $-150:25 - (5 - 225:15)$
c) $3\cdot(4 - 5) - 4\cdot(5 - 6)$
d) $250 - (23 - (45 - 22))$
e) $-10{,}2 - (5{,}3 - 2\cdot(4{,}5 - 2{,}5))$
f) $2\cdot(4 - 5{,}5) - (3\cdot(4{,}2 - 5{,}7) + 2)$
g) $10 - (2{,}5\cdot2{,}1 - (1{,}5\cdot(-3) - 0{,}5))$

Basiswissen | Rechnen mit Termen

$3 \cdot x - 2 \cdot y + z$
Wert des Terms für $x = 4;\ y = 3;\ z = -5$:
$3 \cdot 4 - 2 \cdot 3 + (-5) = 12 - 6 - 5 = 1$

Der **Wert eines Terms** lässt sich berechnen, indem die Variablen durch Zahlen ersetzt werden.

$2x + 3y + x - 2y + 4z$
$= 2x + x + 3y - 2y + 4z$
$= 3x + y + 4z$

Gleichartige Terme lassen sich durch Addieren und Subtrahieren **zusammenfassen**, verschiedenartige dagegen nicht.

	T_1: $2x + 3y - 4x$	T_2: $3y - 2x$
$x = -1$	$-2 + 7{,}5 + 4$	$3 \cdot 2{,}5 - 2 \cdot (-1)$
und	$= 5{,}5 + 4$	$= 7{,}5 + 2$
$y = 2{,}5$	$= 9{,}5$	$= 9{,}5$

Terme heißen **äquivalent**, wenn ihre Werte nach jeder Ersetzung der Variablen durch Zahlen übereinstimmen.

$3xy \cdot 5z \cdot 4xz$
$= (3 \cdot 5 \cdot 4) \cdot (x \cdot x) \cdot y \cdot (z \cdot z)$
$= 60x^2yz^2$
$8abc : (-4) = -2abc$

Terme lassen sich **multiplizieren**, indem man die Koeffizienten und die Variablen getrennt multipliziert.
Beim **Dividieren** eines Terms durch eine Zahl wird nur der Koeffizient dividiert.

$x + (y + z) = x + y + z$
$x - (y + z) = x - y - z$
$x - (y - z) = x - y + z$
$x \cdot (y + z) = xy + xz$
$(x + y) : z = x : z + y : z$

Klammerregeln für Terme
- Addition einer Summe
- Subtraktion einer Summe
- Subtraktion einer Differenz
- Multiplikation einer Summe (Verteilungsgesetz)
- Division einer Summe

1 Setze die Zahl 3 für x und die Zahl −1 für y ein und berechne den Wert des Terms.
a) $2x + 3y$ b) $-2x - 3$
c) $2x \cdot 3y$ d) $y^2 - x$

2 Setze für die Variable x die ganzen Zahlen von −3 bis 3 ein und berechne den Wert des Terms.
a) $4 + 2x$ b) $-3x - 4$
c) $2x - 5x$ d) $2x^2 - x$

3 Fasse zusammen.
a) $9x + 12y - 5x + 7x - 4y$
b) $4a + 7b - 13a + 9b - b$
c) $3xy + 10ab - 9xy - 21ab$
d) $4a^2 - 4a + 4 - a^2 + a - 4$

4 Ergänze so, dass die Rechnung stimmt.
a) $10x - \square - 3x + 2y = 7x - 7y$
b) $-12x - y + \square - 5y = 5x - 6y$
c) $2a - 3b - 4 - a - \square = a - 4 + b$
d) $3xy - \square + 19ab - \square = 2xy + 20ab$

5 Multipliziere bzw. dividiere.
a) $6xy \cdot 5z \cdot 4 \cdot 8x$ b) $5x \cdot (-4y) \cdot 3 \cdot (-z)$
c) $12a \cdot (-6bc) \cdot 4a$ d) $2a \cdot 3ab \cdot c \cdot (-2a)$
e) $25xy : 2{,}5$ f) $35y^2 : (-7)$

6 Beachte „Punkt vor Strich".
a) $5xy + 4x \cdot (-7y) - 12y \cdot 3x$
b) $42xy - 40xy : 8 + 25xy - 20xy \cdot 3$
c) $3ab \cdot (-4ab) - cd \cdot cd + 5a^2b^2$

7 Löse die Klammern auf und berechne.
a) $9a + (12b - 6a) - 3b$
b) $6a + (14 - 3a) + (2a - 5)$
c) $10m - (3m + 5n) - (n + 2m)$
d) $6m - (-4n + m) + (-10m + 2n)$

8 Schreibe ohne Klammer.
a) $3a(9b + 6)$ b) $8a(7b - 9c)$
c) $(12x - 6y) \cdot 5y$
d) $(18x + 15y^2) \cdot (-2x)$
e) $-9x \cdot (-6x - 7y^2)$ f) $(14a - 21) : 7$
g) $(17ab - 34bc) : 17$
h) $(8a^2b - b^2) : (-0{,}5)$

Basiswissen | Gleichungen lösen

Um eine Gleichung zu lösen, führt man **Termumformungen** und **Äquivalenzumformungen** aus.
Durch solche Umformungen ändert sich die Lösung einer Gleichung nicht. Am Ende steht eine Gleichung, deren Lösung unmittelbar abzulesen ist.

$$8x + 27 + x + 2\cdot(8 - 3x) = -32 + 4\cdot(24 - x)$$

$$\downarrow$$

$$x = 3$$

Termumformungen
Die zwei Terme auf der linken und der rechten Seite der Gleichung werden durch Zusammenfassen einzeln vereinfacht. Enthält ein Term **Klammern**, werden diese zuerst aufgelöst.

$$\begin{aligned} 8x + 27 + x + 2\cdot(8 - 3x) &= -32 + 4\cdot(24 - x) \\ 8x + 27 + x + 16 - 6x &= -32 + 96 - 4x \\ 3x + 43 &= 64 - 4x && \mid +4x \\ 7x + 43 &= 64 && \mid -43 \\ 7x &= 21 && \mid :7 \\ x &= 3 \end{aligned}$$

Äquivalenzumformungen
- Auf beiden Seiten der Gleichung wird derselbe Term addiert oder subtrahiert.
- Beide Seiten der Gleichung werden mit derselben Zahl multipliziert oder durch dieselbe Zahl dividiert. **Ausgeschlossen** sind die Multiplikation mit null und die Division durch null.

Probe:

linker Term	rechter Term
$8\cdot3 + 27 + 3 + 2\cdot(8 - 3\cdot3)$	$-32 + 4\cdot(24 - 3)$
$= 24 + 27 + 3 + 2\cdot(8 - 9)$	$= -32 + 4\cdot21$
$= 24 + 27 + 3 + 2\cdot(-1)$	$= -32 + 84$
$= 24 + 27 + 3 - 2$	$= 52$
$= 52$	

1 Löse die Gleichung so weit wie möglich im Kopf.
a) $12x - 18 = 4x + 30$
b) $19x + 8 - 7x = 48 - 8x$
c) $29 - 17x = -18x + 30$
d) $34x - 27 + 8x = 50x - 87 - 2x$
e) $-x + 3x + 1 = -2x + 2 + 3x - 1$
f) $34 + 15x = 46 + 18x$

2 Löse die Gleichung.
a) $0{,}5x - 1 = 6$
b) $\frac{1}{3}x + 5 = 9$
c) $\frac{3}{4}x + \frac{7}{2} = \frac{1}{4}x + 6$
d) $\frac{5}{6}x + \frac{1}{4} = 4$
e) $1{,}5x + 8 = 6 - 0{,}5x$
f) $9{,}6x + 7 - 2{,}4x = -0{,}8x + 19$

3 Löse zuerst die Klammern auf, bevor du die Gleichung löst.
a) $6\cdot(3x + 4) = 5\cdot(2x + 8)$
b) $-12x + 4\cdot(x - 9) = 3\cdot(2 - 5x)$
c) $y + 2\cdot(7 - y) - 5 = 13\cdot(y - 9)$
d) $4\cdot(y - 11) = 11\cdot(y - 4)$
e) $3\cdot(6 - u) + 4\cdot(2u + 5) = 3\cdot(u - 8)$

4 Die drei Schwierigen!
a) $\frac{1}{3}x + \frac{1}{2}\cdot(4 - 2x) = \frac{7}{6} + x$
b) $6\cdot(5 + 6y) = \frac{3}{2}\cdot(9 + 21y) + 13{,}5$
c) $2\cdot(1 + z) + 3\cdot(7 - z) - 4\cdot(2z - 1)$
$-(6 - 12z) = 0$

5 Das 7-Fache einer Zahl ist 3-mal so groß wie ihr um 5 verkleinertes 4-Faches.

6 a) In 8 Jahren wird Anca 3-mal so alt sein wie sie jetzt ist.
b) In 5 Jahren wird Bea 4-mal so alt sein wie sie vor 10 Jahren war.

7 Welche Aufgabe ist am Zahlenstrahl dargestellt? Löse sie und trage sie in einen richtig unterteilten Zahlenstrahl ein.

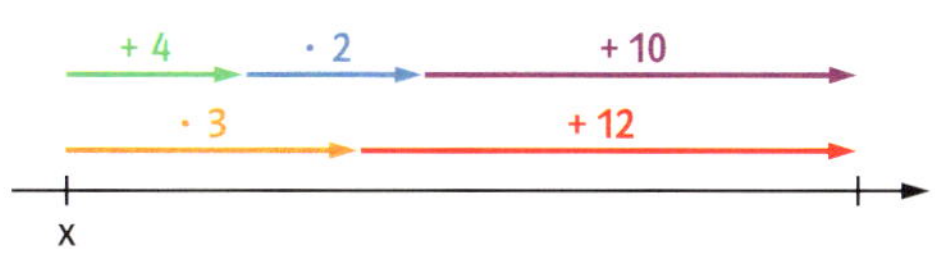

Basiswissen | Dreiecke

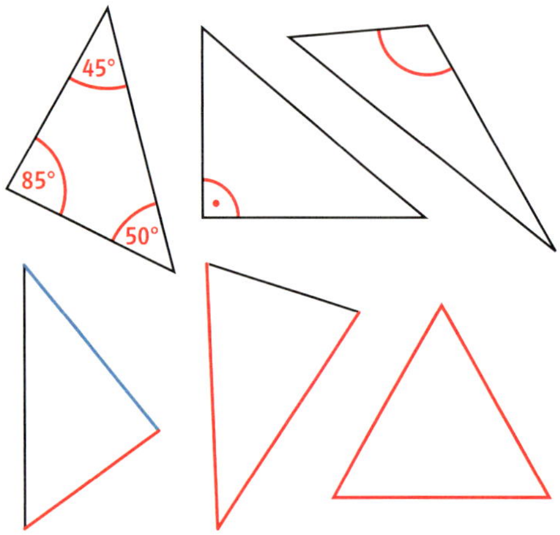

Die Summe der Winkel eines Dreiecks beträgt 180°: $\alpha + \beta + \gamma = 180°$.

spitzwinklig	Alle Winkel sind kleiner als 90°.
rechtwinklig	Ein Winkel beträgt 90°.
stumpfwinklig	Ein Winkel ist größer als 90°.
allgemein	Alle Seiten sind unterschiedlich lang.
gleichschenklig	Zwei Seiten sind gleich lang.
gleichseitig	Drei Seiten sind gleich lang.

Zum **Konstruieren** eines Dreiecks mit Geodreieck und Zirkel benötigt man drei Stücke. In einer Planfigur (Skizze) werden die gegebenen Stücke farbig hervorgehoben.

Gegeben:
$b = 8\,cm$; $c = 7\,cm$; $\alpha = 40°$
SWS-Konstruktion

Planfigur

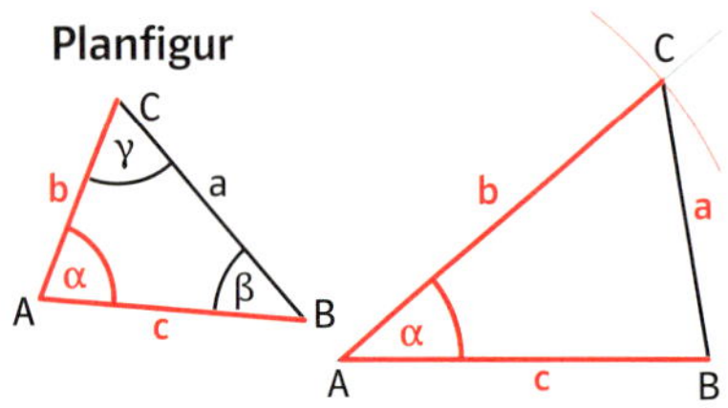

Konstruktion:
1. Seite c
2. Winkel α
3. der Kreis um A mit Radius b
4. Schnittpunkt des Kreises mit dem freien Schenkel von a.

Es gibt nur ein solches Dreieck.

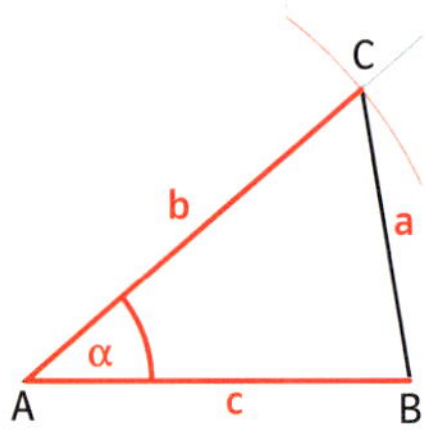

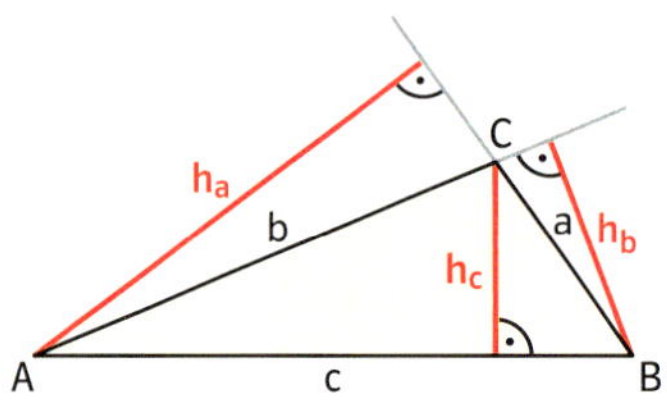

Seiten-Winkel-Beziehung
In jedem Dreieck liegt der größeren von zwei Seiten auch der größere Winkel gegenüber und umgekehrt.

Dreiecksungleichung
In jedem Dreieck ist die Summe der Längen zweier Seiten größer als die Länge der dritten Seite.

In Dreiecken gibt es Linien mit besonderen Eigenschaften.
Eine **Höhe** verläuft von einem Eckpunkt senkrecht zur gegenüberliegenden Seite.

1 Ergänze die Winkel des Dreiecks. Benenne die Dreiecksart nach Winkeln.

	α	β	γ
a)	60°	60°	
b)		125°	15°
c)	45°		90°

2 Konstruiere das Dreieck.
a) $a = 6\,cm$; $b = 7\,cm$; $c = 8\,cm$
b) $a = 5\,cm$; $c = 8\,cm$; $\beta = 100°$
c) $b = 6{,}5\,cm$; $\alpha = 85°$; $\gamma = 50°$
d) $a = 11\,cm$; $c = 7\,cm$; $\alpha = 42°$

3 Wie hoch ist der Turm?

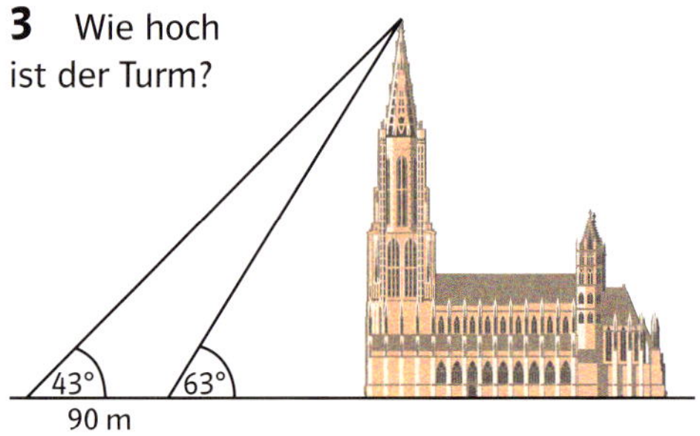

4 Auch mit diesen Stücken lassen sich Dreiecke konstruieren.
a) $c = 8{,}5\,cm$; $\alpha = 50°$; $h_c = 6\,cm$
b) $a = 7\,cm$; $\gamma = 42°$; $h_a = 7\,cm$

Basiswissen | Daten

Listen
Die Ergebnisse einer statistischen Erhebung können in **Urlisten** erfasst werden. Wird diese Urliste der Größe nach sortiert, so erhält man eine **Rangliste**.

Absolute und relative Häufigkeit
Gibt man zu jedem möglichen Wert der Liste an, wie oft er vorkommt, so erhält man eine **Häufigkeitsliste**.
Die Anzahl, mit der ein bestimmter Wert vorkommt, heißt **absolute Häufigkeit**.
Den Anteil, den die absolute Häufigkeit an der Gesamtzahl der erhobenen Daten hat, heißt **relative Häufigkeit**.

Kennwerte
Der kleinste Wert einer Rangliste heißt **Minimum**, der größte **Maximum**.
Die Differenz aus dem Maximum und dem Minimum heißt **Spannweite**.
Die Summe aller Werte dividiert durch die Anzahl der Werte heißt **Mittelwert**.
Der Wert in der Mitte einer Rangliste heißt **Zentralwert (Median)**.
Hat die Rangliste eine ungerade Anzahl von Werten, so ist der mittlere Wert der Zentralwert. Hat sie eine gerade Anzahl, so stehen zwei Werte in der Mitte.
Als Zentralwert wird dann der Mittelwert dieser beiden Werte genommen.

Die Entbindungsstation eines Krankenhauses erfasst für zwei Wochen die Geburten pro Tag.
Urliste: 8, 2, 5, 5, 6, 3, 4, 3, 5, 4, 3, 5, 3, 3
Rangliste: 2, 3, 3, 3, 3, 3, 4, 4, 5, 5, 5, 5, 6, 8
Häufigkeitsliste:

Anzahl der Geburten	2	3	4	5	6	7	8
absolute Häufigkeit	1	5	2	4	1	0	1
relative Häufigkeit	$\frac{1}{14}$	$\frac{5}{14}$	$\frac{2}{14}$	$\frac{4}{14}$	$\frac{1}{14}$	0	$\frac{1}{14}$

Spannweite: 8 − 2 = 6
Min. … Max.
2 3 3 3 3 3 4 4 5 5 5 5 6 8
Zentralwert: 4

Mittelwert:

$$\frac{2+3+3+3+3+3+4+4+5+5+5+5+6+8}{14}$$
$$= \frac{1\cdot 2 + 5\cdot 3 + 2\cdot 4 + 4\cdot 5 + 1\cdot 6 + 1\cdot 8}{14} \approx 4{,}21$$

Rangplatz	1.	2.	3.	4.	5.	6.	7.
Wert	0	3	3	5	7	10	11
Zentralwert				5			

Rangplatz	1.	2.	3.	4.	5.	6.	7.	8.
Wert	0	3	3	5	7	10	11	15
Zentralwert				$\frac{5+7}{2} = 6$				

1 Frau Korf schreibt einen Monat lang auf, wie viel sie täglich beim Einkauf ausgibt.
Alle Angaben sind auf Euro gerundet.
17; 29; 33; 12; 12; 8; 19; 26; 51; 18; 25; 47; 72; 13; 45; 9; 22; 36; 55; 14; 62; 31
a) Stelle eine Rangliste auf.
b) Bestimme Minimum, Maximum, Spannweite, Mittelwert und Zentralwert.

2 Bei einem Test erreichten die Schülerinnen und Schüler folgende Punktzahlen. Berechne die durchschnittliche Punktzahl.

Punkte	2	3	5	6	7	9	10	11	12	14	15
Häufigk.	1	1	2	3	2	1	5	7	4	3	2

3 Bei einer Verkehrskontrolle werden nebenstehende Mängel registriert.
a) Bestimme für die Mängel die prozentualen Häufigkeiten.
b) Wie viel Prozent der Mängel stellen die beiden Hauptmängel dar?

Mängel	*Anzahl*
Beleuchtung	*24*
Karosserie	*3*
Reifen	*16*
Warndreieck	*4*
Verbandskasten	*5*
ohne TÜV/AU	*1*
ohne Papiere	*7*
sonst. Mängel	*3*

4 3000 Personen wurden befragt, ob mehr Verkehrskontrollen durchgeführt werden sollten.
Bestimme die absoluten Häufigkeiten.

Auf keinen Fall	41,2 %
eigentlich dagegen	21,5 %
unentschieden	12,4 %
eigentlich dafür	16,7 %
sehr dafür	8,2 %

Rechtecke legen

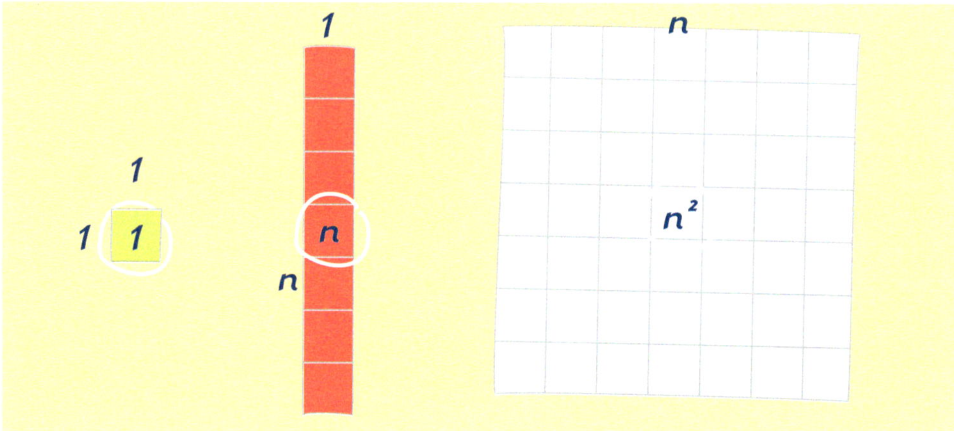

Aus Quadraten und Streifen sollen Rechtecke gelegt werden.
Dazu benötigt ihr **9 kleine Quadrate**, deren Seitenlänge ihr beliebig wählen könnt. Sie kann also 1 cm; 1,5 cm oder 2 cm betragen. Weiter braucht ihr **6 Streifen**, die so breit sind wie ein kleines Quadrat. Die Länge der Streifen muss ein Vielfaches der Breite sein. Ihr könnt z. B. den Streifen 6-mal oder 7-mal so lang anfertigen wie die Breite.

Jetzt braucht ihr noch **4 große Quadrate**, deren Seitenlänge so groß sein muss wie die Länge eines Streifens.
Beschriftet die Flächen wie abgebildet mit der Anzahl der kleinen Quadrate, die die Fläche bedecken.
Wenn ihr mit euren Flächenstücken Rechtecke legt, dann dürft ihr nur Seiten mit gleichen Bezeichnungen aneinander legen, also n an n oder 1 an 1.

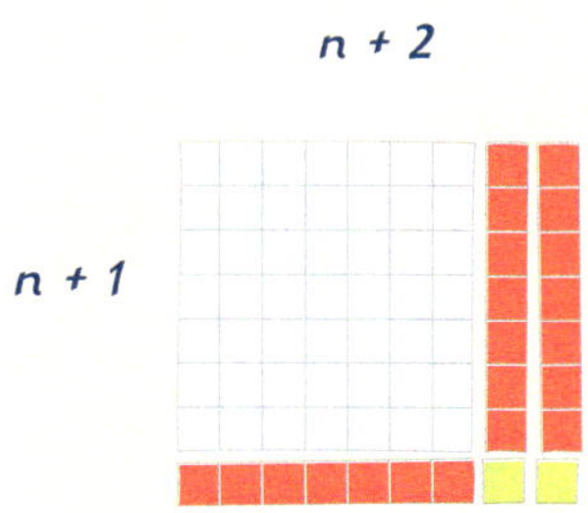

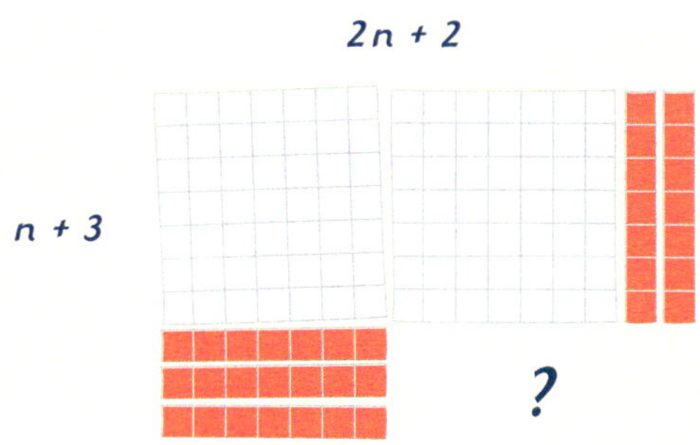

Sandra sagt, dass die ausgelegte Fläche des Rechtecks mit dem Term $n^2 + 3n + 2$ beschrieben werden kann. Daniel meint dagegen, dass der Term $(n + 1)(n + 2)$ richtig ist.

Wer hat Recht? Begründe.

Ergänze zu einem Rechteck.

Mit welchen beiden Termen kann man die Gesamtfläche ausdrücken?

Arbeite mit einem Partner oder einer Partnerin zusammen. Einer legt mit den kleinen und großen Quadraten sowie den Streifen Rechtecke, der andere beschreibt die Anzahl der kleinen Quadrate, die das Rechteck enthält, mit verschiedenen Termen.

Tauscht anschließend eure Rollen.

Ergänzt durch Anlegen von Streifen und kleinen Quadraten schrittweise zu immer größeren Quadraten.

Stellt auch Terme dazu auf.

Lässt sich auch der Term $n^2 - 2n$ mithilfe der Quadrate und Streifen darstellen?

Gibt es einen anderen Term für dieselbe Fläche?

In diesem Kapitel lernst du,

- wie man Terme ausmultipliziert und ausklammert,
- wie Summen miteinander multipliziert werden,
- was man unter den binomischen Formeln versteht,
- wie mithilfe der binomischen Formeln Produkte zu Summen umgeformt werden und umgekehrt.

1 Ausmultiplizieren. Ausklammern

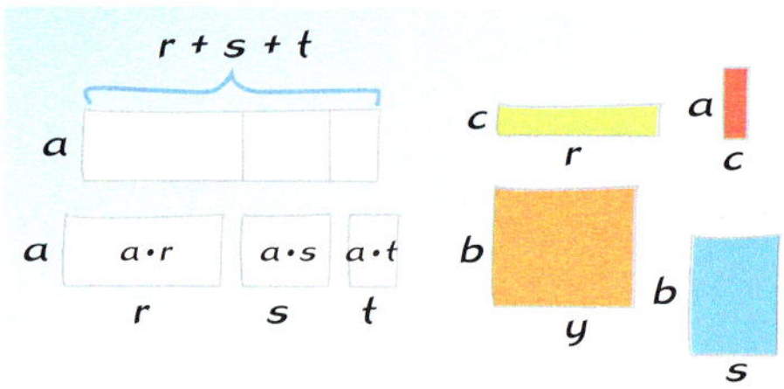

→ Nimm das große Flächenstück auseinander und schiebe alle möglichen kleinen Flächenstücke passend zu neuen Rechtecken zusammen.
→ Drücke jeweils die Gesamtfläche durch die Summe der Einzelflächen und durch das Produkt der Seitenlängen aus.
→ Findest du Gesetzmäßigkeiten?

Terme wie $2a \cdot (3b + 4c)$ oder $6x + 8xy$ lassen sich mithilfe des **Verteilungsgesetzes** (Distributivgesetzes) umformen. Dabei unterscheidet man

Ausmultiplizieren und **Ausklammern** (Faktorisieren).

Durch das Ausmultiplizieren wird ein Produkt zu einer Summe.

Produkt: $2a \cdot (3b + 4c)$
$= 2a \cdot 3b + 2a \cdot 4c$
Summe: $= 6ab + 8ac$

Beim Ausklammern wird eine Summe zu einem Produkt.

Summe: $6x + 8xy$
$= 2x \cdot 3 + 2x \cdot 4y$
Produkt: $= 2x \cdot (3 + 4y)$

Beim **Ausmultiplizieren** wird jeder Summand in der Klammer mit dem Faktor außerhalb der Klammer multipliziert.
Aus einem Produkt wird eine Summe.
Haben Summanden gemeinsame Faktoren, können diese **ausgeklammert** werden.
Aus einer Summe wird ein Produkt.

Beispiele

a)

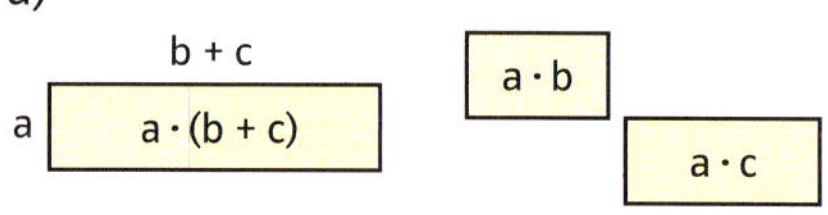

b)

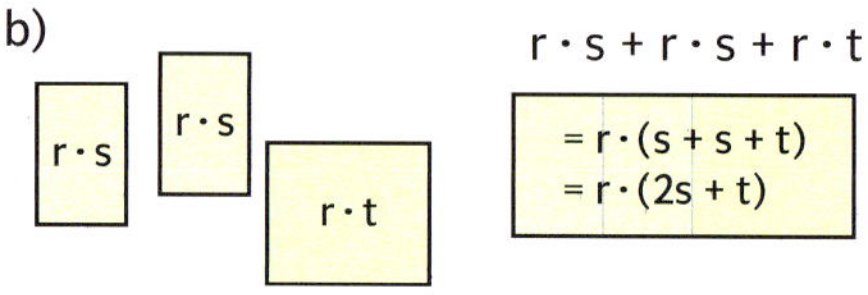

Durch Ausmultiplizieren in eine Summe verwandeln

c) $4x \cdot (5y + 7x)$
$= 4x \cdot 5y + 4x \cdot 7x$
$= 20xy + 28x^2$

d) $(5a + 3b) \cdot 2c$
$= 5a \cdot 2c + 3b \cdot 2c$
$= 10ac + 6bc$

Das Verteilungsgesetz gilt auch für Differenzen:
$a \cdot (b - c)$
$= ab - ac$

Durch Ausklammern in ein Produkt verwandeln

e) $24ab + 42ac$
$= 6a \cdot 4b + 6a \cdot 7c$
$= 6a(4b + 7c)$

f) $28x^2y + 21xy^2 - 7xy$
$= 7xy \cdot 4x + 7xy \cdot 3y - 7xy \cdot 1$
$= 7xy(4x + 3y - 1)$

Auch für die Division einer Summe oder Differenz gilt das Verteilungsgesetz.

g) $(144st + 108t) : 12$
$= 144st : 12 + 108t : 12$
$= 12st + 9t$

h) $(7{,}5x^2 - 5xy) : 2{,}5$
$= 7{,}5x^2 : 2{,}5 - 5xy : 2{,}5$
$= 3x^2 - 2xy$

Aufgaben

1 Rechne wie im Beispiel.

·	20	4
9	180	36

$9 \cdot 24 = 9 \cdot 20 + 9 \cdot 4$
$= 180 + 36 = 216$

a) $4 \cdot 36$ b) $7 \cdot 44$ c) $34 \cdot 9$
$5 \cdot 43$ $8 \cdot 53$ $8 \cdot 82$
$6 \cdot 24$ $9 \cdot 65$ $9 \cdot 73$

2 Schreibe einen Faktor als Differenz.
Beispiel: $8 \cdot 28 = 8 \cdot (30 - 2)$
$= 240 - 16 = 224$

a) $6 \cdot 78$ b) $12 \cdot 27$ c) $13 \cdot 19$
$8 \cdot 38$ $11 \cdot 85$ $12 \cdot 48$
$7 \cdot 87$ $9 \cdot 69$ $15 \cdot 39$

3 Drücke die Gesamtfläche als Summe und als Produkt aus.

a)
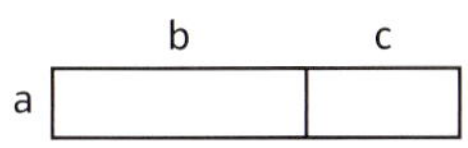

b)
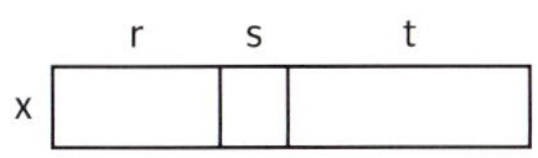

c)
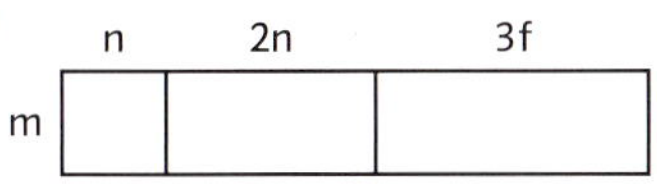

d)
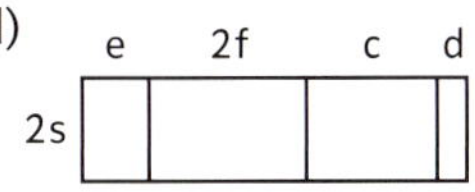

4 Multipliziere aus.

a) $5(x + 2)$ b) $x(1 + y)$
c) $7(a - 1)$ d) $2m(6 + 5n)$
e) $2x(y - 2)$ f) $(12 - 3f) \cdot 2g$
g) $(15 - 3b) \cdot 12a$ h) $9a(3b - 4a)$
i) $0{,}5z(7z + 1{,}5)$ j) $(4r - 6s) \cdot 1{,}5rs$

5 Setze in das Produkt und in die Summe ein. Wie rechnest du lieber?

a) $x = 8;\ y = 20$
$4x(5x + 3y)$ $20x^2 + 12xy$
b) $a = 3;\ b = 1$
$(2a - 3b) \cdot 6a$ $12a^2 - 18ab$
c) $m = 5;\ n = -2$
$2m(n + 4m^2)$ $2mn + 8m^3$

6 Welche Terme passen zusammen?

$5a(5 - 3a)$ $6ab + 12a^2$ $(4c + 6b) \cdot 7a$ $-(15a^2 - 25a)$ $35ab + 28ac$ $7a(-b + 2a)$ $25a - 15a$ $14a^2 - 7ab$ $7a^2 + 5ab$ $42ab + 28ac$ $7ab + 14a^2$ $3a(4a + 2b)$

7 Rechne in Tabellen.

Beispiel: $4x(5x - 3y) = 20x^2 - 12xy$

·	$5x$	$-3y$
$4x$	$20x^2$	$-12xy$

a) $3x(2x - 3y)$ b) $2a(2b + 6b)$
c) $2a(-9b + 4c)$ d) $(-2b + 3a) \cdot (5a)$
e) $9p(-3p + 2q)$ f) $5ab(-3a - 4b)$
g) $(-2x + 3y) \cdot (-6xy)$ h) $2{,}5x(3xy - 4y)$

8 Verwandle in ein Produkt.

a) $32x + 24y$ b) $49xy + 21x$
c) $22xy + 33yz$ d) $-45ab + 27bc$
e) $60st + 80s^2$ f) $105v^2w - 60vw$
g) $-72m^2n + 84mn^2$ h) $84x^2y^2 - 56xy$

9 Klammere aus.

a) $44a^2 - 96ab$ b) $30y^2 - 51z^2$
c) $25x^2y - 16xy^2$ d) $12x^2y - 7xyz$
e) $240xy^2 - 150x^2y$ f) $27x^3y - 33xy^2$
g) $10x^2y - 35xy$ h) $85xy^2 - 105x^2y^2$

10 Fülle die Lücken aus.

a) $9x(\square + 3y) = 36x + 27xy$
b) $6a(2a - \square) = 12a^2 - 54ab$
c) $(-5x) \cdot (\square - 4x) = -10xy + 20x^2$
d) $(-ab) \cdot (-a - \square) = a^2b + ab^2$
e) $(\square + 3rs) \cdot (-7s) = -7s^2 - 21rs^2$
f) $(-25xy - \square) \cdot (-4y) = 100xy^2 - 2y^2$

11 Dividiere.

a) $(35x - 21y) : 7$ b) $(51t^2 - 85s) : 17$
c) $(-96a - 72a^2) : 24$
d) $(48x - 64xy) : (-16)$
e) $(4ab + 5bc) : \frac{1}{6}$ f) $\left(\frac{3}{5}x + \frac{9}{10}y^2\right) : \frac{6}{5}$

Summenterm, Produktterm

Mit Quadraten und Streifen lassen sich Rechtecke legen.

- Drücke die Anzahl der kleinen Quadrate als Summe und als Produkt aus.

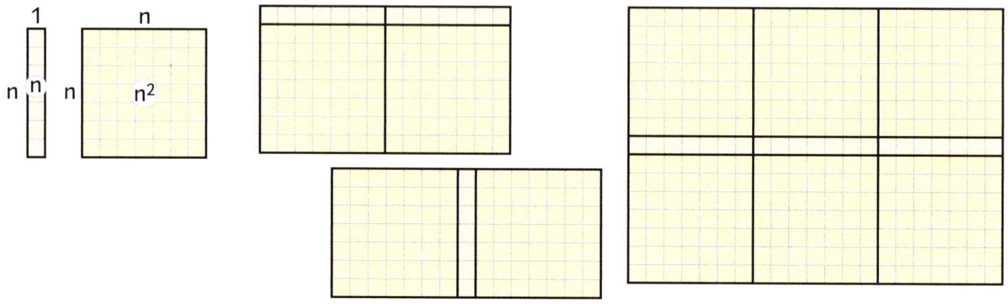

- Lege selbst Flächen und stelle Terme dazu auf.

12 Multipliziere aus.

a) $4(a + b + 3c)$
b) $4x(x + 2y - z)$
c) $2a(5a - a^2 - 12b^2)$
d) $2xy(5x - 7y - 3z)$
e) $3y(5x^2 - y + zy)$
f) $(-9r - 4s + 1) \cdot 2u$
g) $(2a - 3b + c) \cdot 5ab$
h) $(-2u)(9u - 4v + 1)$

13 Multipliziere mit dem Faktor -1.

a) $(8x + 12y)$
b) $(11a - 17b)$
c) $(4z - 12y)$
d) $(2u - 3v + 4w)$
e) $(-e - f^2 - g)$
f) $(-0{,}5x + 0{,}8y^2)$
g) $(-q + r)(-1)$
h) $(-a)(-3a - b)$

14 Drücke die Mantelfläche in Produkt- und in Summenform aus.

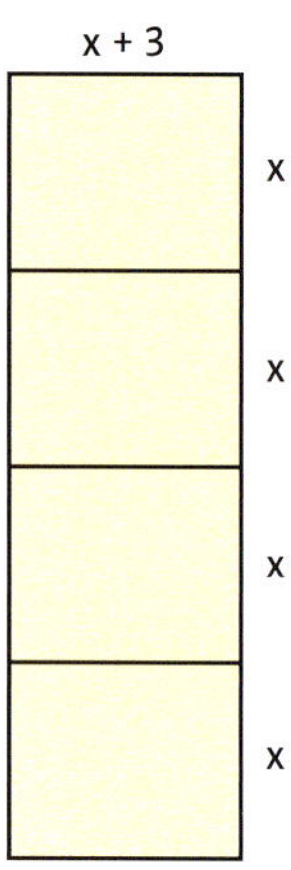

a)

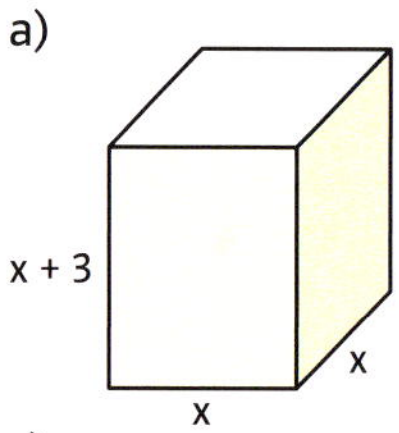

b)

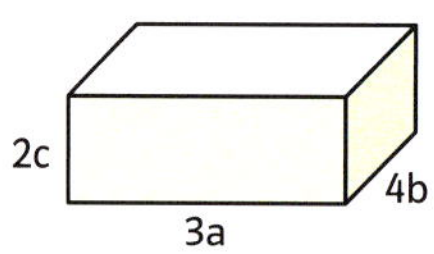

c)

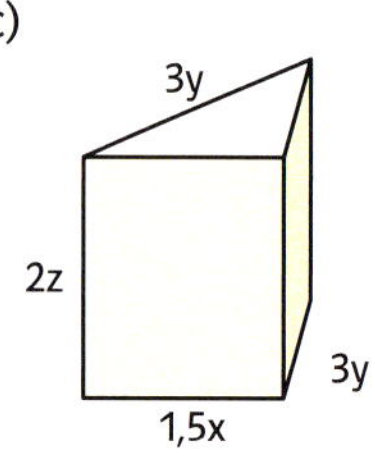

d)

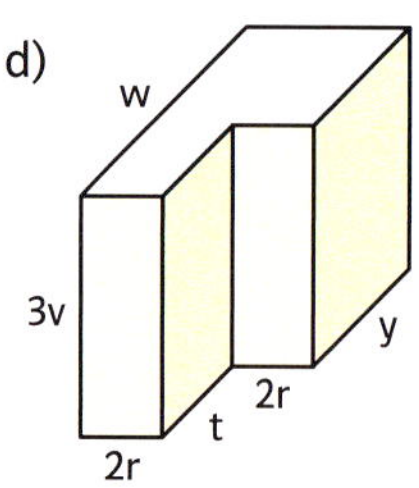

15 Klammere den Faktor -1 aus.

a) $-a - 2$
b) $-5 - x^2$
c) $-12a + b$
d) $-v + w^2$
e) $-x + 2xy - y$
f) $5a^2 + 4b^2 + 3c^2$

16 Verwandle in ein Produkt.

a) $35mn - 21m^2n + 63mn^2$
b) $24xy^2 + 40x^2y - 48xy$
c) $27ab^2c - 81a^2b^3c^2 - 54a^2b^2c$
d) $-54a^2b^2c - 18ab^2c + 48abc^2 - 60abc$
e) $42x^3y^2z - 7x^2yz^2 - 14xy^2z^2 - 49x^2y^2z$

17 Klammere im Zähler aus. Nur dann kannst du kürzen.

Beispiel: $\frac{42x - 28y}{7} = \frac{7(6x - 4y)}{7} = 6x - 4y$

a) $\frac{18a + 27b}{3}$
b) $\frac{36x^2 - 54x}{6}$
c) $\frac{125a^2b - 75ab}{-25}$
d) $\frac{-144x^2 + 108y^2}{12}$
e) $\frac{-63xy + 81yt}{-9}$
f) $\frac{-91ax^2 - 117by^2}{-13}$

18 Bei der Division $\frac{21x - 42y}{7}$ erhält Sven das Ergebnis $3x - 42y$, Lisa errechnet $3x - 6y$.
Sie kann den Fehler von Sven erklären.
Findest du die Fehler?

a) $\frac{6a - 3}{3} = 2a - 3$
b) $\frac{36xy + 12}{12} = 36xy$
c) $\frac{5 - 10ac}{5} = 1 - 5ac$
d) $\frac{72x^2 - 8}{8} = 72x^2$

2 Multiplizieren von Summen

Zeichne ein Rechteck, bei dem sich Länge und Breite um mindestens 2 k unterscheiden. Verkürze eine Seite um 1 k und verlängere dafür die andere Seite um 1 k.
→ Bleibt der Flächeninhalt gleich?
→ Zähle die Kästchen aus für $n = 5$.
Um wie viele Kästchen unterscheiden sich die Rechtecksflächen?
→ Gilt das auch für $n = 6$ oder $n = 123$?
→ Ist das für alle Rechtecke so?

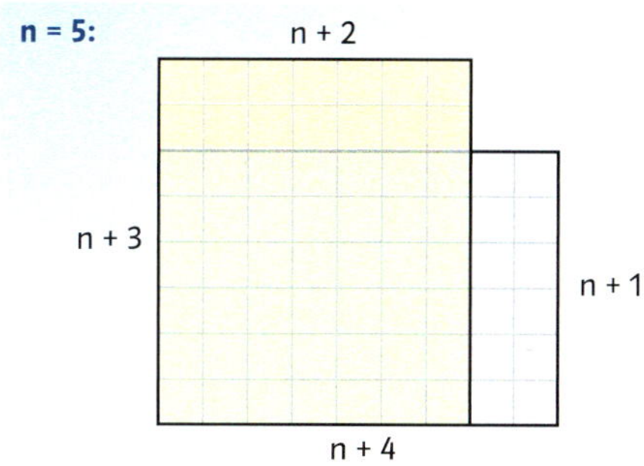

! *k : Kästchen*

Bei der Multiplikation von zwei Summen wird das Verteilungsgesetz zweimal angewendet.

$(a + b) \cdot (c + d) = a \cdot (c + d) + b \cdot (c + d) = ac + ad + bc + bd$

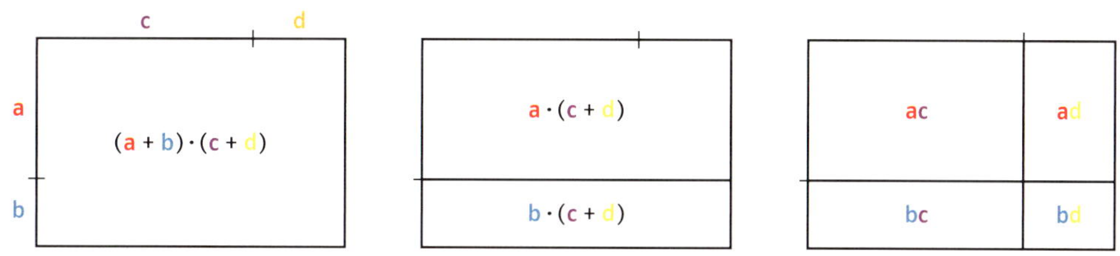

Summen werden miteinander **multipliziert**, indem man jeden Summanden der ersten Summe mit jedem Summanden der zweiten Summe multipliziert. Die Produkte werden anschließend addiert.
$(a + b)(c + d) = ac + ad + bc + bd$

Beispiele

a) $(7 + x)(y + 4)$
$= 7 \cdot y + 7 \cdot 4 + x \cdot y + x \cdot 4$
$= 7y + 28 + xy + 4x$

b) $(12n + 5)(4m + 6)$
$= 12n \cdot 4m + 12n \cdot 6 + 5 \cdot 4m + 5 \cdot 6$
$= 48mn + 72n + 20m + 30$

c) $(3x - 4y)(2x + y)$
$= 3x \cdot 2x + 3x \cdot y - 4y \cdot 2x - 4y \cdot y$
$= 6x^2 + 3xy - 8xy - 4y^2$
$= 6x^2 - 5xy - 4y^2$

d) $(r - t)(-5t + 2r)$
$= r \cdot (-5t) + r \cdot 2r + (-t) \cdot (-5t) + (-t) \cdot 2r$
$= -5rt + 2r^2 + 5t^2 - 2rt$
$= 5t^2 + 2r^2 - 7rt$

e) In den Klammern können auch mehr als zwei Summanden stehen.
$(2a - 3b) \cdot (a + b - c)$
$= 2a \cdot a + 2a \cdot b - 2a \cdot c - 3b \cdot a - 3b \cdot b + 3b \cdot c$
$= 2a^2 + 2ab - 2ac - 3ab - 3b^2 + 3bc$
$= 2a^2 - ab - 2ac - 3b^2 + 3bc$

Merke: „Jeder begrüßt jede."

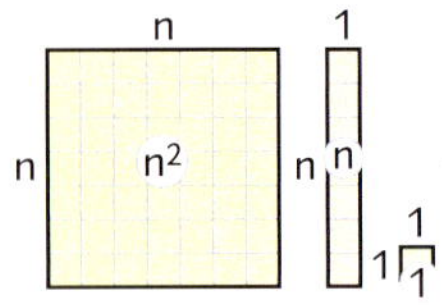

Beispiel:

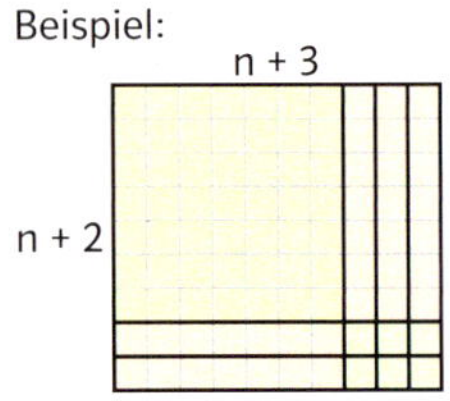

$(n + 2)(n + 3)$
$= n^2 + 5n + 6$

Aufgaben

1 Mit großen Quadraten, Streifen und kleinen Quadraten lassen sich Rechteckflächen legen. Drücke den Flächeninhalt mit zwei verschiedenen Termen aus.

a)

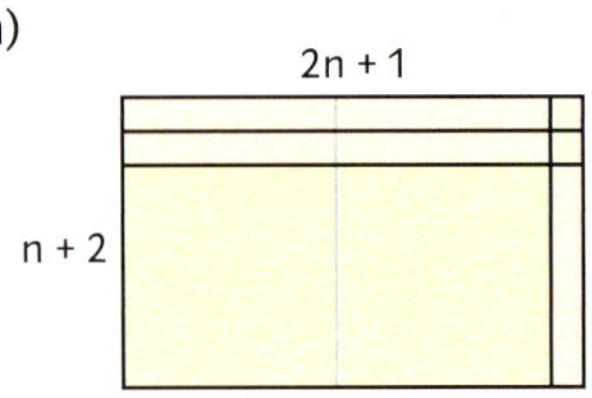

b)

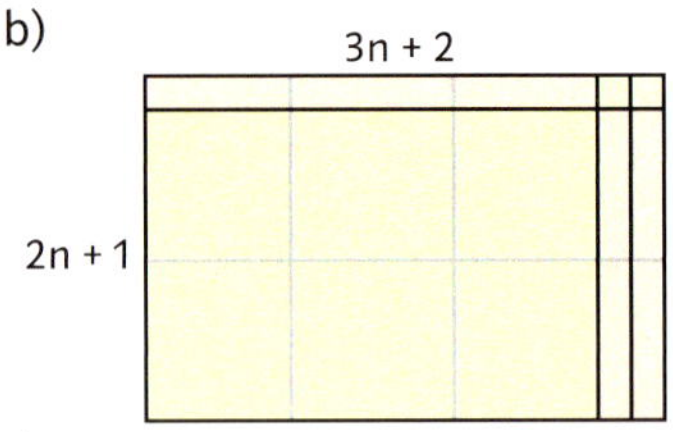

c)

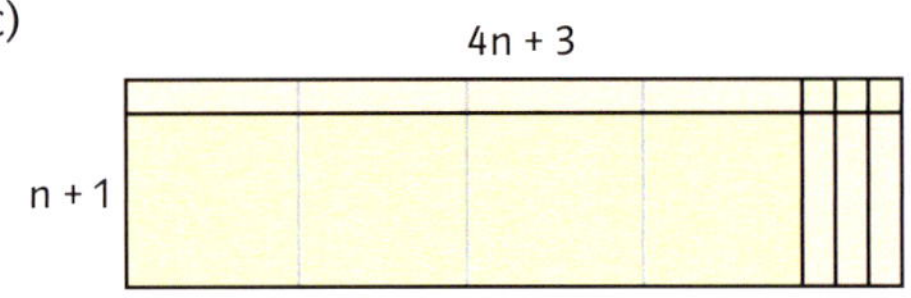

d) Lege mit deiner Partnerin oder deinem Partner eigene Flächen.

2 Verwandle in eine Summe.
Lege zur Kontrolle die Flächen nach.

a) $n \cdot (n + 1)$ b) $4n \cdot (n + 2)$
c) $(n + 3) \cdot (n + 2)$ d) $(2n + 3) \cdot (3 + 2n)$
e) $2n \cdot (2n + 2)$ f) $(n + 1) \cdot (2 + 2n)$

3 Verwandle in ein Produkt. Eine Zeichnung mit Quadraten und Streifen hilft, die Lösung zu finden.

a) $n^2 + 4n + 4$ b) $n^2 + 7n + 12$
c) $n^2 + 5n + 6$ d) $2n^2 + 3n + 1$

4 Produkte aus größeren Faktoren lassen sich mithilfe einer Tabelle berechnen. Erkläre am Beispiel $16 \cdot 22$.

·	20	2	
10	200	20	
6	120	12	352

a) $24 \cdot 35$ b) $27 \cdot 42$ c) $51 \cdot 28$
d) $66 \cdot 75$ e) $19 \cdot 56$ f) $26 \cdot 34$

5 Produkte von Summen lassen sich übersichtlich mithilfe einer Multiplikationstabelle berechnen.
Beispiel: $(x + 3)(x + 2)$

·	x	3	
x	x^2	$x \cdot 3$	
2	$2 \cdot x$	$2 \cdot 3$	$x^2 + 5x + 6$

a) $(x + 1)(x + 4)$ b) $(2x + 1)(x + 3)$
c) $(2x - 2)(3x + 1)$ d) $(3x - 1)(x - 4)$
e) $(3x - 2)(2x - y)$ f) $(6x - 5y)(x + 2y)$

6 Rechne mit Symbolen.

a) (△ + ◇)(◐ − ◫)
b) (2□ − △)(◐ − 3●)
c) (3◫ − 2●)(● + 2△)
d) (△ − 4□)(−□ + 3◐)
e) (◑ + 2● + 3◇)(−◇ − ○)
f) (3◐ − 2●)(−◇ − 2◫ + ○)

7 Verwandle in eine Summe.

a) $(3x + y)(6a + 2b)$
b) $(5a + 2b)(3c + 4d)$
c) $(8u + 4v)(6r - 6s)$
d) $(10k + 4i)(3m - 2n)$
e) $(9t - 4w)(15s + w)$
f) $(6a - 7b)(4s + 3t)$

8 Multipliziere die Klammern aus.

a) $(1{,}5x + 3{,}2)(4{,}8y - 12)$
b) $(6y - 3{,}5x)(2{,}4y + x)$
c) $(12a - 2{,}8b)(-0{,}2a + 10b)$
d) $(-0{,}5r - 6{,}4s)(1{,}2u - 2{,}5v)$
e) $(-0{,}1xy + 1{,}5x)(-0{,}5x^2 + y^2)$

9 Zeichne die Figuren in dein Heft.
Trage die Produkte der Summenterme in die passenden Felder ein.

a) $(a + b + c)(d + e)$
b) $(a + b + c)(d + e + f)$

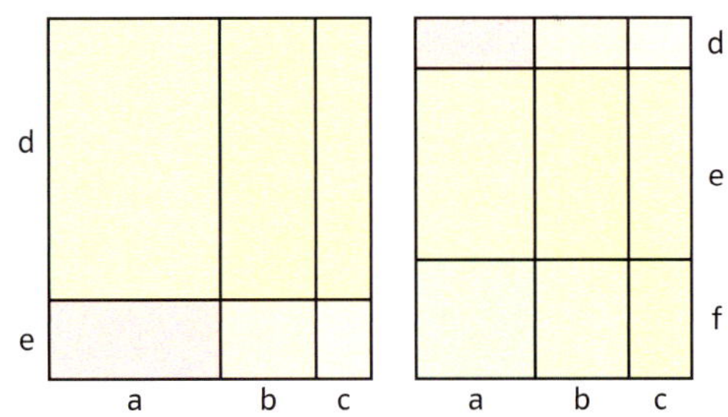

10 Rechne mit Brüchen.

a) $\left(\frac{1}{2}x + 1\right)\left(y + \frac{1}{4}\right)$ b) $\left(5x - \frac{1}{2}\right)\left(6 + \frac{1}{5}x\right)$

c) $\left(\frac{1}{4}a + 3\right)\left(2b - \frac{1}{2}\right)$ d) $\left(x - \frac{1}{2}y\right)\left(x - \frac{2}{3}y\right)$

e) $\left(\frac{3}{4}a - \frac{2}{3}b\right)\left(\frac{1}{3}a - \frac{1}{2}b\right)$ f) $\left(\frac{3}{2}j - \frac{3}{4}i\right)\left(\frac{2}{3}j - \frac{4}{3}i\right)$

11 Übertrage ins Heft und fülle die Lücken.

a) $(10s - 12t)(5s + 4t) = 50s^2 - \square - 48t^2$

b) $(6x + 4y)(2x + 8) = 12x^2 + \square + \square + 32y$

c) $(7a - b)(5c + 4d)$
$= 35ac - \square - \square + 28ad$

d) $(6xy + 4x)(3y - 1) = 18xy^2 + \square - 4x$

e) $(-10a + 6)(20ab + 12b) = -200a^2b + \square$

12 Wie wurde hier faktorisiert? Ergänze im Heft.

a) $42xy - 14xyz = 7xy(\square - \square)$

b) $\square cd - 52df = \square \cdot (3cd - 4df)$

c) $45pq + 27p^2q^2 = \square \cdot (5 + \square)$

d) $44xyz - 99xz = \square \cdot (\square - 9x)$

e) $a^2 + 18a + 77 = (a \square 7)(a \square 11)$

f) $x^2 + 5x - 126 = (x \square 9)(x \square 14)$

g) $12x^2 + 35x + 18 = (\square + 2)(4x + \square)$

13 Auch Summen oder Differenzen kann man ausklammern.

Beispiel: $(x + 2) \cdot 5 + (x + 2) \cdot y$
$= (x + 2) \cdot (5 + y)$

a) $3(y - 2) + x(y - 2)$

b) $(x^2 + 1) \cdot y - (x^2 + 1) \cdot 3z$

c) $4a(2x + 1) + 3b(2x + 1) - 2c(2x + 1)$

d) $(a^2 - b^2) \cdot c - d(a^2 - b^2) + (a^2 - b^2) \cdot e$

14 Übertrage die Figur ins Heft. Färbe die Teilflächen und drücke das Produkt als Summe aus.

a) $(a + b)(b + c)$ b) $(b + c + d) \cdot b$

c) $(b + c)(c + d)$ d) $(c + d)(a + b + c)$

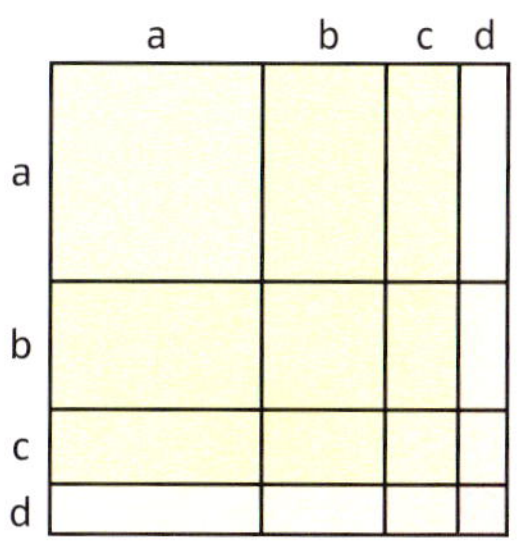

15 Betrachte die Quader.

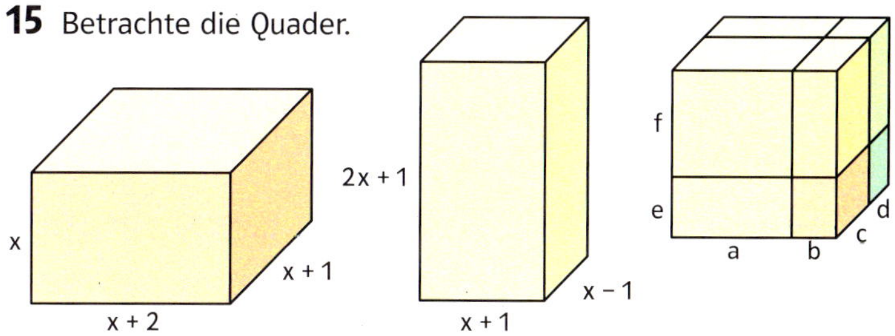

a) Bestimme die Grundfläche.
b) Erstelle eine Formel für die Oberfläche.
c) Gib eine Formel für das Volumen an.

16 Der Flächeninhalt der Figur lässt sich auf verschiedene Arten ausdrücken:

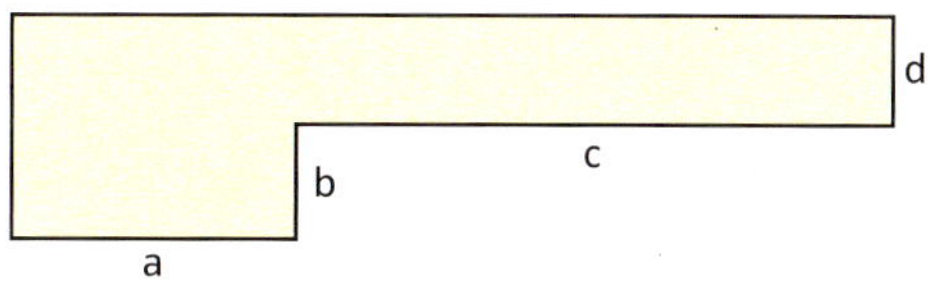

$A = a \cdot (b + d) + c \cdot d$
$A = (a + c)(b + d) - bc$

a) Erkläre an der Figur die Überlegungen, die hinter den beiden Termen stecken.
b) Suche einen weiteren Term für den Flächeninhalt.

17 Zu den Figuren A bis D sind Terme für Flächeninhalte angegeben.

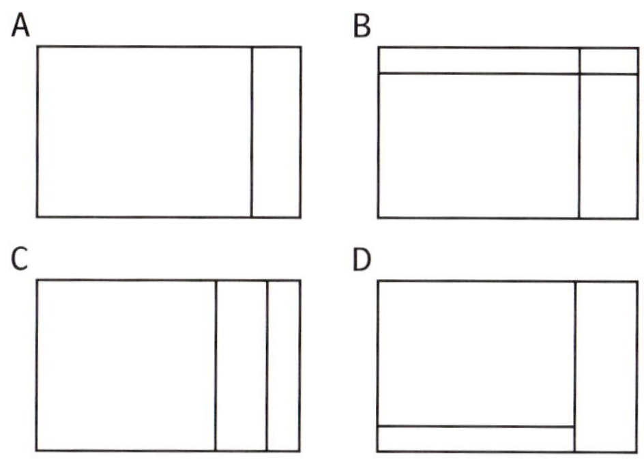

T1: $a \cdot b + b \cdot c$
T2: $(a + b)(c + d)$
T3: $a(b + c + d)$
T4: $(\square + \square)(\square + \square)$
T5: $b(a + c)$
T6: $a(c + d) + b(c + d)$
T7: $ab + ac + ad$
T8: $ac + ad + bc + bd$

a) Ordne den Figuren die richtigen Terme zu. Begründe.
b) Für welche Figur ist kein Term formuliert? Erstelle den Term für den Flächeninhalt.
c) Zeichne eigene Rechtecke, erfinde eine Flächenaufteilung und stelle Terme dazu auf.

3 Binomische Formeln

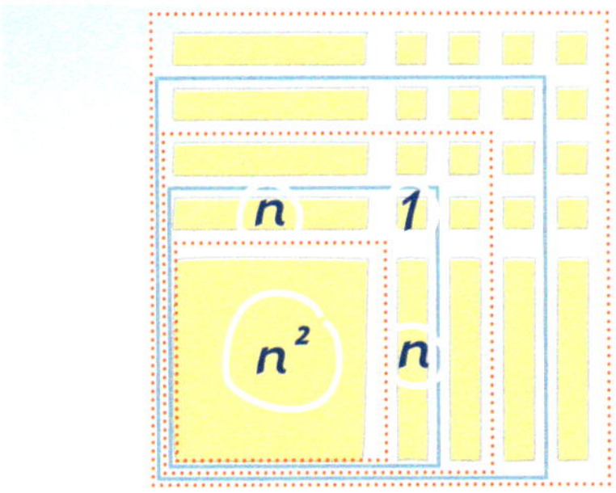

Du kannst Quadrate wachsen lassen, indem du ein großes Quadrat durch die entsprechende Anzahl von Einheitsstreifen und Einheitsquadraten ergänzt.

→ Wie heißt die Summe der Einzelflächen?

$(n + 1)^2 = n^2 + \dots$

$(n + 2)^2 = n^2 + \dots$

$(n + 3)^2 = n^2 + \dots$

$\vdots$

$(n + 25)^2 = n^2 + \dots$

Die Produkte $(a + b)(a + b)$, $(a - b)(a - b)$ und $(a + b)(a - b)$ sind besondere Produkte. Werden sie multipliziert, so ist der Aufbau des Summanden immer gleich.

$(a + b)^2 = (a + b)(a + b)$	$(a - b)^2 = (a - b)(a - b)$	$(a + b)(a - b)$
$= a \cdot a + a \cdot b + b \cdot a + b \cdot b$	$= a \cdot a - a \cdot b - b \cdot a + b \cdot b$	$= a \cdot a - a \cdot b + b \cdot a - b \cdot b$
$= a^2 + 2ab + b^2$	$= a^2 - 2ab + b^2$	$= a^2 - b^2$

Durch das Zusammenfassen ergeben sich nur drei, im dritten Fall sogar nur zwei Summanden. Es lohnt, sich diese Umformungen als Formeln zu merken.

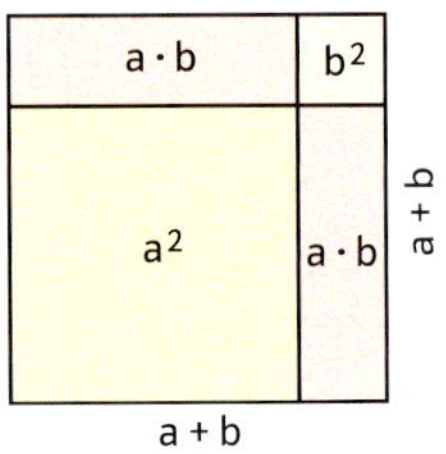

$(a + b)^2$
$= (a + b)(a + b)$
$= a^2 + ab + ab + b^2$
$= a^2 + 2ab + b^2$

Binomische Formeln

$(a + b)^2 = a^2 + 2ab + b^2$ — 1. binomische Formel

$(a - b)^2 = a^2 - 2ab + b^2$ — 2. binomische Formel

$(a + b)(a - b) = a^2 - b^2$ — 3. binomische Formel

Beispiele

a) $(c + 3)^2 = c^2 + 2 \cdot 3c + 3^2$
$= c^2 + 6c + 9$

b) $(5 + w)(5 - w) = 5 \cdot 5 - w \cdot w$
$= 25 - w^2$

c) $(x - 3y)^2$
$= x^2 - 2 \cdot x \cdot 3y + (3y)^2$
$= x^2 - 6xy + 9y^2$

d) $(-2r + 3s)^2$
$= (-2r)^2 + 2 \cdot (-2r) \cdot 3s + (3s)^2$
$= 4r^2 - 12rs + 9s^2$

! *Achtung Vorzeichen!*

e) $(3m - 7n)(3m + 7n)$
$= (3m)^2 - (7n)^2$
$= 9m^2 - 49n^2$

f) $(-7a - 10b)^2$
$= (-7a)^2 - 2 \cdot (-7a) \cdot (10b) + (10b)^2$
$= 49a^2 + 140ab + 100b^2$

Aufgaben

1 Notiere die Formel mit Symbolen.
a) (△ + □)² b) (○ − □)²
c) (◑ + ▷)² d) (▯ + ◑)(▯ − ◑)
e) (▯ + △)² f) (▽ + △)(▽ − △)

2 Schreibe das Quadrat als Summe.
a) $(v + w)^2 = \dots$ b) $(a + z)^2 = \dots$
c) $(y + 2)^2 = \dots$ d) $(d + e)^2 = \dots$
e) $(3 + a)^2 = \dots$ f) $(x + 12)^2 = \dots$

! *„binomisch" lateinisch für bi – zwei nomen – Namen*

3 Schreibe als Summenterm.
a) $(m - n)^2$ b) $(y - z)^2$
c) $(c + 7)^2$ d) $(r - s)^2$
e) $(12 - 2a)^2$ f) $(15 + 3i)^2$

4 Löse die Klammern auf.
a) $(y + 4)(y - 4)$ b) $(n - q)(n + q)$
$(t + s)(t - s)$ $(u - v)(u + v)$
$(f + g)(f - g)$ $(k - j)(k + j)$

5 Setze ein und vergleiche die Werte.

	x	y	$(x+y)^2$	x^2+y^2
a)	4	3	☐	☐
b)	−2	1	☐	☐
c)	−3	−5	☐	☐
d)	0,5	1,5	☐	☐
e)	$\frac{1}{3}$	$\frac{1}{6}$	☐	☐

6 Berechne mithilfe der Multiplikationstabelle.
Beispiel: $(x - 3y)^2$

·	x	$-3y$
x	x^2	$-3xy$
$-3y$	$-3xy$	$+9y^2$

$x^2 - 6xy + 9y^2$

a) $(v - 3w)^2$
b) $(2x + 3y)^2$
c) $(4p + 5q)^2$
d) $(7c + 5d)^2$
e) $(8a - 9b)^2$
f) $(10x - 9y)^2$
g) $(0{,}5a + 6c)^2$
h) $(2r - 1{,}5t)^2$

7 Verwandle in eine Summe.
a) $(2s + 3t)(2s - 3t)$
b) $(10k - 8i)^2$
c) $(6c - 5d)(6c + 5d)$
d) $(11c + 9d)^2$
e) $(5s - 4t)(4t + 5s)$
f) $(0{,}4z - 5w)^2$
g) $(0{,}1t + 5s)(0{,}1t - 5s)$
h) $(15p - 12q)^2$

8 Nicht alle sind binomische Terme!
$(7p + 3q)(7p - 3)$
$(7p + 3q)(3p - 7q)$
$(7p + 3q)(7p + 3q)$
$(7p + 3q)(7q + 3p)$
$(7p + 3q)(3q + 7p)$
$(7p + 3q)(3q - 7p)$

9 Berechne.
a) $2(3a + 2b)^2$
b) $6(5y - 4z)^2$
c) $4x(6y + 11)^2$
d) $(4p - 6q)^2 \cdot 3s$
e) $10v(v - 5w)^2$
f) $(0{,}5c + 2d)^2 \cdot 5c$
g) $1{,}5(2m - 4n)(2m + 4n)$
h) $2y(3y - 8x)(8x + 3y)$
i) $\frac{1}{4}pq(6p + 8pq)(6p - 8pq)$

10 Schreibe ohne Klammern, vereinfache.
a) $6x^2 + (2x - 12y)^2$
b) $11a^2 - (7b + 9a)^2$
c) $6a(5 - 2b) + (12a - 7b)^2$
d) $(4b - 10a)^2 - (a + 2b)(a - 2b)$
e) $(3x + 4)^2 - (3 - 2x)^2$
f) $3(2x - y)^2 - (6x - 2y)(2y + 6x)$
g) $-(3a - 10b)^2 - (a + 8b)(a - 8b)$

11 Welche binomische Formel wird durch die Abbildung veranschaulicht? Begründe.

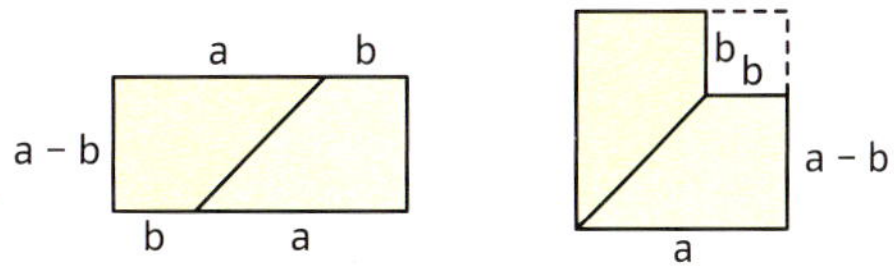

Quadratzahlen

Mit der 1. und 2. binomischen Formel lassen sich Quadratzahlen leicht **im Kopf berechnen**. Beispiel:
$61^2 = (60 + 1)^2$
$= 60^2 + 2 \cdot 60 \cdot 1 + 1^2$
$= 3600 + 120 + 1 = 3721$

- 51^2, 81^2, 32^2, 101^2
- 39^2, 59^2, 79^2, 89^2
- 98^2, 87^2, 76^2, 103^2

Auch die 3. binomische Formel eignet sich zur Berechnung bestimmter Produkte. Beispiel:
$103 \cdot 97 = (100 + 3)(100 - 3)$
$= 100^2 - 3^2$
$= 10\,000 - 9 = 9991$

- $41 \cdot 39$, $89 \cdot 91$, $68 \cdot 72$
- $43 \cdot 37$, $77 \cdot 83$, $84 \cdot 76$
- $94 \cdot 86$, $107 \cdot 93$, $205 \cdot 195$

- Erfinde ähnliche Aufgaben und lasse sie von deinem Partner lösen.

Die **Quadrate von Fünferzahlen** lassen sich leicht bestimmen. Multipliziere die Zehnerziffer mit der um 1 erhöhten Zehnerziffer und hänge 25 an.
Beispiel: 85^2

$8 \cdot (8 + 1)$ und 25
$(8 \cdot 9)$ und 25
7225

- Berechne ebenso die Quadratzahl von 25; 45; 55; 65; 75; 95; schaffst du auch 105?
- Der Term für diese Rechenregel lautet $x \cdot (x + 1) \cdot 100 + 25$.
Forme den Term um und begründe den Zusammenhang.

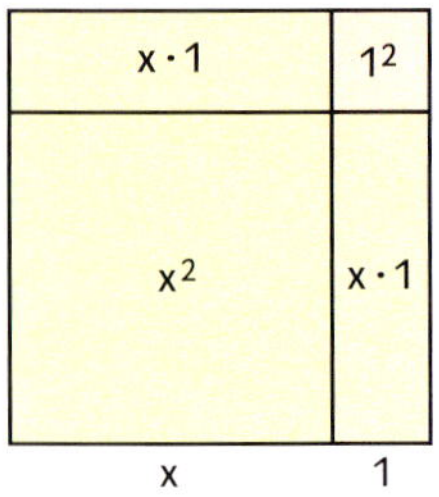

12 Subtrahiere die Quadrate aufeinander folgender natürlicher Zahlen. Du erhältst dasselbe Ergebnis, wenn du die beiden Zahlen addierst.
a) Überprüfe diese Aussage.
b) Erkläre die geometrische Darstellung.
c) Zeige, dass die Behauptung allgemein für x und $x + 1$ gilt.

13 Achte auf Plus- und Minuszeichen.
a) $(-z + 9)(z + 9)$ b) $(-2w + u)^2$
c) $(-1 + x)(x + 1)$ d) $(-a + 4)(-a - 4)$
e) $(-5x - y)^2$ f) $(-10a + 20b)^2$
g) $(0{,}5a + 1{,}2)(1{,}2 - 0{,}5a)$
h) $\left(-\frac{1}{2}x + y\right)^2$ i) $\left(\frac{1}{3}x - \frac{3}{4}y\right)^2$

14 Ergänze.
a) $(x + 6)^2 = x^2 + \square + 36$
b) $(a - 3)^2 = a^2 - 6a + \square$
c) $(6m + 5)^2 = 36m^2 + \square + 25$
d) $(20r + 0{,}5s)^2 = \square + \square + 0{,}25s^2$
e) $\left(2g - \frac{1}{2}h\right)^2 = \square - \square + \frac{1}{4}h^2$
f) $(0{,}5v + w)^2 = 0{,}25v^2 + \square + \square$
g) $\left(\frac{1}{2}c - \frac{1}{3}d\right)^2 = \frac{1}{4}c^2 - \square + \frac{1}{9}d^2$

15 Ergebnisse mit gleicher Ziffernfolge
$6^2 - 5^2 = 11$ $7^2 - 4^2 = 33$
$56^2 - 55^2 = 111$ $57^2 - 54^2 = 333$
$556^2 - 555^2 = 1111$ $557^2 - 554^2 = 3333$
$5556^2 - 5555^2 = 11111$ …
a) Prüfe mit der 3. binomischen Formel.
b) Mit welcher Folge von Differenzen erhält man die Ergebnisse
55; 555; 5555; … beziehungsweise
77; 777; 7777; …?

16 Quadratzahlen von 75^2 bis 99^2 kann man mit dem im Beispiel angegebenen Trick berechnen.

Beispiel: 93^2
$100 - 93 = 7$ $93 - 7 = 86$
Hänge an diese Zahl die Quadratzahl des Abstandes an. $7^2 = 49$, also $93^2 = 8649$

a) Berechne so 96^2, 91^2, 88^2, 82^2, 77^2.
b) Stelle einen Term für die Gesetzmäßigkeit auf und vereinfache ihn.

17 Setze aufeinander folgende natürliche Zahlen ein. Was stellst du fest?
$4(a^2 + b^2 + c^2 + d^2) - (a + b + c + d)^2$

Babylonische Multiplikation

Die Babylonier benutzten Tontafeln mit Quadratzahlen, um größere Zahlen miteinander zu multiplizieren. Obwohl uns das heute sehr umständlich erscheint, war es in Wirklichkeit günstiger, denn sie hätten für das Berechnen von Produkten mithilfe von Multiplikationstafeln wesentlich mehr Tafeln benötigt als für das Rechnen mit Quadratzahlen.

$17 \cdot 13 = ?$

$17 + 13 = \mathbf{30}$
$17 - 13 = \mathbf{4}$
$\mathbf{30}^2 = 900$
$\mathbf{4}^2 = 16$
$900 - 16 = \mathbf{884}$
$884 : 4 = 221$
$17 \cdot 13 = 221$

Sollten die Zahlen a und b miteinander multipliziert werden, bildeten sie zunächst die Summe $(a + b)$ und die Differenz $(a - b)$, ermittelten dann die Quadrate der Summe und der Differenz und subtrahierten anschließend die beiden Ergebnisse voneinander. Schließlich teilten sie das Ergebnis durch 4.
- Berechne ebenso $18 \cdot 22$; $33 \cdot 27$; $46 \cdot 34$; $51 \cdot 49$; $62 \cdot 38$; $102 \cdot 98$; $106 \cdot 94$
- Weise die Richtigkeit dieses Rechenwegs allgemein nach, indem du den Term $((x + y)^2 - (x - y)^2) : 4$ vereinfachst.
- Erkläre die geometrische Darstellung.

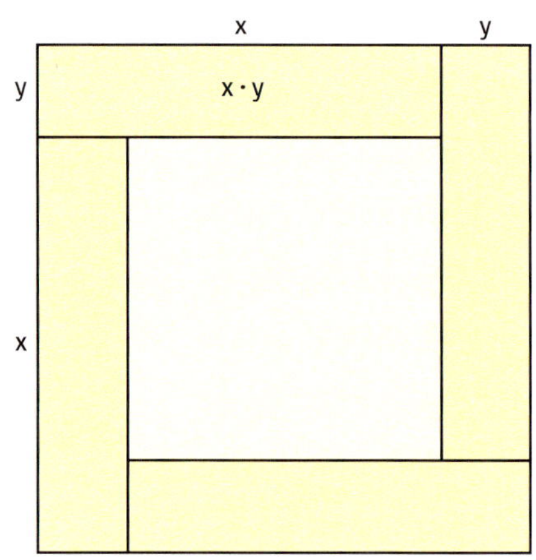

4 Faktorisieren mit binomischen Formeln

Ein großes Quadrat, mehrere Streifen und kleine Quadrate sollen zu größeren Quadraten zusammengelegt werden.
→ Drücke die Summe der Gesamtfläche als Produkt der Seitenlängen aus:
$n^2 + 2n + \square =$
$n^2 + 4n + \square =$
$n^2 + 6n + \square =$
→ Welche Bedingungen müssen erfüllt sein, damit du Quadrate legen kannst?

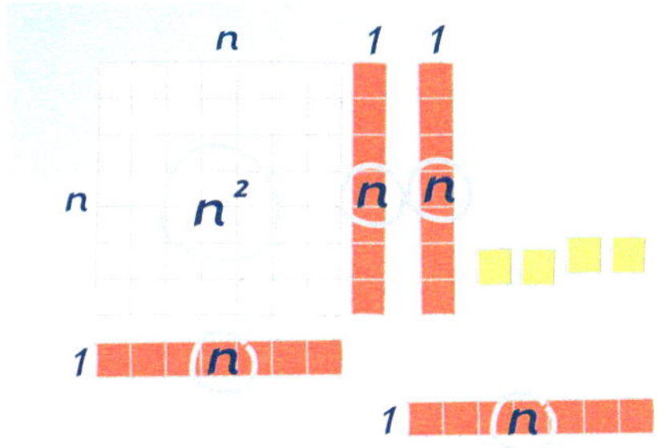

Treten in allen Summanden einer Summe gleiche Faktoren auf, kann man ausklammern: $18a^2 + 27ab = 9a \cdot (2a + 3b)$.
Dabei wird eine Summe in ein Produkt verwandelt. Dies nennt man **Faktorisieren**.
Auch mithilfe der binomischen Formeln kann man faktorisieren.

Summe oder Differenz		Produkt
$x^2 + 6x + 9$	$= (x + 3)^2$	$= (x + 3)(x + 3)$
$x^2 - 10x + 25$	$= (x - 5)^2$	$= (x - 5)(x - 5)$
$x^2 - 36$	$= x^2 - 6^2$	$= (x + 6)(x - 6)$

Will man Summenterme in Produkte umwandeln (Faktorisieren), sind die binomischen Formeln hilfreich.

Beispiele

a) $x^2 + 18x + 81$
$= x^2 + 2 \cdot 9x + 9^2$
$= (x + 9)^2$

b) $64y^2 - 48yz + 9z^2$
$= (8y)^2 - 2 \cdot (8y \cdot 3z) + (3z)^2$
$= (8y - 3z)^2$

c) $4x^2 - 121y^2$
$= (2x)^2 - (11y)^2$
$= (2x + 11y)(2x - 11y)$

d) Manchmal muss zuerst ein gemeinsamer Faktor ausgeklammert werden.
$8y^2 - 24yz + 18z^2$
$= 2(4y^2 - 12yz + 9z^2) = 2(2y - 3z)^2$

Bemerkungen

- Mit der 1. oder 2. binomischen Formel kann nicht faktorisiert werden, wenn das doppelte Produkt (2ab) nicht passt.

$36n^2 + \mathbf{40}mn + 16m^2$
$\neq (6n)^2 + \cancel{2 \cdot 6 \cdot 4}mn + (4m)^2$

$36n^2 + \mathbf{48}mn + 16m^2$
$= (6n)^2 + 2 \cdot 6 \cdot 4mn + (4m)^2$
$= (6n + 4m)^2$

- Oft ist es wichtig zu wissen, für welchen Variablenwert ein Term den Wert null annimmt.

Dazu schreibt man einen Term wie $x^2 + 6x + 9$ in Produktform $(x + 3)^2$.
Hier wird schnell deutlich, dass für $x = -3$ der Wert des Terms null ist.

Einen Term wie $x^2 - 4$ schreibt man als Produkt $(x + 2)(x - 2)$. Ist in einem Produkt ein Faktor null, ist auch der Produktwert null. Für $(x + 2)(x - 2)$ gilt dies für $x = 2$ oder $x = -2$.

Aufgaben

1 Setze ein und berechne die Termwerte.

x	x^2-9	x^2+9	$(x-3)^2$	x^2+3	$(x+3)(x-3)$
−2	□	□	□	□	□
−1	□	□	□	□	□
0	□	□	□	□	□
2	□	□	□	□	□
3	□	□	□	□	□

2 Verwandle in ein Produkt.

a) $x^2 + 2xy + y^2$ b) $v^2 - 2vw + w^2$
c) $x^2 + 6x + 9$ d) $x^2 + 8x + 16$
e) $x^2 - 18x + 81$ f) $x^2 - 24x + 144$

$n^2 - 1 = (□□□)(□□□)$
$n^2 - 4 = (□□□)(□□□)$
$n^2 - 9 = (□□□)(□□□)$
?
$4n^2 - 100 = (□□□)(□□□)$
$4n^2 - 121 = (□□□)(□□□)$
?
$9n^2 - 225 = (□□□)(□□□)$
$9n^2 - 256 = (□□□)(□□□)$
?

3 Zerlege in ein Produkt.

a) $x^2 - y^2$ b) $t^2 - u^2$
c) $b^2 - 16$ d) $36 - y^2$
e) $81 - 4z^2$ f) $400 - 9x^2$

4 Übertrage ins Heft und fülle aus.

a) $121m^2 - 25 = (□ - 5)(□ + 5)$
b) $81 - 144p^2 = (9 - □)(9 + □)$
c) $49 - 169z^2 = (7 - □)(7 + □)$
d) $144 - 0{,}25t^2 = (12 + □)(12 - □)$
e) $9x^2 - \frac{1}{4}z^2 = (□ - □)(□ + □)$

5 Ersetze die Lücken in deinem Heft.

a) $a^2 - 14a + 49 = (a - □)^2$
b) $m^2 - 18m + 81 = (□ - □)^2$
c) $121 - 22w + w^2 = (□ - □)^2$
d) $x^2 + □ + y^2 = (□ + y)^2$
e) $x^2 - 10xy + □ = (x - □)^2$
f) $s^2 + 24s + □ = (s + □)^2$

6 Nicht alle Terme lassen sich mithilfe der binomischen Formeln faktorisieren. Begründe.

$1 + 4t^2$
$r^2 - 18g - 81$
$1{,}44m^2 - n^2$
$9p^2 + 225q^2$
$4n^2 + 16mn + 64m^2$
$0{,}4s^2 - 25t^2$
$-60ab + 25b^2 + 36a^2$
$-y^2 + 14y - 49$
$x^2 + 6x + 6{,}25$
$2x^2 + 4x + 1$
$16y^2 + 144xy + 81x^2$
$900a^2 - 600ab + 100b^2$

7 Ermittle durch Faktorisieren, für welche Werte von a der Termwert null wird.

a) $a^2 - 25$ b) $121 - a^2$
c) $a^2 + 8a + 16$ d) $1 + 2a + a^2$
e) $a^2 - 20a + 100$ f) $64a^2 - 16$
g) $a^2 - 34a + 289$ h) $25a^2 + 80a + 64$

8 Mithilfe von Multiplikationstabellen kann man Summenterme faktorisieren.

Beispiel: $9x^2 + 6xy + y^2$
$= (3x + y)(3x + y) = (3x + y)^2$

Trage zuerst die Quadrate ein.

·		
	$9x^2$	
		y^2

Schließe auf die Ausgangsglieder.

·	$3x$	y
$3x$	$9x^2$	
y		y^2

Halbiere das gemischte Glied und überprüfe beim Eintragen.

·	$3x$	y
$3x$	$9x^2$	$3xy$
y	$3xy$	y^2

a) $36r^2 - 48rs + 16s^2$ b) $q^2 + 4qz + 4z^2$
c) $9a^2 - 84a + 196$ d) $169 + 52x + 4x^2$
e) $x^2 - 18x + 81$ f) $a^2 + a + 0{,}25$

9 Mache den Binomtest! Überprüfe und korrigiere gegebenenfalls das doppelte Produkt, sodass du faktorisieren kannst.

a) $25m^2 + 20mn + n^2$ b) $36a^2 - 6a + 1$
c) $64t^2 + 132t + 81$ d) $4a^2 - 2ab + b^2$
e) $4c^2 - 34c + 289$ f) $z^2 - 18z + 81$
g) $0{,}04a^2 - 1{,}2ab + 0{,}09b^2$

10 Faktorisiere den Term.

a) $4a^2 + 9b^2 - 12ab$ b) $m^2 + 169 + 26m$
c) $9b^2 + 25c^2 - 30bc$ d) $1 + 2a + a^2$
e) $-56rs + 16s^2 + 49r^2$ f) $-4z^2 + 1$
g) $1 - 2{,}8x^2 + 1{,}96x^4$ h) $625 - 196a^2$
i) $-16z^2 + 40yz - 25y^2$ j) $0{,}49a^2 - 0{,}01b^2$

11 Die Differenz von zwei quadratischen Termen lässt sich immer in ein Produkt umformen.

a) $25y^2 - 9x^2$ b) $121 - 81g^2$
c) $169a^2 - 144b^2$ d) $1 - x^2$
e) $400p^2 - 1$ f) $100m^2 - n^2$

12 Beim Faktorisieren gibt es mehrere Möglichkeiten.

Beispiel:
□ + 24x + □
= $(x + 12)^2$; $(2x + 6)^2$; $(3x + 4)^2$

Gib drei Möglichkeiten an.

a) □ + 36x + □ b) □ + 50x + □
c) □ + 6ab + □ d) □ + 2ab + □
e) □ + ab + □ f) □ + $3x^2y$ + □

13 Faktorisiere. Klammere zunächst einen Faktor aus.

Beispiel:
$12x^2 + 72xy + 108y^2$
$= 12 \cdot (x^2 + 6xy + 9y^2)$
$= 12(x + 3y)^2$

a) $75a^2 - 108b^2$ b) $28v^2 - 112w^2$
c) $ax^2 + 6axy + 9ay^2$ d) $8ax^2 - 50ay^2$
e) $27x^2 + 18xy + 3y^2$ f) $0{,}5x^2 + 6x + 18$
g) $2ax^2 + 12axy + 18ay^2$
h) $\frac{1}{2}x^2 + 4x + 8$ i) $\frac{1}{5}x^2 + \frac{4}{5}xy + \frac{4}{5}y^2$

14 Faktorisiere zweimal.

Beispiel: $a^3 - a = a(a^2 - 1)$
$= a(a + 1)(a - 1)$

a) $a^3b - ab^3$ b) $8a^2 + 2b^2 + 8ab$
c) $6xy - 3x^2 - 3y^2$ d) $a^2c + 2abc + b^2c$
e) $2a + 2a^3 + 4a^2$
f) $50m^2 - 40mn + 8n^2$
g) $4x^3 + 4x^2 + x$
h) $12c^3 + 27cd^2 - 36c^2d$

15 $2 \cdot 12 + 25 = 49$
$3 \cdot 13 + 25 = 64$
$4 \cdot 14 + 25 = 81$
…

Multipliziert man eine Zahl mit der um 10 vermehrten Zahl und addiert 25, erhält man eine Quadratzahl.
Setze fort und erkläre den Zusammenhang.

16 Zerlege in möglichst viele Faktoren.

Beispiel: $n^3 - n = n(n^2 - 1) = n(n + 1)(n - 1)$

a) $n^5 - n = ?$
b) $n^9 - n = ?$
c) $n^{17} - n =$

17 **„Binom gewinnt"**
Schreibt Terme, die sich bei geschicktem Zuordnen mit der binomischen Formel faktorisieren lassen, auf Kärtchen.
Wer durch Ziehen beim Partner drei zusammenpassende Karten erhält, darf ablegen.

$4x^2$ | $25y^2$ | $-72xy$ | $48xy$ | $40xy$ | $9x^2$ | $16xy$ | $64x^2$ | $-40xy$ | $64y^2$ | $16y^2$ | $25x^2$ | $9y^2$ | $-30xy$

Die quadratische Ergänzung

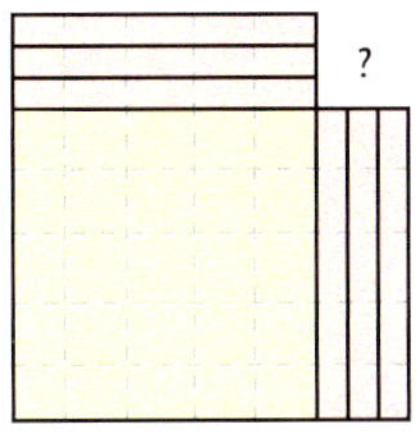

$25 + 30n + ?$
$= (5 + □)^2$

Die fehlende Ergänzung zum vollständigen binomischen Term wird aus dem doppelten Produkt 2ab bestimmt. Dazu halbiert man dieses Produkt und dividiert durch den bekannten Summanden a. Man erhält den Summanden b und damit das zu ergänzende b^2:

$25 + 30n + △ = (5 + △)^2$
↑ ↑ ↑ ↑
$a^2 + 2ab + b^2 = (a + b)^2$
$5^2 + 2 \cdot 5 \cdot b + b^2$
$2 \cdot 5 \cdot b = 30n \quad |:10$
$b = 3n$
$25 + 30n + (3n)^2 = (5 + 3n)^2$

- Ergänze.

$x^2 + 8x + △$ $x^2 + 10x + △$
$x^2 - 2x + △$ $x^2 - 6xy + △$
$n^2 - n + △$ $4n^2 + 2nm + △$
$4n^2 + 32nm + △$ $16m^2 - 72mn + △$
$n^2 - 15nm + △$ $121n^2 + 66nm + △$
$△ - 12n + 1$ $△ - 2ab + 0{,}25$

- Hier gibt es mehrere Möglichkeiten.

△ + 12ab + △ △ + rs + △
△ − 18xy + △ △ − 2mn + △
△ + 0,4ab + △ △ − a + △

Zusammenfassung

Verteilungsgesetz

- **ausmultiplizieren**

Das Umformen eines Produkts in eine Summe mithilfe des Verteilungsgesetzes nennt man **Ausmultiplizieren.**
Dabei wird jeder Summand mit dem Faktor außerhalb der Klammer multipliziert.

$$2n \cdot (n + m)$$
$$= 2n \cdot n + 2n \cdot m$$
$$= 2n^2 + 2nm$$

- **ausklammern faktorisieren**

Das Umformen einer Summe in ein Produkt mithilfe des Verteilungsgesetzes nennt man **Ausklammern oder Faktorisieren.**
Dabei werden gemeinsame Faktoren vor die Klammer gesetzt.

$$3n^2 + 6mn$$
$$= \mathbf{3n} \cdot n + \mathbf{3n} \cdot 2m$$
$$= \mathbf{3n}(n + 2m)$$

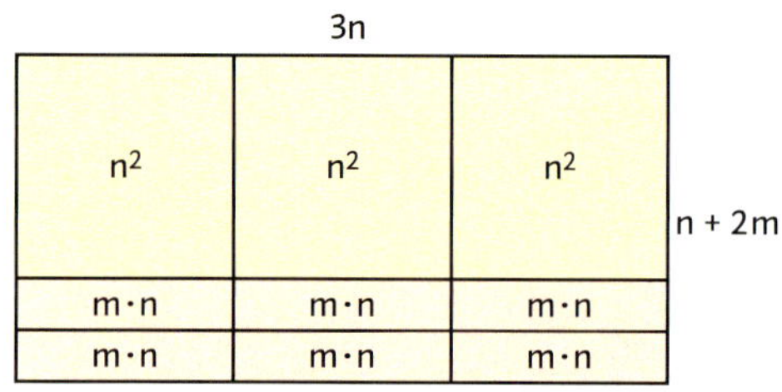

- **multiplizieren von Summen**

Werden zwei Summen miteinander multipliziert, wird jeder Summand der ersten Summe mit jedem Summanden der zweiten Summe multipliziert.
Die Produkte werden anschließend addiert.

$$(m + 2n)(3m + n)$$
$$= m \cdot 3m + m \cdot n + 2n \cdot 3m + 2n \cdot n$$
$$= 3m^2 + mn + 6mn + 2n^2$$
$$= 3m^2 + 7mn + 2n^2$$

binomische Formeln

1. binomische Formel:
$(a + b)(a + b) = (a + b)^2 = a^2 + 2ab + b^2$ — $(x + 5)^2 = x^2 + 10x + 25$
2. binomische Formel:
$(a - b)(a - b) = (a - b)^2 = a^2 - 2ab + b^2$ — $(3y - x)^2 = 9y^2 - 6xy + x^2$
3. binomische Formel:
$(a + b)(a - b) = a^2 - b^2$ — $(x + 2y)(x - 2y) = x^2 - 4y^2$

- **ausmultiplizieren**

Produkte, deren Faktoren aus Summen oder Differenzen mit gleichlautenden Summanden bestehen, können mithilfe der binomischen Formeln ausmultipliziert werden.

- **faktorisieren mithilfe der binomischen Formeln**

Liegen binomische Terme als Summen- oder Differenzterme vor, kann man sie zu Produkten umformen.

$$x^2 + 2xy + y^2 = (x + y)^2$$
$$x^2 - 2xy + y^2 = (x - y)^2$$
$$x^2 - y^2 = (x + y)(x - y)$$

Üben • Anwenden • Nachdenken

1 Bei einem Schachturnier spielte „jeder gegen jeden". Die Ergebnisse sind in einer Tabelle festgehalten.

	1.	2.	3.	4.	5.
1. Jens	□	0	$\frac{1}{2}$	1	1
2. Marina	1	□	1	$\frac{1}{2}$	1
3. Saskia	$\frac{1}{2}$	0	□	1	0
4. Fabian	0	$\frac{1}{2}$	0	□	0
5. Lara	0	0	1	1	□

a) Erkläre die Tabelle. Wie viele Partien fanden statt?
b) Stelle die Siegerliste auf.
c) Wie viele Spiele sind bei einem Turnier mit neun Teilnehmern zu organisieren?
d) Finde einen Term, der für die Anzahl der Spiele bei n Teilnehmern gilt.

2 Drücke die Gesamtfläche als Summe und als Produkt aus.

a)
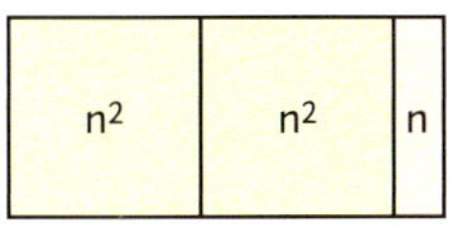

b)
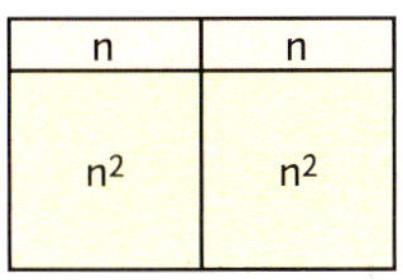

c)
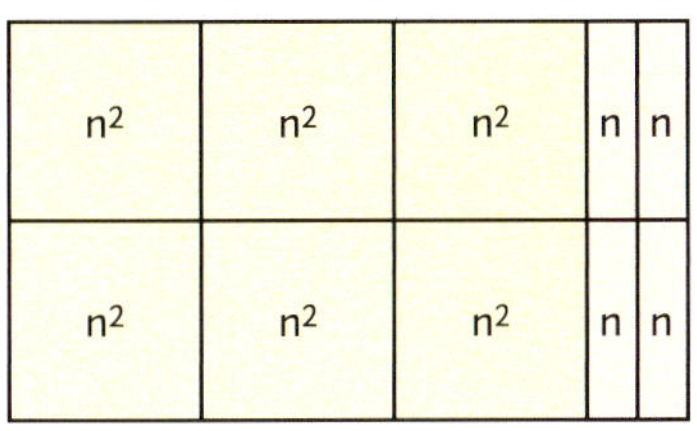

d) Erfindet selbst Flächen und stellt euch gegenseitig Aufgaben.

3 Verwandle in ein Produkt. Eine Zeichnung mit Quadraten und Streifen hilft, die Lösung zu finden.

a) $6n^2 + 3n$ b) $4n + 8n^2$
c) $n^2 + 2n + 1$ d) $n^2 + 6n + 9$
e) $n^2 + 3n + 2$ f) $n^2 + 7n + 12$
g) $2n^2 + 6n + 4$ h) $4n^2 + 6n + 2$

4 a) Durch eine Baulandumlegung vergrößert sich ein quadratischer Bauplatz mit der Seitenlänge x in eine Richtung um 6 m und in die andere um 4 m.
Wie groß ist die neue rechteckige Fläche?
b) Für einen Grundstückstausch wird ein rechteckiges Grundstück vorgeschlagen, das an einer Seite 3 m länger, an der anderen Seite aber 3 m kürzer als der ursprüngliche quadratische Bauplatz ist.
Wärst du mit diesem Tausch einverstanden?

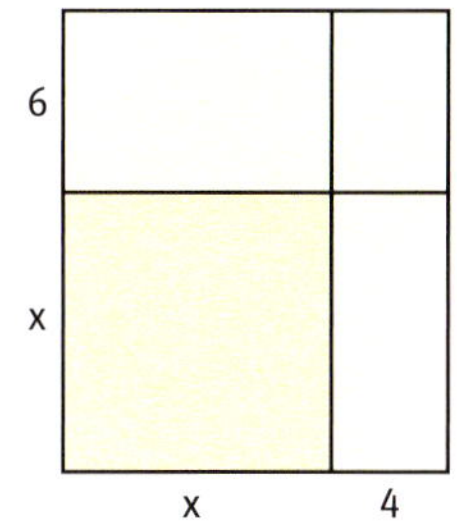

5 Multipliziere aus und fasse zusammen.
a) $5(12y - 7x) + 8(9y - 4x)$
b) $(13c - 10d)6a - 3c(a - 9d) - 2d(8c + a)$
c) $7a(-2 + a) - 5a^2 + 4(a - 1)$
d) $2(8x + 3y) + (y + 2) \cdot 5 - 4(x + 1)$
e) $10x(3x - 4y) + (8y - 5x) \cdot (-2y)$

6 Verwandle in eine Summe.
a) $(9a - 7b)(4c - 3d)$
b) $(4z + 5x)(-x + 3y)$
c) $(7x - 9)(-y + 3x)$
d) $(-2a + b)(5b - 1)$
e) $(a^2 - 3b)(-a - 5)$
f) $(-x - y)(-xy + 1)$
g) $(-v - w)(-s - t)$
h) $(-2x^2 - y^2)(-6 - z^2)$

7 Übertrage ins Heft und fülle die Lücken aus.
a) $(3x + 2)(9 + 4x) = \square + 35x + \square$
b) $(5a - 2b)(a + 3b) = \square + 13ab - \square$
c) $(3u + 9v)(5u - 6v) = 15u^2 + \square - 54v^2$
d) $(8y - x)(3y - 6x) = 24y^2 - \square + \square$
e) $(-5a - 3b)(-a + 5b) = \square - \square - 15b^2$
f) $(-6y^2 + 14x^2)(7x^2 + 3y^2) = 98x^4 - \square$
g) $(5a - 4c)(-3b + 6d)$
$= -15ab + \square + \square - 24cd$

8 Welche binomische Formel wird durch die Abbildung veranschaulicht?
Erkläre.

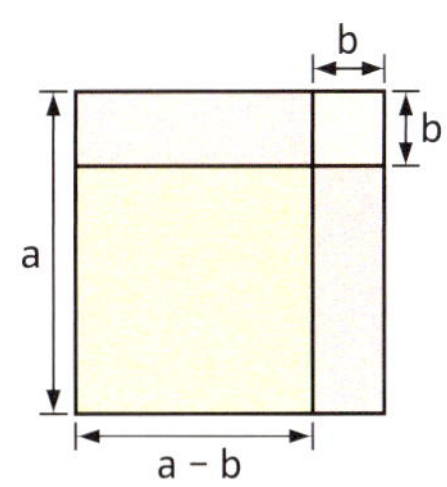

Taxigeometrie

Blaise Pascal (1623–1662)

Das aus natürlichen Zahlen bestehende Dreieck wurde nach dem berühmten französischen Mathematiker Blaise Pascal benannt. Sowohl die einzelnen Zeilen als auch die Zahlen entlang der farbigen Linien weisen viele Besonderheiten auf.

- Erkläre, wie eine Zeile des pascalschen Dreiecks aus der vorhergehenden Zeile entsteht. Bestimme somit die Zahlen der nächsten Zeile.
- Berechne nun die Potenzen $(a + b)^1$, $(a + b)^2$, $(a + b)^3$, $(a + b)^4$ und $(a + b)^5$.
Vergleiche die Ergebnisse mit den Zahlen des pascalschen Dreiecks.

```
          1
        1   1
      1   2   1
    1   3   3   1
  1   4   6   4   1
1   5  10  10   5   1
```

In einigen Städten, wie z. B. Mannheim, sind die Straßen so angeordnet, dass sie ein fast regelmäßiges Gitter aus gleich großen Quadraten bilden. In solch einer Stadt muss sich ein Taxifahrer zurechtfinden, damit er den kürzesten Weg von A nach B fahren kann. In der Taxigeometrie kann es aber mehrere kürzeste Verbindungen zwischen zwei Punkten geben.

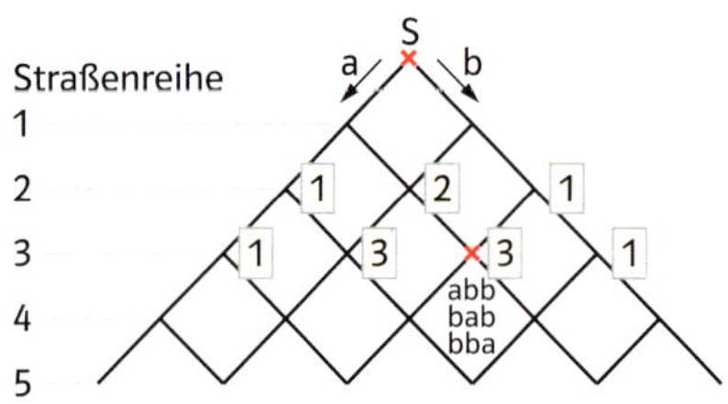

- Übertrage den vereinfachten Plan des Straßennetzes und notiere – wie in der Abbildung – an den Kreuzungspunkten, wie viele kürzeste Verbindungen es vom Taxistandort S aus gibt. a und b bezeichnen verschiedene Richtungen gleich langer Wegstrecken. Erweitere den Plan um eine Kreuzungsreihe.
- Verwende verkürzte Schreibweisen z. B. für a^2 statt aa und fasse die Wegbeschreibungen ba und ab zu 2ab zusammen. Trage in einem neuen Diagramm die verkürzten Schreibweisen ein. Vergleiche die Ergebnisse mit den binomischen Formeln.

9 Ergänze.

a) $(\square + 7m)^2 = 25n^2 \square \square \square \square$
b) $(12e + \square)^2 = \square \square \square \square\ 4f^2$
c) $(\square - \square)^2 = 6{,}25g^2 \square \square \square\ 100h^2$
d) $(3x - \square)^2 = \square \square\ 24xy \square \square$
e) $(\square + 1{,}5n)^2 = \square \square\ 30mn \square \square$
f) $(\square - \square)^2 = \square \square\ 9y \square\ 0{,}25$

10 Klammere den Faktor −1 aus und wandle den zweiten Faktor in ein Produkt um.

a) $-y^2 + 14y - 49$
b) $-9x^2 + 25y^2$
c) $-49r^2 - 56rs - 16s^2$
d) $-169a^2 + 144b^2$

11 Markus soll den Term
$((22 + 13)^2 + (22 - 13)^2) : (22^2 + 13^2)$
berechnen. Er erhält ein überraschend einfaches Ergebnis.

a) Rechne nach.
b) Berechne ebenso
$((35 + 28)^2 + (35 - 28)^2) : (35^2 + 28^2)$
Ersetze die Zahlen durch Variablen und erkläre die Lösung.

12 Gib den Flächeninhalt der Figur mit einem möglichst einfachen Term an.

a)

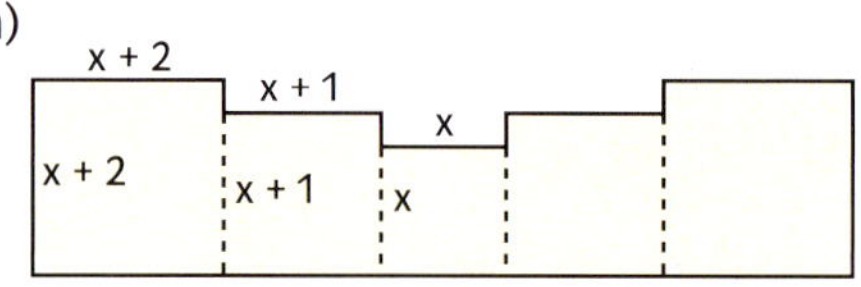

b)

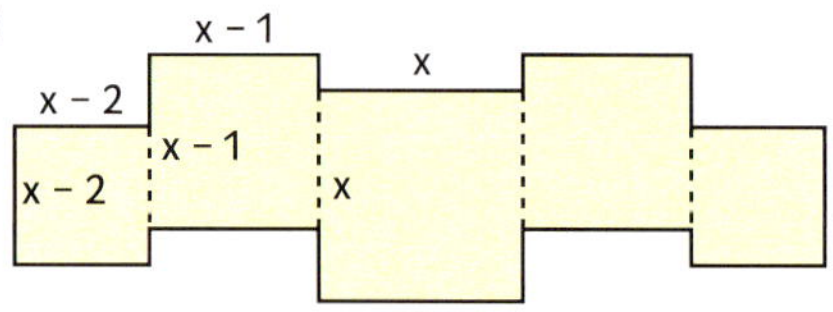

13 Übertrage ins Heft und fülle die Lücken.

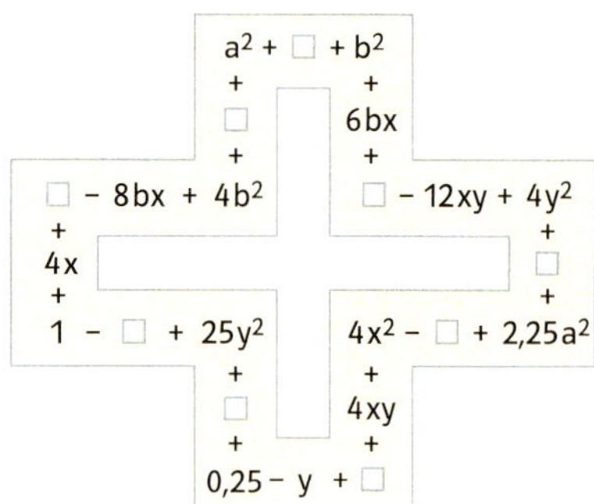

Rückspiegel

1 Gib den Flächeninhalt als Summe und als Produkt an.

a)

n^2	n^2
$1 \cdot n$	$1 \cdot n$

b)

n^2	n^2	$1 \cdot n$
$1 \cdot n$	$1 \cdot n$	1

2 Wandle in eine Summe um.

a) $6ax(4b + 3bx)$

b) $(14nm - n^2) \cdot (-3m)$

c) $(x + 3)(x - 4)$ d) $(y + 9)(3 - y)$

e) $(5x + 2)(6x - 3)$ f) $(2x + y)(-y + 3x)$

3 Vervollständige die Tabelle und gib den Term als Summe und als Produkt an.

a)

·	x	−6
x	□	□
5	□	□

b)

·	x	□
x	□	−7x
□	12x	□

4 Verwandle Summen in Produkte und Produkte in Summen.

a) $(9x + 5y)^2$ b) $(3x + 0{,}4y)^2$

c) $y^2 - 16xy + 64x^2$

d) $16a^2 + 40ab + 25b^2$

e) $81t^2 - 121s^2$ f) $(s - 2u)(s + 2u)$

5 Fülle die Lücken aus.

a) $\square + 16x + \square = (x + 8)^2$

b) $a^2 - \square + 100 = (a - \square)^2$

c) $121 - 22w + \square = (\square - \square)^2$

d) $4x^2 - 4xy + \square = (2x - \square)^2$

e) $(6r + \square)^2 = \square + \square + 81s^2$

6 Gib einen einfachen Term an für

a) die Oberfläche

b) das Volumen

des Körpers.

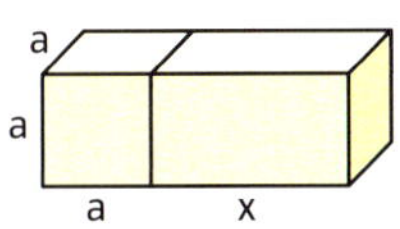

7 Klammere vor dem Faktorisieren einen geeigneten Faktor aus.

a) $4x^2 + 24xy + 36y^2$

b) $48x^2 - 120xy + 75y^2$

c) $28u^2 - 112w^2$

d) $0{,}5p^2 - 2p + 2$

1 Gib den Flächeninhalt als Summe und als Produkt an.

a)

n^2	$1 \cdot n$	$1 \cdot n$	n^2
$1 \cdot n$	1	1	$1 \cdot n$

b)

$1 \cdot n$	1	1
n^2	$1 \cdot n$	$1 \cdot n$
$1 \cdot n$	1	1

2 Wandle in eine Summe um.

a) $8a(3a + 4b) \cdot 2b$

b) $(-2x)(xy - 3x) \cdot 4x$

c) $(17 - t)(r - s)$ d) $(16 - a)(b - 15)$

e) $(8x - 0{,}5)(-6 + 2x)$

f) $(6x - y)(-0{,}8y - x)$

3 Vervollständige die Tabelle und gib den Term als Summe und als Produkt an.

a)

·	□	□
x	x^2	−3x
□	□	−42

b)

·	□	y
□	$-6x^2$	2xy
−3y	□	□

4 Verwandle Summen in Produkte und Produkte in Summen.

a) $(16t - 12s)^2$ b) $(0{,}7c - 0{,}2d)^2$

c) $9x^2 + 3xy + 0{,}25y^2$ d) $a^2 + ab + 0{,}25b^2$

e) $\left(\frac{1}{3}a - \frac{1}{2}b\right)\left(\frac{1}{3}a + \frac{1}{2}b\right)$ f) $x^2 - \frac{1}{4}y^2$

5 Fülle die Lücken aus.

a) $9x^2 + \square + 0{,}25y^2 = (3x + \square)^2$

b) $\square - 32mn + 4n^2 = (\square - 2n)^2$

c) $c^2 - 34c + \square = (\square - \square)^2$

d) $\square - 56rs + \square = (\square - \square)^2$

e) $(\square - \square)^2 = \square - 150ab + 25b^2$

6 Gib einen einfachen Term an für

a) die Oberfläche

b) das Volumen

des Körpers.

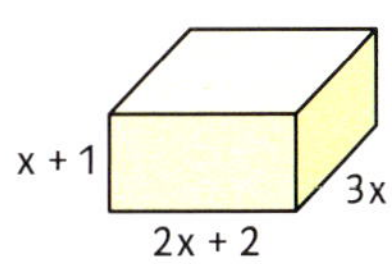

7 Klammere vor dem Faktorisieren einen geeigneten Faktor aus.

a) $\frac{1}{2}x^2 - 2x + 2$ b) $\frac{3}{4}v^2 - \frac{3}{16}w^2$

c) $150x^2 + 120xy + 24y^2$

d) $\frac{1}{5}x^2 + \frac{4}{5}xy + \frac{4}{5}y^2$

Von Bäumen und mehr

Grundstücksausgleich

Durch das 325 m lange und 120 m breite Grundstück der Familie Kruse wird eine neue Straße gebaut. Familie Kruse muss von der längeren Grundstücksseite 70 m abgeben.

An der kürzeren Grundstücksseite bietet die Gemeinde einen Flächenausgleich an.

Um wie viel müsste die andere Seite des Grundstücks für einen gerechten Ausgleich verlängert werden?

Sturmsichere Bäume

Ein Baum steht nur dann sturmsicher, wenn seine Höhe im Vergleich zum Umfang in Bodennähe nicht zu groß ist.

Man misst den Umfang u in Brusthöhe, also etwa bei 1,30 m.

Faustformeln für die Stammhöhe h in Abhängigkeit vom Umfang u

- im Freistand $h = 10 \cdot u$
- im dichten Bestand $h = 15 \cdot u$

Bianca, Anke und Tim haben für u 0,75 m; 1,30 m und 3,70 m gemessen.

Legt man nicht den Umfang sondern den Durchmesser zugrunde, spricht man von h/d-Verhältnis (Baumhöhe h zu Brusthöhendurchmesser d).
Ist der Wert h/d kleiner als 70, wird ein Baum als stabil bezeichnet. Ist der Wert h/d größer als 70, so steigt die Gefahr von Sturmschäden.

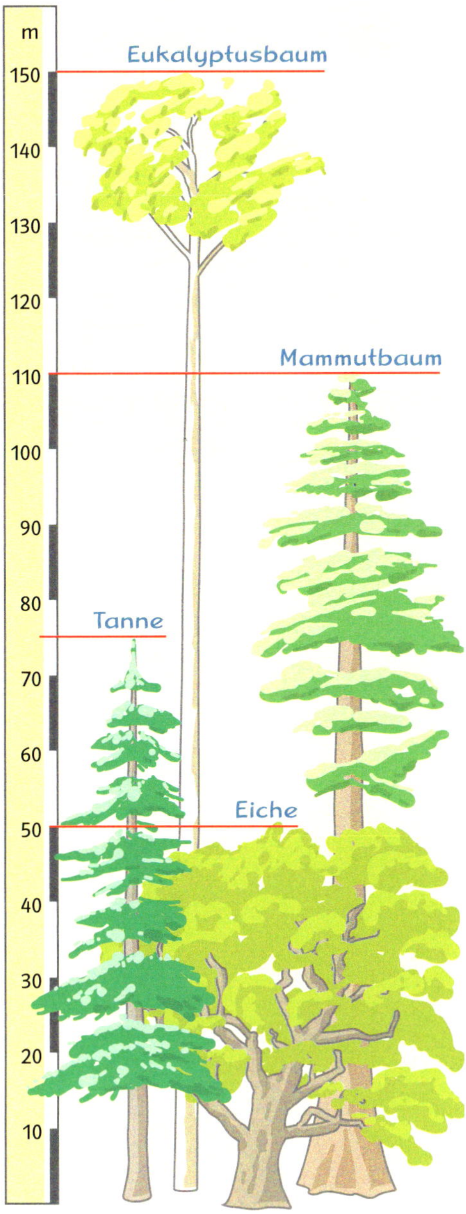

Jede Menge Holz

Auch das Volumen V eines Baumstamms lässt sich schätzen, ohne den Baum zu fällen. Die erste der zwei Faustformeln ist meist genauer als die zweite.

- $V = 0{,}4 \cdot u^3$
- $V = u^2$

Hier wird u in m eingegeben, V ergibt sich in m^3.

Sarah und David haben Stämme mit $u = 2{,}80\,m$ und $u = 3{,}70\,m$ gemessen.

$1\,m^3$ vieler Holzarten wiegt etwa 0,6 t. Gebt zwei Faustformeln für die Masse m eines Stamms an, der den Umfang u hat.

Bäume als Zeitzeugen

In Europa werden Bäume bis zu 45 m hoch. Wie schwer ist ein solcher Baumriese etwa? Was in Europa ein Riese ist, ist in Nordamerika ein Zwerg. Dort werden die größten Bäume 120 m hoch.

Bei gefällten Bäumen lässt sich die Lebensgeschichte und das Alter anhand der Jahresringe ablesen. Das Alter kann man jedoch auch mithilfe einer Faustformel bestimmen, ohne den Baum zu fällen. Sie ist aber ziemlich ungenau.

- $t = 0{,}4 \cdot u$

Hier wird u in cm eingegeben, und t ergibt sich in Jahren. Messt und rechnet selbst.
Sarah hat gelesen, dass es 1000-jährige Bäume gibt.

Auf den Spuren unserer Bäume

Untersucht Bäume in eurer Umgebung auf Sturmsicherheit, Volumen, Gewicht und Alter.
Was habt ihr festgestellt?

In diesem Kapitel lernst du,

- wie man mit Klammern in Gleichungen umgeht,
- dass eine Variable auch im Nenner stehen kann,
- wozu Formeln gut sind,
- wie man aus einer Formel andere gewinnt,
- wie man Textaufgaben mithilfe von Gleichungen löst.

1 Gleichungen mit Klammern

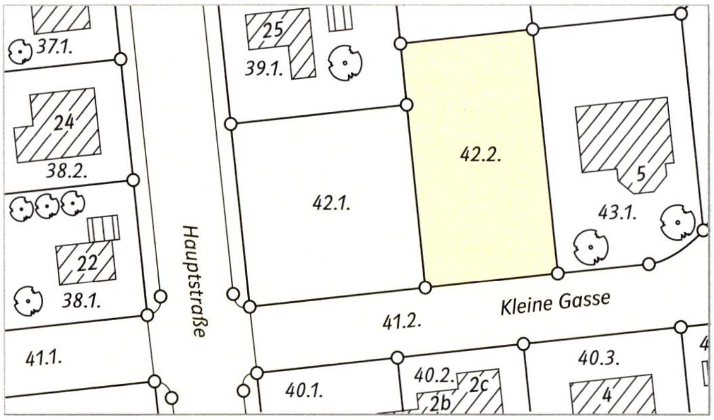

Familie Grüner hat beim Grundstückskauf die Wahl zwischen dem quadratischen Grundstück 42.1 und dem flächengleichen Flurstück 42.2. Dieses ist 8 m länger, dafür aber um 6 m schmaler als Grundstück 42.1.

→ Findest du ohne Messung heraus, wie lang und wie breit die Grundstücke 42.1 und 42.2 sind?

→ Das Grundstück 37.1 hat die doppelte Fläche des Grundstücks 42.1. Die an die Straße angrenzende Seite ist 1,5-mal länger als die des Grundstücks 42.1. Bestimme die zweite Seitenlänge des Grundstücks.

Kommen in einer Gleichung Terme mit Klammern vor, werden zuerst die Klammern aufgelöst.

$$\begin{aligned}
12(2x+1) - 15(x+3) &= 5(1-x) + 32 && |\text{ Klammern ausmultiplizieren}\\
24x + 12 - 15x - 45 &= 5 - 5x + 32 && |\text{ zusammenfassen}\\
9x - 33 &= 37 - 5x && |+33\\
9x &= 70 - 5x && |+5x \quad \text{ordnen}\\
14x &= 70 && |:14\\
x &= 5
\end{aligned}$$

An einer Gleichung der einfachsten Form wie $x = 5$ kann man die Lösung leicht ablesen. Die Lösungsmenge besteht aus der Zahl 5. Man schreibt kurz: $L = \{5\}$.

Lösungsverfahren für Gleichungen mit Klammern

1. Klammern auflösen.
2. Auf beiden Seiten Terme zusammenfassen.
3. Summanden mit Variablen auf der einen Seite und Summanden ohne Variablen auf der anderen Seite zusammenfassen und ordnen.
4. Durch den Koeffizienten der Variablen dividieren.
5. Die Lösungsmenge angeben.

Beispiele

a)
$$\begin{aligned}
6x + 10 - 8x &= 87 - (21 + 10x)\\
6x + 10 - 8x &= 87 - 21 - 10x\\
-2x + 10 &= 66 - 10x && |-10\\
-2x &= 56 - 10x && |+10x\\
8x &= 56 && |:8\\
x &= 7 \quad L = \{7\}
\end{aligned}$$

Probe:

linker Term	rechter Term
$6\cdot 7 + 10 - 8\cdot 7$	$87 - (21 + 10\cdot 7)$
$42 + 10 - 56$	$87 - (21 + 70)$
$52 - 56$	$87 - 91$
-4	-4

b)
$$\begin{aligned}
7(4x - 3) - (2x + 1)\cdot 9 &= 2(x - 9)\\
28x - 21 - 18x - 9 &= 2x - 18\\
10x - 30 &= 2x - 18 && |+30\\
10x &= 2x + 12 && |-2x\\
8x &= 12 && |:8\\
x &= 1{,}5 \quad L = \{1{,}5\}
\end{aligned}$$

Probe:

linker Term	rechter Term
$7(4\cdot 1{,}5 - 3) - (2\cdot 1{,}5 + 1)\cdot 9$	$2(1{,}5 - 9)$
$7(6 - 3) - (3 + 1)\cdot 9$	$2\cdot(-7{,}5)$
$7\cdot 3 - 4\cdot 9$	-15
-15	-15

c) Multipliziere die Klammern aus.

$$(x-3)(x-1) = (x+1)(x-9)$$
$$x^2 - 1x - 3x + 3 = x^2 - 9x + 1x - 9$$
$$x^2 - 4x + 3 = x^2 - 8x - 9 \quad |-x^2$$
$$-4x + 3 = -8x - 9 \quad |+8x$$
$$4x + 3 = -9 \quad |-3$$
$$4x = -12 \quad |:4$$
$$x = -3 \quad L = \{-3\}$$

Probe:

linker Term	rechter Term
$(-3-3)(-3-1)$	$(-3+1)(-3-9)$
$-6\cdot(-4)$	$(-2)(-12)$
24	24

d) Vereinfache mithilfe der binomischen Formeln.

$$(x+4)^2 - 3(x-10) = (x-3)(x+3)$$
$$x^2 + 8x + 16 - 3x + 30 = x^2 - 9 \quad |-x^2$$
$$8x + 16 - 3x + 30 = -9$$
$$5x + 46 = -9 \quad |-46$$
$$5x = -55 \quad |:5$$
$$x = -11 \quad L = \{-11\}$$

Probe:

linker Term	rechter Term
$(-11+4)^2 - 3(-11-10)$	$(-11-3)(-11+3)$
$(-7)^2 - 3(-21)$	$-14\cdot(-8)$
$49 + 63$	112
112	112

Binomische Formeln

$(a+b)^2 = a^2 + 2ab + b^2$
$(a-b)^2 = a^2 - 2ab + b^2$
$(a+b)(a-b) = a^2 - b^2$

Aufgaben

1 Löse die Gleichung. Führe eine Probe durch.

a) $9x + 33 - (45 - 15x) = 15 - 3x$
b) $7 - (10 - 8x) = 23 - (4 + 14x)$
c) $(17x+22)-(5x+9) = (11x+15)-(22-21x)$
d) $(42x + 37) - (26 - 34x) = 26x + 211$

2 Gib die Lösung an und überprüfe.

a) $4(2x + 3) = 3(3x + 2)$
b) $(12 - 3x)\cdot 2 = 9(7x + 18)$
c) $3(9 - y) = 5(y - 9)$
d) $(2 - 3y)\cdot 5 + (8 - y)\cdot(-4) = 0$

3 Baut Gleichungen wie im Beispiel.
$3(2x - 4) = 2(3 + 4x)$

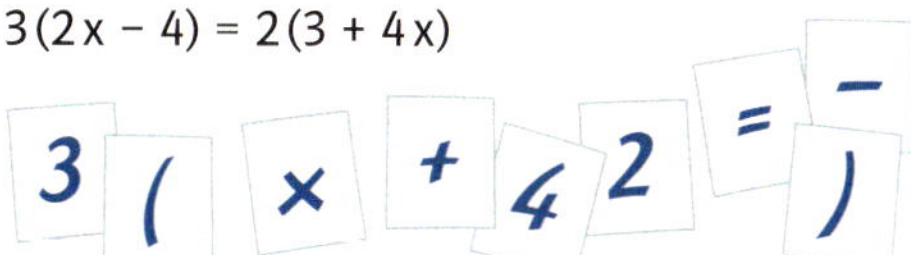

a) Stellt fünf weitere Gleichungen auf, löst sie und kontrolliert die Ergebnisse.
b) Stellt euch einen eigenen Gleichungsbaukasten zusammen und rechnet.

4 Beachte die Minusklammern. Ordne die richtige Lösung zu.

a) $2n^2 - (n + 12)(2n + 3) = 18$	12
b) $15n - (3n - 5)(4n + 5) = 5 - 12n^2$	1,5
c) $8n^2 - 2(2n - 7)(2n + 6) = 11n$	−1
d) $-10n^2 - 5(3 - n)(2n + 11) = -30n$	−2
e) $7(4n - 3) - (2n + 1)\cdot 9 = 2(n - 9)$	3

5 Quadrat und Rechteck sind flächengleich. Berechne die Länge der gesuchten Seite x.

a)

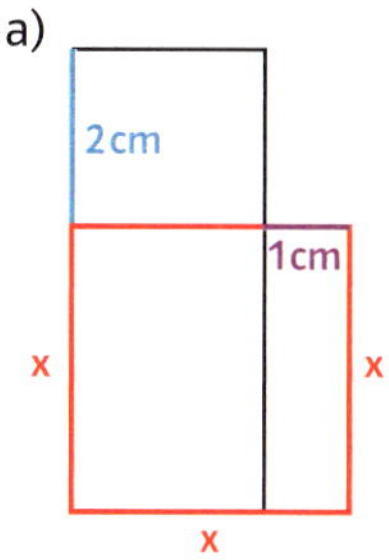

b)

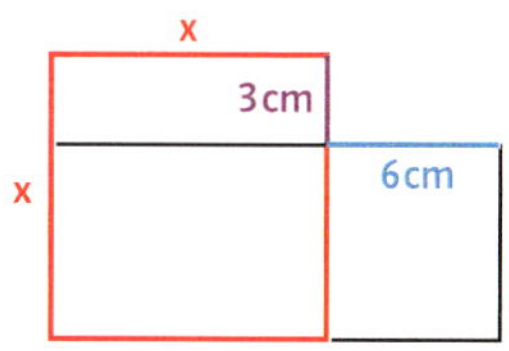

6 Rotes und schwarzes Rechteck sind flächengleich. Berechne die Länge der gesuchten Seite x.

a)

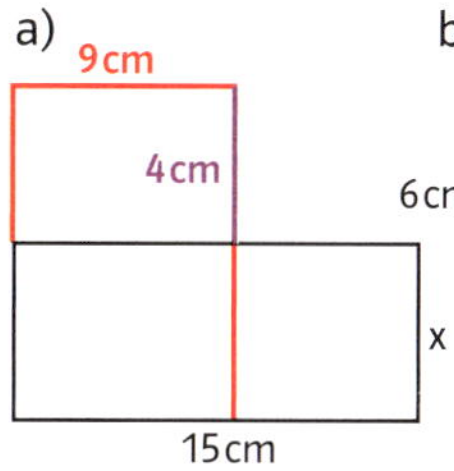

b)

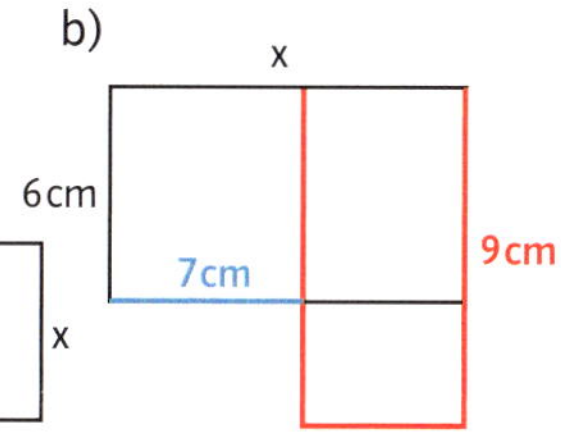

c)

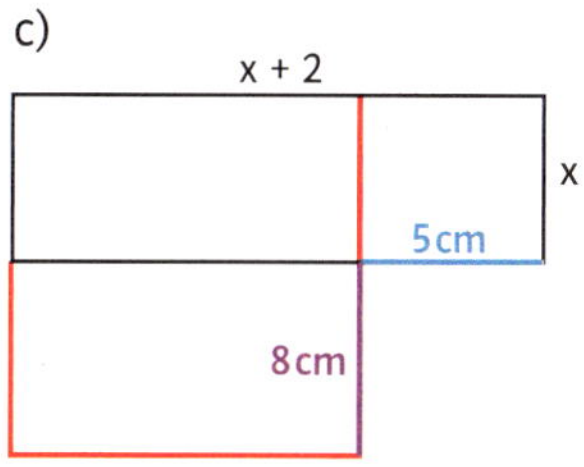

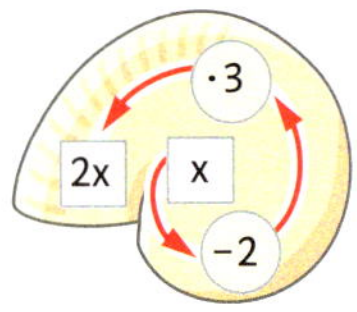

a)

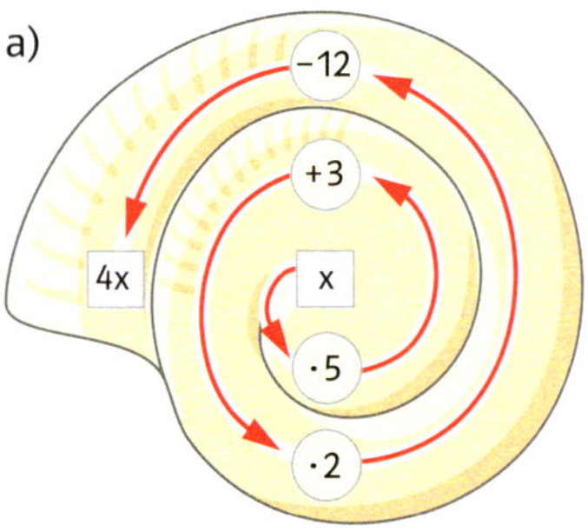

b)

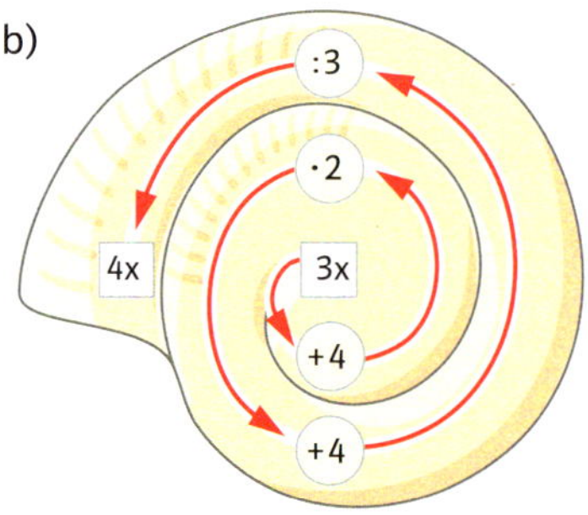

7 Stelle die Gleichung auf und löse sie.

Beispiel: $(x-2)\cdot 3 = 2x$

8 Die Karten auf dem Rand führen dich zum Lösungswort.

a) $7m + 2(m-12) = 2(m-13) + 3(2m+1)$

b) $8(m-1) - 17(3-m) = 4 - 12(3-2m)$

c) $7(6n+3) - 8(3-4n) = 12(2n+3) + 161$

d) $8(2n-3) - 5(2n+8) = 38 - 4(1-5n)$

e) $\frac{2}{3}m - \frac{2}{3} = 1 - \left(\frac{1}{2} - \frac{5}{8}m\right)$

f) $\frac{4}{5}n - \left(-1 - \frac{4}{3}n\right) = -\left(\frac{4}{5} + \frac{1}{3}\right)$

9 Achte auf den zusätzlichen Faktor. Führe eine Probe durch.

a) $4(x+6)(x-5) = 4x^2 - 11x$

b) $6x^2 + 18x = (x-3)(x+9)\cdot 6$

c) $(x+8)\cdot 3\cdot(x-4) = 3x^2 - 4x$

10 Die Lösungen findest du unter den Zahlen $-5;\ -3;\ -2;\ -1;\ 0;\ 1;\ 2;\ 3;\ 4$. Setze Zahlen probeweise ein, dann findest du die Lösung vielleicht schneller.

a) $(x+1)(x-9) = (x-3)(x-1)$

b) $(x+5)(3x+4) = (x+33)(3x-4)$

c) $(2x+2)(2x+3) = (x+1)(4x-3)$

d) $(3x-4)(6+4x) = (6x-2)(2x+12)$

11 a) Löse die Gleichungen.

$(x+1)^2 = (x+3)^2$

$(x+2)^2 = (x+4)^2$

$(x+3)^2 = (x+5)^2$

$(x+4)^2 = (x+6)^2$

b) Stellst du eine Gesetzmäßigkeit fest? Löse dann $(x+45)^2 = (x+47)^2$.

12 Es gibt Gleichungen, die eine, keine oder unendlich viele Lösungen haben.

Beispiel: $2(x+2) = 2x + 2$

$2x + 4 = 2x + 2 \quad |-2x$

keine Lösung, weil: $4 = 2$ falsch!

Wie ist es bei diesen Gleichungen?

a) $2x - 1 + 6(2x+1) = 16x - (2x-7)$

b) $3(x-1) = 9x - 3(2x+1)$

c) $(x+3)^2 - x = 5(x+5) - (x+4)(4-x)$

d) $10x - \left(\frac{1}{2} + 3x\right) = 2\left(\frac{7}{2}x - \frac{3}{4}\right)$

e) $x + \frac{1}{3} - \frac{3x+2}{15} = 1$

f) $4x(x+9) = 5(2x+1)^2 - 4(2x-1)^2$

Aufgaben selbst erfinden

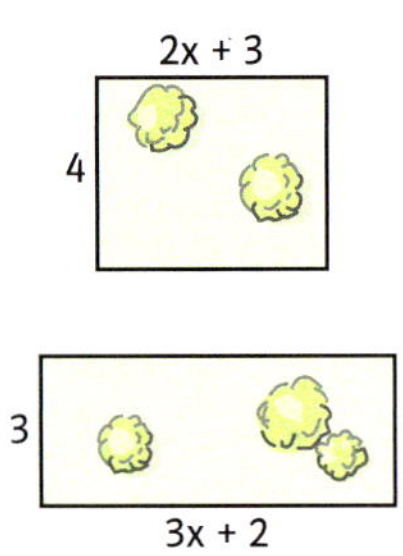

Zu einer Gleichung lässt sich häufig eine passende Sachsituation finden.
Einige Gleichungen können beispielsweise als Flächen dargestellt werden.

Beispiel: $4\cdot(2x+3) = 3\cdot(3x+2)$

Dazu erfundene Aufgabe: Die beiden Grundstücke 1 und 2 haben den gleichen Flächeninhalt. Bestimme die Länge der unbekannten Seiten in Metern. Lösung:

$A_{(\text{Grundstück 1})} = A_{(\text{Grundstück 2})}$

$4\cdot(2x+3) = 3\cdot(3x+2)$

$8x + 12 = 9x + 6 \quad |-8x\,|-6$

$6 = x$

Seitenlänge Grundstück 1: $2x + 3 = 2\cdot 6 + 3 = 15$

Grundstück 2: $3x + 2 = 3\cdot 6 + 2 = 20$

Probe:

linker Term	rechter Term
$4\cdot 15$	$3\cdot 20$
60	60

Die unbekannten Grundstücksseiten sind 15 m und 20 m lang.

- Formuliere zu der Gleichung $(x+6)(x-1) = (x+2)^2$ eine Aufgabe. Überprüfe, ob du sie berechnen kannst.
- Erfinde selbst Aufgaben, die mithilfe von Gleichungen mit Klammern gelöst werden können. Kontrolliere deine Aufgabe, bevor du sie deiner Klasse zum Lösen vorlegst.

2 Formeln

At the beginning of the summer holidays Sarah and her mother have a trip on airplane to New York. The captain announces: The temperature in New York is 95 degrees.
Sarah hopes, that her mother didn't understand.
Mrs. Swan, Sarahs seat neighbor, asks her: What was the temperature in Frankfurt at our departure?
Sarah answers: 15 degrees.
Mrs. Swan replies: Very chilly this July in Europe, isn't it?

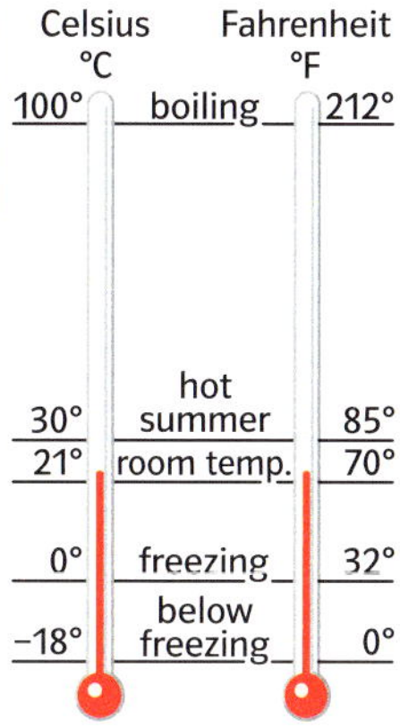

? $y = \frac{9}{5} \cdot x + 32$
Can you find out by yourself, what x and y mean here?

Die Prozentformel $p\,\% = \frac{W}{G}$ beschreibt den Zusammenhang zwischen den Variablen p % (Prozentsatz), W (Prozentwert) und G (Grundwert).

Wenn man für verschiedene Werte von G und p % den Prozentwert W berechnen soll, ist immer dieselbe Umformung nötig.

$7{,}5\,\% = \frac{W}{120\,€} \;|\cdot 120\,€;\quad 35\,\% = \frac{W}{8{,}37\,€} \;|\cdot 8{,}37\,€;\ \ldots$

Es ist dann praktischer, vor dem Einsetzen umzuformen und die umgeformte Formel zu benutzen.

$$p\,\% = \frac{W}{G} \qquad |\cdot G$$
$$G \cdot p\,\% = W$$
$$W = G \cdot p\,\%$$

Eine **Formel** beschreibt einen Zusammenhang zwischen Variablen, Größen und Zahlen.
Es ist oft vorteilhaft, eine Formel so umzuformen, dass die gesuchte Variable allein steht.
Man sagt: Die Formel wird nach dieser Variablen **aufgelöst**.

Beispiele

a) Die Summe der Kantenlängen eines Quaders ist $k = 4(a + b + c)$. Aus k, b und c soll a berechnet werden. Dazu wird die Formel nach a aufgelöst

$$k = 4(a + b + c) \qquad |:4$$
$$\frac{k}{4} = a + b + c \qquad |-b-c$$
$$a = \frac{k}{4} - b - c$$

Für $k = 120\,cm$ und einige Werte von b und c wird jetzt a berechnet (alle in cm).

b	10	10	10	9	2,5	6,2
c	5	8	10	10	3,5	7,9
a	15	12	10	11	24	15,9

b) „Geschwindigkeit gleich Weg durch Zeit"
Diese Formel wird nach der Zeit aufgelöst:

$$v = \frac{s}{t} \qquad |\cdot t$$
$$v \cdot t = s \qquad |:v$$
$$t = \frac{s}{v}$$

Die nach der Zeit aufgelöste Formel heißt „Zeit gleich Weg durch Geschwindigkeit".
Für $s = 100\,km$ kann man die Zeit t zu gegebener Geschwindigkeit v berechnen.

v in $\frac{km}{h}$	20	40	60	80	100
t in h	5	2,5	$1\frac{2}{3}$	$1\frac{1}{4}$	1

Geschwindigkeit = $\frac{Weg}{Zeit}$
$v = \frac{s}{t}$

Aufgaben

1 a) Stelle die Rechtecksformel $A = a \cdot b$ nach a um.
b) Berechne mithilfe einer umgestellten Formel die fehlende Seitenlänge des Rechtecks. (A in cm^2; a und b in cm)

A	80	80	80	90	90	90	100	100
a	16	18				25	29	
b			7	6	8			33

Eva: $c = 80 : (16 \cdot 2{,}5)$
Gerd: $c = 80 : 16 \cdot 2{,}5$
Saskia: $c = 80 : 16 : 2{,}5$

2 a) Stelle die Quaderformel $V = a \cdot b \cdot c$ nach a, nach b und nach c um.
b) Berechne die fehlende Kantenlänge des Quaders. (V in cm^3; a, b und c in cm)

V	80	90	100	120	140	170	241
a	16	15	8		8		17,1
b	2,5	3		7,5		5,6	14,1
c			2,5	32	2,8	4,6	

c) Der Taschenrechner hilft nur, wenn man ihn richtig benutzt. Rechnen Eva, Gerd oder Saskia für $V = 80\,cm^3$; $a = 16\,cm$; $b = 2{,}5\,cm$ den richtigen Wert für c aus?

3 a) Berechne die Grundfläche $G = a \cdot b$ des Quaders. (V in dm^3; c in dm)

V	60	120	150	225	280	400	1000
c	5	7,5	2,5	4,5	35	32	16

b) Gib zu den Ergebnissen aus a) je einige mögliche Kantenlängen a und b an. Auch Brüche sind erlaubt.

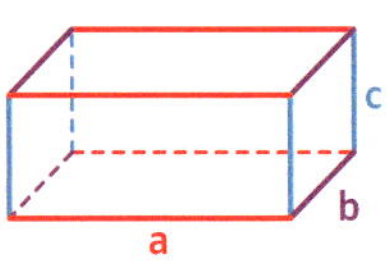

4 Ein Quader hat die Kantenlängen a, b und c. Die Summe seiner Kantenlängen ist $k = 4(a + b + c)$.
a) Stelle die Formel nach b und nach c um.
b) Berechne mithilfe der passend umgestellten Formel die fehlende Kantenlänge (alle Maße in cm).

k	80	60	120	180	206	30	12	960
a		10	12	15	27,5		2	79
b	6	2		15	12	1	1	
c	5		12			1		81

! *Eine Aufgabe ist nicht lösbar!*

Formeln falten

Nadja, Hajo, Jasmin und Kai schneiden Streifen aus und falten sie rechtwinklig.

- Hajo misst zur Bestimmung des Flächeninhalts die Längen aus.
- Nadja überlegt, welche Fläche verloren geht, wenn sie einmal faltet. Sie findet eine Formel für den Flächeninhalt A_1 des einmal gefalteten Streifens.

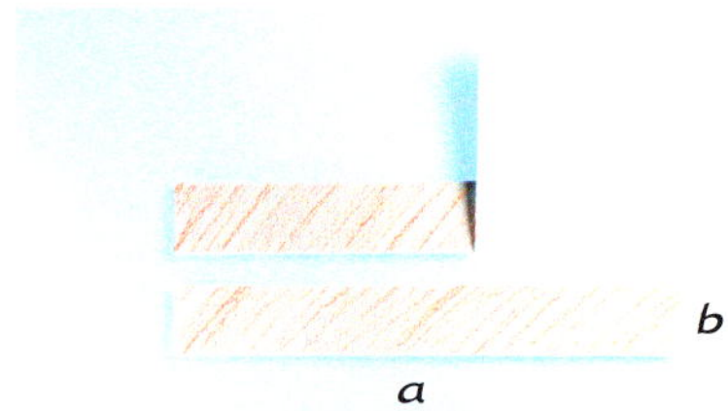

- Jasmin und Kai finden Formeln für die Flächeninhalte A_2, A_3 und A_4 von 2-mal, 3-mal, 4-mal gefalteten Streifen.
- Hajo schneidet Streifen aus mit $a = 24\,cm$; $b = 2\,cm$; $a = 25\,cm$; $b = 6\,cm$. Er prüft die Formeln durch Messen nach.
- Kai will gefaltete Streifen herstellen mit $b = 2\,cm$ und $A_1 = 40\,cm^2$; $A_1 = 60\,cm^2$; $A_2 = 40\,cm^2$. $A_3 = 40\,cm^2$; $A_3 = 70\,cm^2$; $A_4 = 80\,cm^2$. Dazu löst er die Formeln nach a auf.
- Die vier finden heraus, wie man ein Achteck um ein Quadrat legen kann.

5 a) Löse die Prozentformel nach G auf.
b) Berechne W bzw. G mithilfe der umgestellten Formeln.

p%	5%	2%	3%	2,15%
G	350,00 €	350,00 €		
W			7,50 €	21,50 €

p%	4,5%	2,2%	22%	0,5%
G			864,30 €	620,00 €
W	144,90 €	13,80 €		

6 a) Löse die Formel $v = \frac{s}{t}$ nach s auf. Schreibe die neue Formel in Worten.
b) Berechne mit den passenden Formeln die in den Tabellen fehlenden Werte.

v in $\frac{km}{h}$	100	22	140	12		
t in h	$1\frac{1}{2}$	3			$4\frac{1}{2}$	$1\frac{1}{2}$
s in km			630	90	198	300

v	$320\,\frac{m}{min}$	$1000\,\frac{m}{min}$	$8\,\frac{m}{s}$	
t	2 min 30 s	4 min		45 min
s			100 m	1,8 km

7 In Aufgabe 6 b) hast du viel gerechnet. Zur ersten Teilaufgabe passt die Mini-Geschichte:
„Frau Maier fährt mit dem Auto von Oberhausen nach Bielefeld.
Das sind etwa 150 km.
Wegen des dichten Verkehrs fährt sie durchschnittlich nur mit $100\,\frac{km}{h}$ und braucht $1\frac{1}{2}$ Stunden."
Erzähle oder schreibe auch zu anderen Teilaufgaben eine solche Mini-Geschichte.

8 Kerstin braucht mit dem Rad für ihren 5 km langen Schulweg 20 Minuten.
a) Am letzten Schultag fährt Kerstin vier Minuten zu spät ab. Wie schnell muss sie fahren, um noch rechtzeitig anzukommen?
b) Will Kerstin x Minuten Verspätung aufholen, muss sie mit der Geschwindigkeit v fahren. Ihre Mathematiklehrerin hat dazu eine Formel aufgestellt:
$v \cdot \left(\frac{20}{60} - \frac{x}{60}\right) = 5$ (x in min; v in $\frac{km}{h}$)
Löse die Formel nach v auf.
c) Berechne v für einige x-Werte. Wie viel Verspätung kann Kerstin noch aufholen?

9 Der Fahrenheit-Wert y der Temperatur lässt sich aus dem Celsius-Wert x durch eine Formel berechnen: $y = \frac{9}{5} \cdot x + 32$
a) Stelle eine Wertetabelle auf.

B10 ▼ f_x =9/5*A10+32

	A	B	C
1	Temperatur in °Celsius	Temperatur in °Fahrenheit	
2	−2		
3	−1	30,2	
4	0	32,0	
5	1	33,8	
6	2	35,6	
7	3	37,4	
8	4	39,2	
9	5	41,0	
10	6	42,8	
11	7		
12	8		
13	9		
14	10		
15			

b) Löse die Formel nach x auf.
Ordne in einer Wertetabelle einigen Fahrenheit-Werten y die Celsius-Werte x zu.
c) Welche x-Werte ergeben sich für die y-Werte 0 °F; 100 °F; −100 °F?

Geschwindigkeitsformel

$v = \frac{s}{t}$

Prozentformel

$p\,\% = \frac{W}{G}$

15 Die Geschwindigkeitsformel und die Prozentformel verbinden je drei Größen. Wie ändert sich die dritte Größe, wenn zwei Größen verändert werden?
Antworte ohne zu rechnen.
- s und t werden verdoppelt.
- s wird verdoppelt, t wird halbiert.
- G wird verdoppelt, W wird halbiert.
- v und t werden verdoppelt.
- p % und W werden verdoppelt.
- G wird vervierfacht, W wird verdoppelt.

Stellt euch gegenseitig solche Aufgaben.

16 a) Ein Rennpferd schafft 1 km in 1 min, ein Fußgänger braucht dafür 12 min.
In welchem Verhältnis stehen die Zeiten, in welchem die Geschwindigkeiten?
b) Ein Pkw erreicht im Durchschnitt die Geschwindigkeit $v_1 = 125\,\frac{km}{h}$, ein Reisebus $v_2 = 75\,\frac{km}{h}$. In welchem Verhältnis stehen v_1 und v_2?
In welchem Verhältnis stehen die Zeiten t_1 und t_2, die der Pkw und der Reisebus für 250 km brauchen?
c) Berechne $t_1 : t_2$ aus b) auch für andere Streckenlängen. Was stellst du fest?

17 Die Dichte eines Stoffs ist der Quotient aus der Masse m und dem Volumen V. Sie wird in $\frac{g}{cm^3}$ gemessen und mit ϱ (sprich: ro) bezeichnet.
Es gilt also $\varrho = \frac{m}{V}$.
a) Ein Vollziegel mit a = 24,0 cm; b = 11,5 cm und c = 5,2 cm wiegt 2300 g. Wie groß ist seine Dichte?
b) Stelle die Dichte-Formel nach m und nach V um.
c) Eisen hat die Dichte $\varrho = 7{,}87\,\frac{g}{cm^3}$.
Wie schwer ist ein Eisenwürfel mit der Kantenlänge a = 5 cm?
d) Styropor hat je nach Sorte eine Dichte zwischen $0{,}02\,\frac{g}{cm^3}$ und $0{,}1\,\frac{g}{cm^3}$.
In welchen Grenzen liegt das Volumen eines 300 g schweren Verpackungselements?
e) Stelle selbst Aufgaben zur Dichte.

Stoff	Aluminium	Blei	Gold	Platin
ϱ in $\frac{g}{cm^3}$	2,7	11,3	19,3	21,5

Wie viele solche Ziegel sind etwa so schwer wie der Goldbarren?

18 Mit der Formel im Bild kann man den Bremsweg eines Pkw aus der Geschwindigkeit berechnen.

Dabei bedeutet v die Geschwindigkeit in $\frac{km}{h}$ und s den Bremsweg in m.
a) Lege eine Tabelle an, in der die s-Werte für v = 0; 10; 20; … 200 $\frac{km}{h}$ stehen.
b) Welche Rechenschritte hast du ausgeführt? Notiere eine Regel in Worten.
c) Wie ändert sich der Bremsweg, wenn sich die Geschwindigkeit verdoppelt?
d) Ein Pkw hat vor dem Aufprall auf ein stehendes Fahrzeug eine 40 m lange Bremsspur auf den Asphalt gezeichnet. Hat der Fahrer die Geschwindigkeitsbeschränkung von 60 $\frac{km}{h}$ eingehalten?
Tipp: Du kannst die Formel nicht nach v auflösen, aber das ist auch gar nicht nötig.
e) Die Bremswegformel ist für das Rechnen bequem, aber veraltet. Heutige Bremsen wirken besser. Daher benutzt man auch die Formel $s = \left(\frac{v}{10}\right)^2 : 2$.
Lege eine neue v-s-Tabelle an.
f) Für den Bremsweg des Fahrrads gilt genähert $s = \left(\frac{v}{9}\right)^2$; v in $\frac{km}{h}$; s in m.
Lege eine s-v-Tabelle an.
Vergleiche mit den Pkw-Bremswegen. Sollten Fahrradbremsen so gut wirken wie Autobremsen?

Rückspiegel

1 Löse die Gleichung.
a) $2(x+3)+4x=24$
b) $13=7(3x-2)+10x-35$
c) $2(-x-3)\cdot 7-3x=-8$
d) $6x=(5-2x)\cdot(-4)$

2 Was muss in die Gleichung
$3(2x+1)+6(x-3)=\square$
für $\square$ eingesetzt werden, damit L die Lösungsmenge ist?
a) $L=\{2\}$
b) $L=\{3\}$
c) $L=\{10\}$
d) $L=\{0\}$
e) $L=\{-4\}$

3 Achte auf die binomischen Formeln.
a) $(x-1)^2+(x+2)^2=2x^2$
b) $(y+9)^2-(y-5)^2=28$
c) $4(1-x)=(x-2)^2-(x+2)^2$
d) $(z+4)^2-(z-3)(z+3)=3(z-10)$

4 Rotes und schwarzes Rechteck sind flächengleich. Berechne die unbekannte Länge.

a)
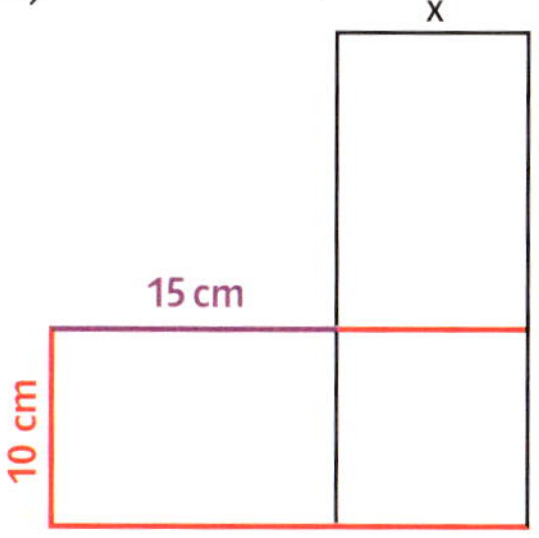

b)
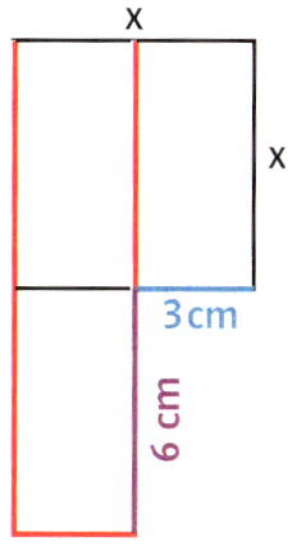

5 a) Löse die Formel $A=a\cdot b$ nach b auf.
b) Berechne b für

$A=56\,cm^2$	$A=108\,cm^2$	$A=36{,}4\,cm^2$
$a=14\,cm$	$a=24\,cm$	$a=5{,}6\,cm$

6 Am Anfang des Schuljahrs läuft Luis 75 m in 10,2 s.
a) Er verbessert seine Zeit um $t=0{,}2\,s$; $0{,}4\,s$; $0{,}8\,s$. Wie schnell $\left(\text{in } \frac{m}{s}\right)$ läuft er dann?
b) Stelle eine Formel auf, in der die Geschwindigkeit v $\left(\text{in } \frac{m}{s}\right)$ durch die Zeitersparnis t (in s) ausgedrückt wird.

1 Löse die Gleichung.
a) $5(4x-5)+4(3x-4)=23$
b) $-6(5x-12)=57-5(4x+13)$
c) $8(6x-2)-9(4x+12)=5(x-5)-15$
d) $1-\left(3x+\frac{2}{5}\right)=x-\left(\frac{9}{10}+3x\right)$

2 Was muss in die Gleichung
$3(e-x)=2(3x+6e)$
für e eingesetzt werden, damit L die Lösungsmenge ist?
a) $L=\{2\}$
b) $L=\{0\}$
c) $L=\{6\}$
d) $L=\{-2\}$
e) $L=\{-0{,}5\}$

3 Achte auf die binomischen Formeln.
a) $(x+2)^2-(x-4)^2=2(x-4)+9x$
b) $(y-5)^2+(y+6)^2=(y-9)^2+(y+8)^2$
c) $3x^2-2x=x^2+(x-1)^2+(x-1)(x+2)$
d) $(3z-2)^2-3(z-1)^2=-(3z+2)(3-2z)$

4 Rotes und schwarzes Rechteck sind flächengleich. Berechne die unbekannte Länge.

a)
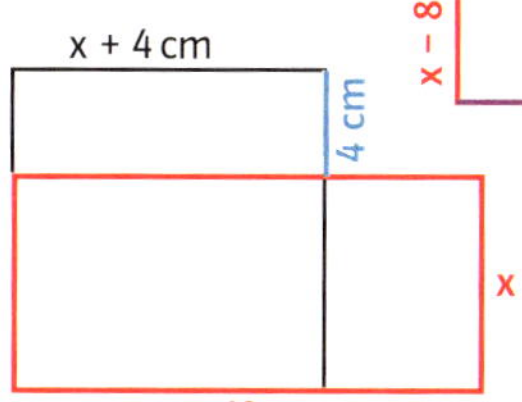

b)
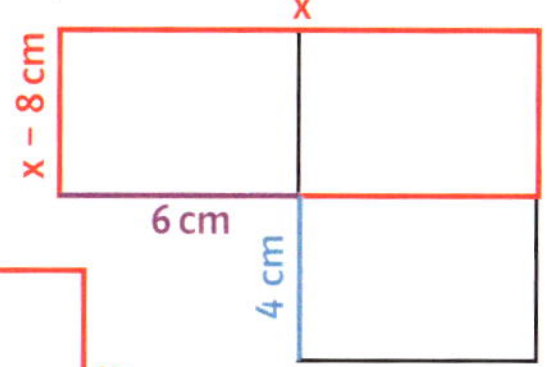

5 a) Löse die Formel $p\,\% = \frac{W}{G}$ nach G auf.
b) Berechne G für

$W=29{,}40\,€$	$W=17{,}5\,m$	$W=120\,kg$
$p\,\%=7\,\%$	$p\,\%=0{,}5\,\%$	$p\,\%=12{,}5\,\%$

6 Frau Pfeifer liefert Waren aus. Für die 84 km zum Lager braucht sie 1 h Fahrzeit.
a) Sie wird um $t=\frac{1}{4}\,h$; 2 min; 12 min; 20 min aufgehalten. Mit welcher Geschwindigkeit v $\left(\text{in } \frac{km}{h}\right)$ muss sie fahren, um rechtzeitig anzukommen?
b) Stelle eine Formel auf, in der v durch die Zeitverzögerung t (in h) ausgedrückt wird.

Figuren und Flächen

Figuren legen

Das Tangram ist ein altes chinesisches Legespiel. Es besteht aus sieben Teilfiguren und lässt sich schnell aus Karton herstellen. Welche geometrischen Formen erkennst du? Beschreibe ihre Eigenschaften.

Unter Verwendung aller Teilfiguren wurde ein Rechteck gelegt. Aus dieser Anordnung lassen sich sehr einfach ein Parallelogramm, ein Dreieck oder ein Trapez herstellen.

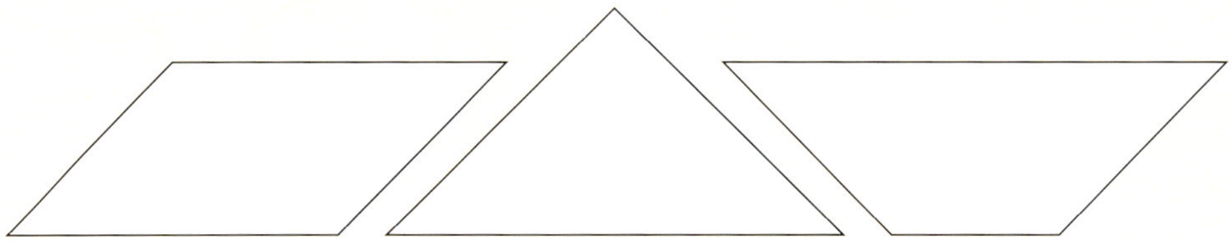

Viele andere Figuren sind möglich.
Du kannst auch selbst weitere erfinden und sie als Umriss einem Partner zum Auslegen geben.

Es ist gar nicht so einfach, den Flächeninhalt eines Kreises genau zu bestimmen. Man kann Kästchen zählen, wenn man eine Vorlage mit Quadratgitter verwendet. Aus mehreren Kästchenteilen bildet man durch Abschätzung vollständige Kästchen.

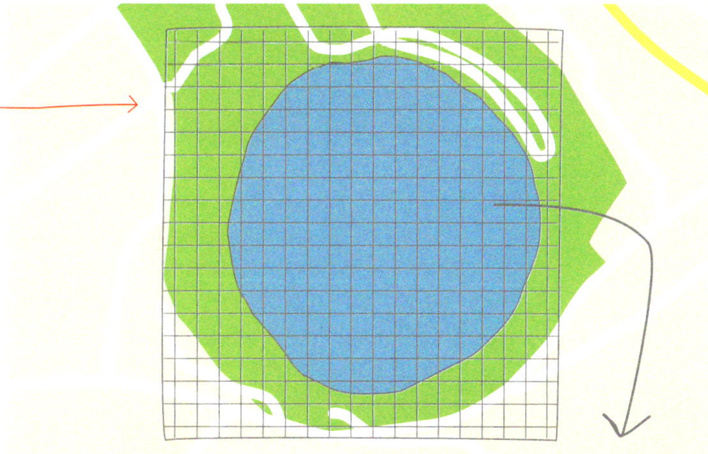

Das Pulvermaar in der Eifel ist ein fast kreisförmiger See vulkanischen Ursprungs. Sein Durchmesser beträgt ungefähr 700 m. Bestimme die Gesamtfläche des Maars so genau wie möglich.

Man kann auch versuchen, die Kreisfläche mit verschiedenen Vielecken anzunähern.

Vergleiche die Kreisfläche mit den umbeschriebenen und einbeschriebenen regelmäßigen Vielecken. Du kannst rechnen oder auch zeichnen und abmessen. Beschreibe was geschieht, wenn die Eckenzahl erhöht wird.

12-Eck

6-Eck

24-Eck

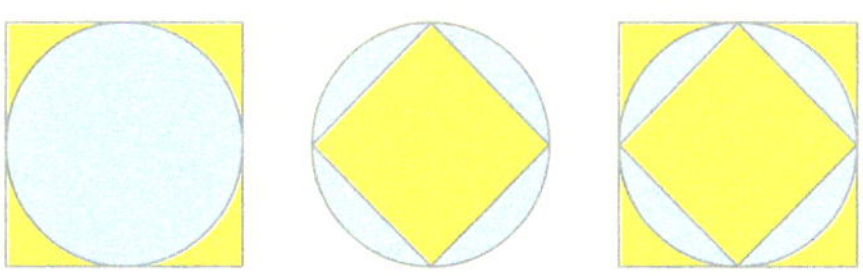

Kreis und Quadrat

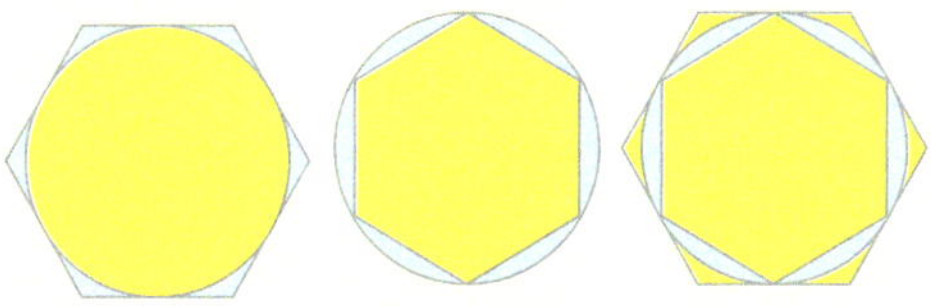

Kreis und Sechseck

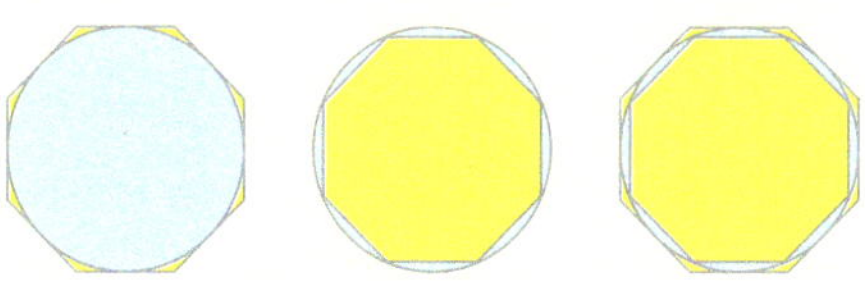

Kreis und Achteck

In diesem Kapitel lernst du,

- wie Umfänge von Figuren berechnet werden,
- wie man den Flächeninhalt geometrischer Figuren berechnet,
- wie man aus Formeln für einfache Figuren Formeln für andere Figuren gewinnen kann,
- dass es vielfältige praktische Probleme gibt, in denen Vielecke vorkommen.

1 Quadrat und Rechteck

Tobias will den Flächeninhalt des rechteckigen Parkplatzes bestimmen.
„Kein Problem“, sagt er, „ich zähle einfach die Pflastersteine.“
→ Seine große Schwester behauptet, dass man mit einer einfachen Rechnung schneller zum Ziel kommt.

Um den **Flächeninhalt** eines Rechtecks zu bestimmen, legt man es mit Zentimeterquadraten aus und bildet aus ihnen Streifen.

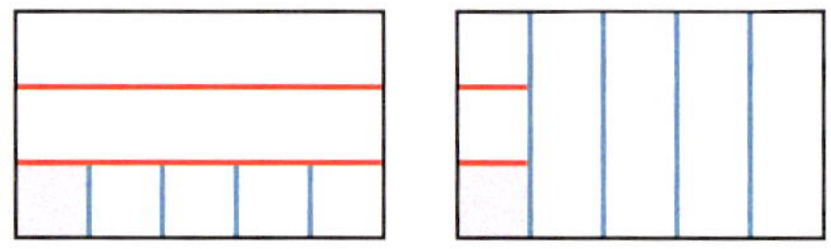

Es passen drei Streifen zu je fünf Quadratzentimetern bzw. fünf Streifen zu je drei Quadratzentimetern in das Rechteck.
Sein Flächeninhalt beträgt somit $15\,cm^2$.

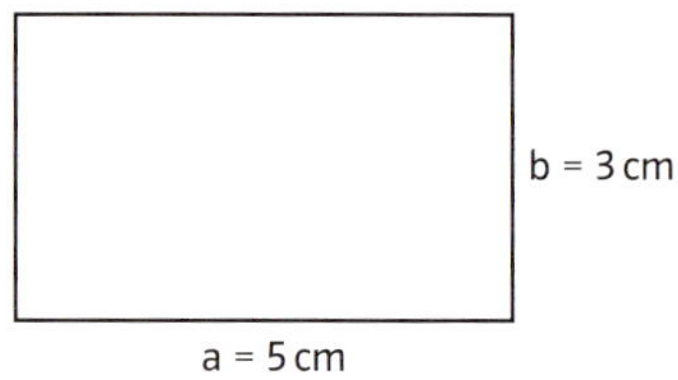

Soll der Flächeninhalt eines Rechtecks berechnet werden, bestimmt man zunächst die Länge a und die Breite b.
Der Flächeninhalt wird mit dem Produkt der Länge a und der Breite b berechnet.
$A = a \cdot b = 5 \cdot 3\,cm^2 = 15\,cm^2$

Der **Umfang** einer geometrischen Figur ist die Summe ihrer Seitenlängen.
Für das Rechteck ergibt sich:

$$u = a + b + a + b = 2 \cdot a + 2 \cdot b$$
$$= 2 \cdot (a + b)$$
$$= 2 \cdot (5 + 3)\,cm = 2 \cdot 8\,cm = 16\,cm$$

Ein Quadrat ist ein besonderes Rechteck. Länge und Breite sind gleich groß.

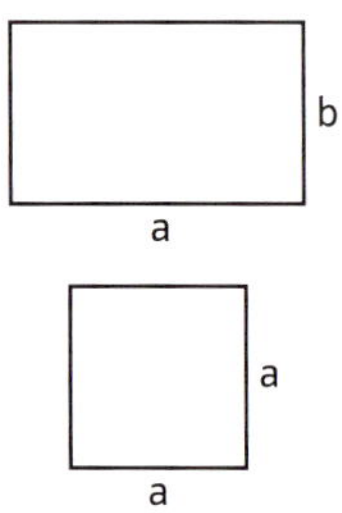

Der Flächeninhalt eines **Rechtecks** kann aus dem Produkt seiner Seitenlängen berechnet werden.
$\mathbf{A = a \cdot b}$
Für den Umfang gilt: $\mathbf{u = 2 \cdot (a + b)}$

Der Flächeninhalt eines **Quadrats** kann aus dem Quadrat seiner Seitenlänge berechnet werden.
$\mathbf{A = a \cdot a = a^2}$
Für den Umfang gilt: $\mathbf{u = 4 \cdot a}$

Beispiele

a) Aus dem Flächeninhalt A und einer Seite a eines Rechtecks wird die Länge der zweiten Seite berechnet.

$A = 45\,cm^2$ und $a = 9\,cm$
$A = a \cdot b \quad |:a$
$b = \frac{A}{a}$
$b = \frac{45}{9}\,cm$
$b = 5\,cm$

b) Aus dem Umfang u und einer Seite b eines Rechtecks wird die Länge der zweiten Seite berechnet.

$u = 17{,}8\,m$ und $b = 3{,}6\,m$
$u = 2 \cdot (a + b) \quad |:2$
$\frac{u}{2} = a + b \quad |-b$
$a = \frac{u}{2} - b = \frac{17{,}8}{2}\,m - 3{,}6\,m$
$a = 5{,}3\,m$

Aufgaben

1 Ein Fußballfeld darf 90 bis 120 m lang und 45 bis 90 m breit sein.
Wie groß sind Flächeninhalt und Umfang mindestens bzw. höchstens?

2 Berechne die Seitenlänge des Quadrates aus seinem Umfang bzw. seiner Fläche.
a) u = 6,4 cm b) u = 95,6 m c) u = 7,35 dm
d) A = 36 cm^2 e) A = 81 dm^2 f) A = 169 m^2

3 Berechne die fehlenden Größen des Rechtecks.

a	5 cm		12,8 m	
b		8,5 cm		41,3 cm
u			38,6 m	6,84 m
A	40,0 cm^2	2,55 dm^2		

4 a) Gib die Flächeninhalte der einzelnen Räume in m^2 an. Wie groß ist die gesamte Wohnfläche?
b) Für das Wohn- und die Kinderzimmer werden Fußbodenleisten benötigt.

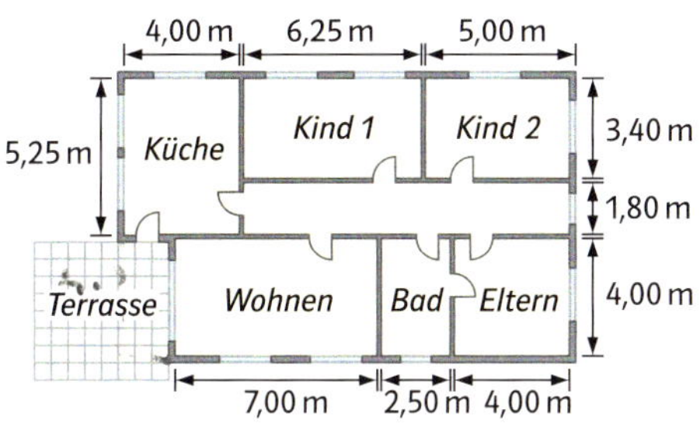

5 Reicht die Farbe im Eimer, um die Decke eures Klassenzimmers zu streichen?

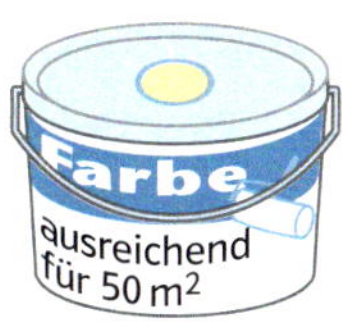

6 Ein Zimmer ist 2,55 m hoch; 4,50 m lang und 3,45 m breit. Ina möchte den Raum tapezieren. Eine Tapetenrolle ist 50 cm breit und 10 m lang. Wie viele Rollen Tapete muss sie kaufen? Zur Vereinfachung berücksichtigt sie Fenster und Türen nicht. Sie braucht dann auch keinen Verschnitt einzukalkulieren.

7 Berechne Flächeninhalt und Umfang der Figuren.

a)
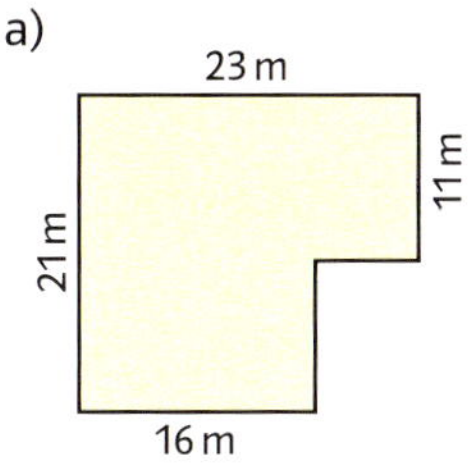

b)
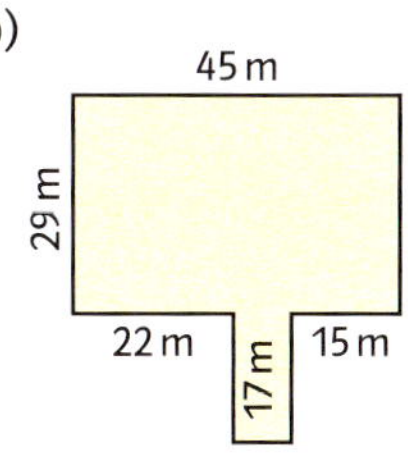

c)
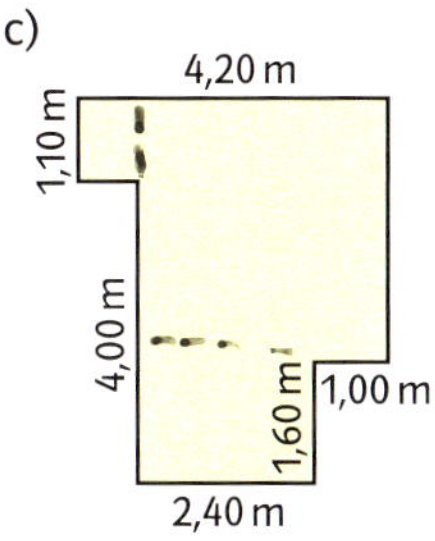

d)
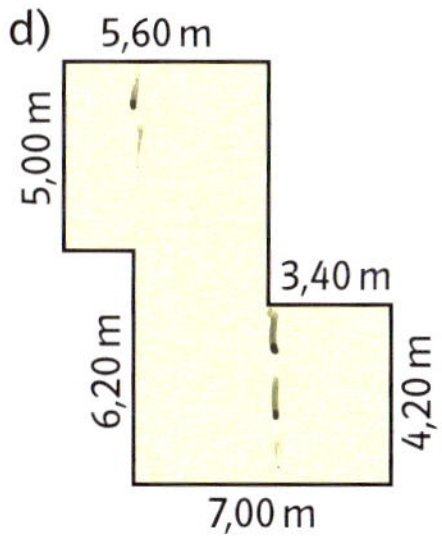

Einer spannt ein Rechteck, der Partner bestimmt den Flächeninhalt (in Nagelquadraten).

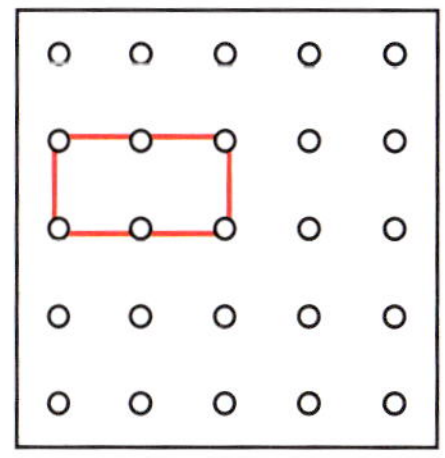

8 Wie verändert sich der Flächeninhalt eines Rechtecks, wenn man
a) die Länge einer Seite verdoppelt?
b) die Länge und die Breite verdoppelt?
c) die Länge verdoppelt und die Breite halbiert?

Rechteck und DGS

Mit einem DGS lassen sich Umfang und Flächeninhalt von Figuren berechnen. Dazu werden die Formeln eingegeben. Verändert man die Figur, berechnet das System die Werte automatisch neu.

- Ermittelt das Rechteck, das bei einem Umfang von 12 cm den größten Flächeninhalt hat.
- Welches Rechteck mit 8 cm^2 Flächeninhalt hat den kleinsten Umfang?

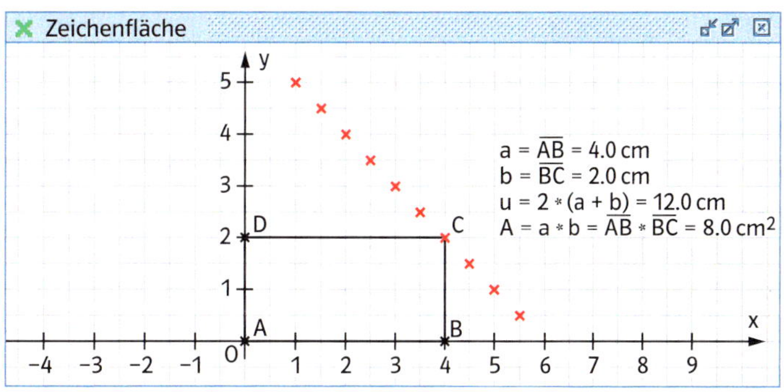

2 Parallelogramm und Raute

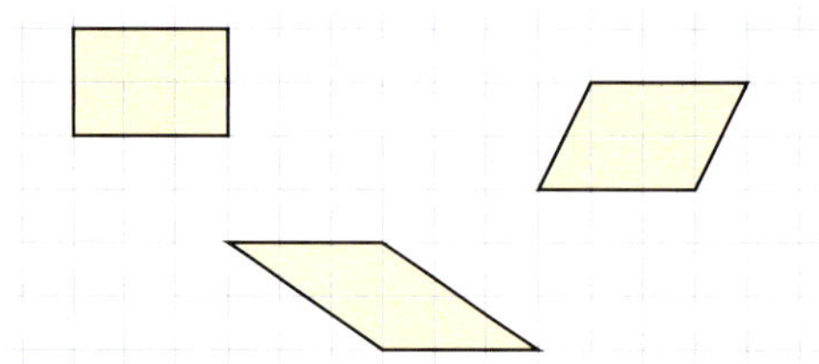

→ Bestimme die Flächeninhalte der Vierecke mithilfe von Einheitsquadraten.
→ Was stellst du fest, wenn du jeweils die Grundseiten und die Höhen vergleichst?

! Man muss nicht schneiden. Auch durch Falten kann man ein Parallelogramm in ein Rechteck umwandeln.

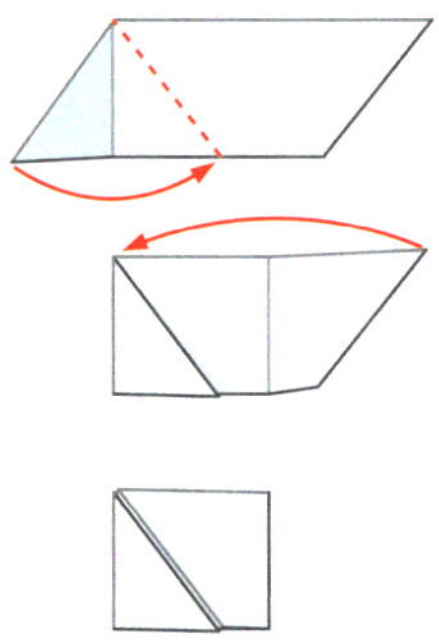

Um den Flächeninhalte eines Parallelogramms zu berechnen kann man es in ein Rechteck umwandeln. Dazu schneidet man ein rechtwinkliges Teildreieck auf der einen Seite ab und setzt es auf der anderen Seite wieder an.
Da die Länge des entstehenden Rechtecks gleich der **Grundseite a** des Parallelogramms und die Breite gleich der zugehörigen **Höhe h_a** ist, ergibt sich: $A = a \cdot h_a$.

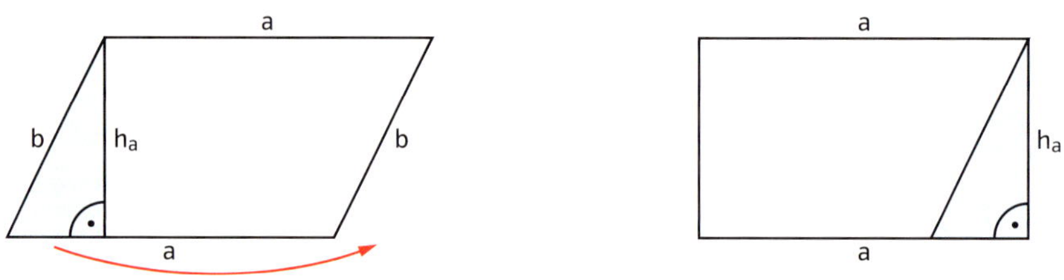

Die Raute ist ein besonderes Parallelogramm. Ihre Seiten sind alle gleich lang.

! Die Höhe eines Parallelogramms ist der Abstand zwischen zwei parallelen Seiten. Die Höhen müssen nicht in einem Eckpunkt enden.

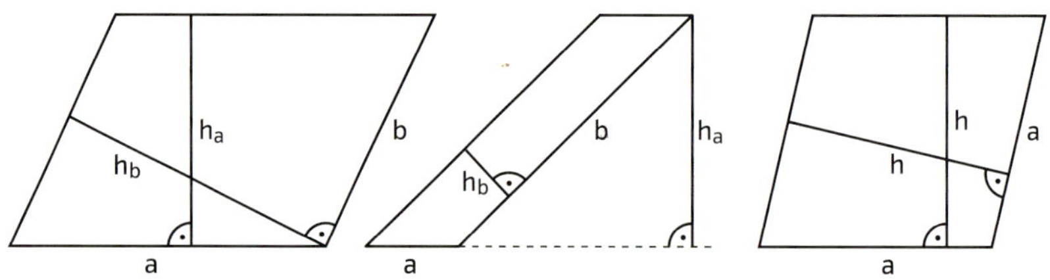

Der **Flächeninhalt eines Parallelogramms** kann aus dem Produkt einer Seitenlänge und der zugehörigen Höhe berechnet werden.

$\mathbf{A = a \cdot h_a}$ $\quad$ $\mathbf{A = b \cdot h_b}$

Für den **Umfang** gilt: $\mathbf{u = 2 \cdot (a + b)}$

Der **Flächeninhalt einer Raute** kann aus dem Produkt von Seitenlänge und Höhe berechnet werden.

$\mathbf{A = a \cdot h}$

Für den **Umfang** gilt: $\mathbf{u = 4 \cdot a}$

Beispiele

a) Aus der Seitenlänge a und der Höhe h_a wird der Flächeninhalt einer Raute berechnet.
$a = 12{,}0\,cm$
$h_a = 7{,}5\,cm$
$A = a \cdot h_a$
$A = 12{,}0 \cdot 7{,}5\,cm^2$
$A = 90{,}0\,cm^2$

b) Aus dem Flächeninhalt A und einer Seitenlänge b wird die zugehörige Höhe h_b eines Parallelogramms berechnet.
$A = 126{,}0\,cm^2$
$b = 15{,}0\,cm$
$A = b \cdot h_b \qquad |:b$
$h_b = \frac{A}{b} = \frac{126{,}0}{15{,}0}\,cm = 8{,}4\,cm$

Aufgaben

1 Zeichne verschiedene Parallelogramme. Bestimme beide Seitenlängen und Höhen durch Messung.
Berechne den Flächeninhalt mit beiden Formeln und vergleiche die Ergebnisse.

2 Berechne Flächeninhalt und Umfang des Parallelogramms.

a) $a = 6\,cm$, $b = 8\,cm$, $h_a = 4\,cm$
b) $a = 11{,}5\,m$, $b = 18{,}6\,m$, $h_b = 4{,}5\,m$
c) $a = 3\,dm$, $b = 71\,cm$, $h_a = 0{,}9\,m$

3 Ein Schüler spannt auf dem Nagelbrett ein Parallelogramm, der Partner bestimmt den Flächeninhalt (in Nagelquadraten).

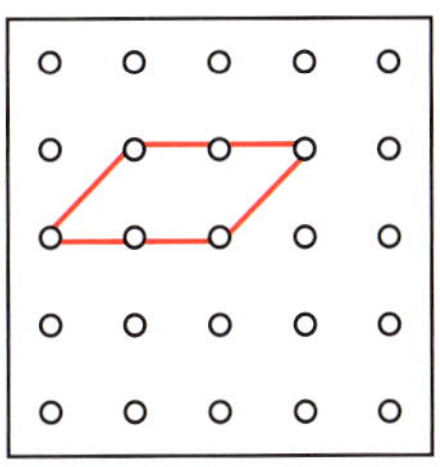

4 Berechne Umfang und Flächeninhalt der Figur.

a)

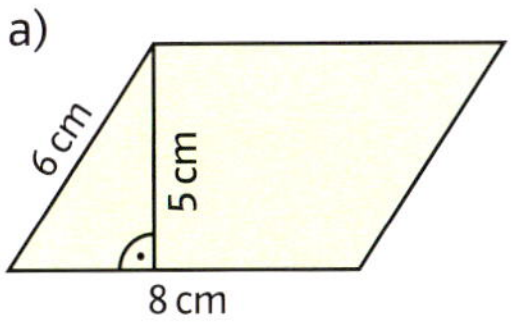

b)

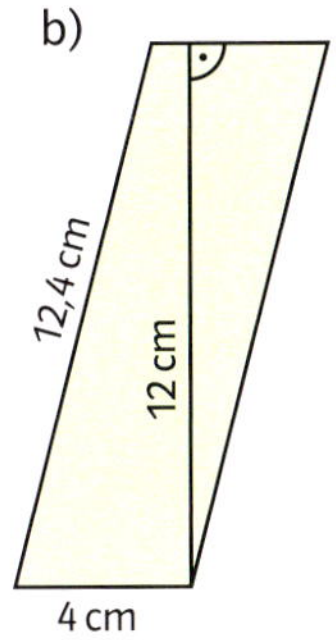

c)

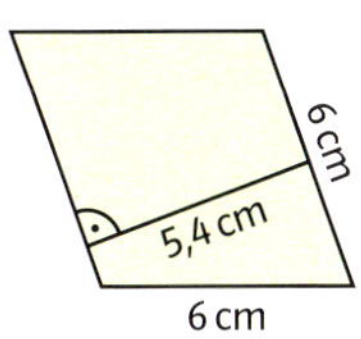

5 Bestimme den Flächeninhalt des Parallelogramms. Zeichne dazu die Punkte in ein Koordinatensystem (Längeneinheit 1 cm) ein und entnimm der Zeichnung die notwendigen Maße.

a) A(1 | 1); B(4 | 1); C(7 | 6); D(4 | 6)
b) A(1 | 2); B(7 | 1); C(6 | 5); D(0 | 6)
c) A(0 | 0); B(7 | 1,5); C(8 | 7,5); D(1 | 6)
d) A(3 | 0); B(8 | 2); C(8,5 | 5,5); D(3,5 | 3,5)

6 Berechne die fehlenden Größen des Parallelogramms.

a	9,0 cm	35 cm	40 m		
b		18 cm		7,5 m	
h_a	6,0 cm		12 m		6 m
h_b	4,5 cm				9 m
u			140 m	45,0 m	
A		315 cm²		75,0 m²	72 m²

7 Konstruiere das Parallelogramm und berechne den Flächeninhalt.

a) $a = 6{,}8\,cm$, $b = 4{,}5\,cm$, $\alpha = 40°$
b) $\alpha = 45°$, $h_a = 3{,}5\,cm$, $h_b = 5{,}0\,cm$

8 Bestimme die Höhen des Parallelogramms auf dem Rand.

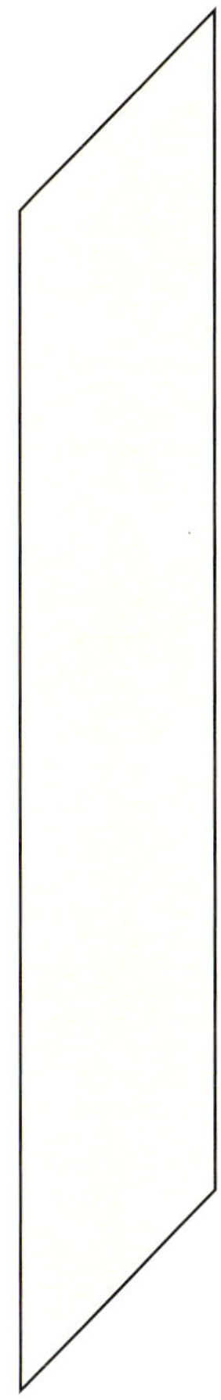

9 Ein Parallelogramm hat eine 3 cm lange Seite und einen Flächeninhalt von 12 cm².
a) Zeichne drei verschiedene Parallelogramme mit diesen Maßen.
b) Gibt es eine Raute, die diese Bedingung erfüllt?

Parallelogramm und DGS

Wie verändert sich der Flächeninhalt der Bahnschranke mit ihrem Schutzgitter beim Heben und Senken?

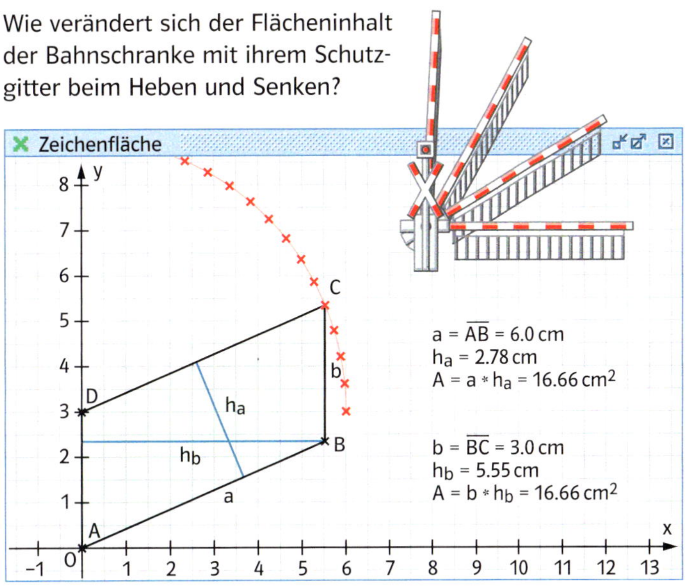

10 Welchen Fehler hat der Praktikant der Werbefirma gemacht?

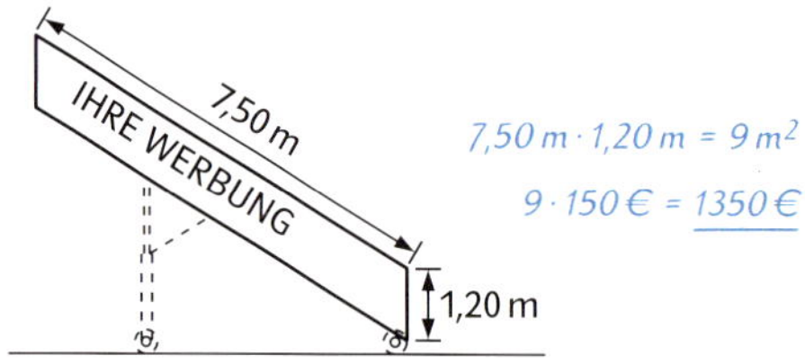

11 Bauer Grün muss für den Bau einer Straße über sein 75 m langes und 30 m breites Grundstück entschädigt werden.

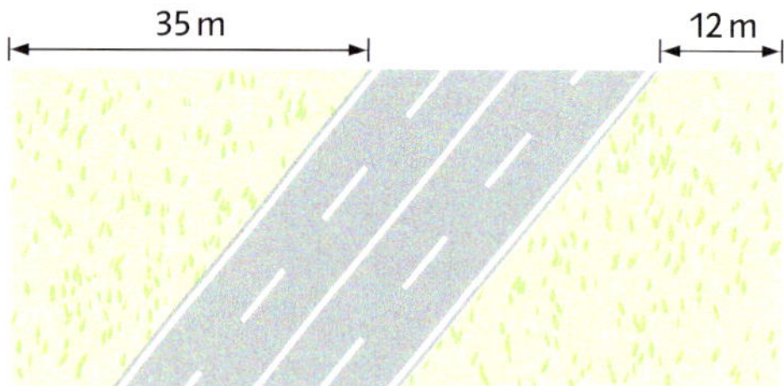

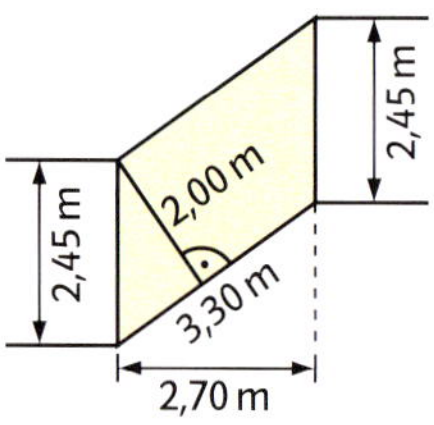

12 Die Wand des Treppenaufgangs soll mit Holz verkleidet werden. Für 1 m² Holzverkleidung sind 45,30 € zu bezahlen. Berechne die Kosten.

13 Der gefärbte Teil der Dachfläche eines Ferienhauses muss neu gedeckt werden. Für 1 m² benötigt man 35 Dachziegel.

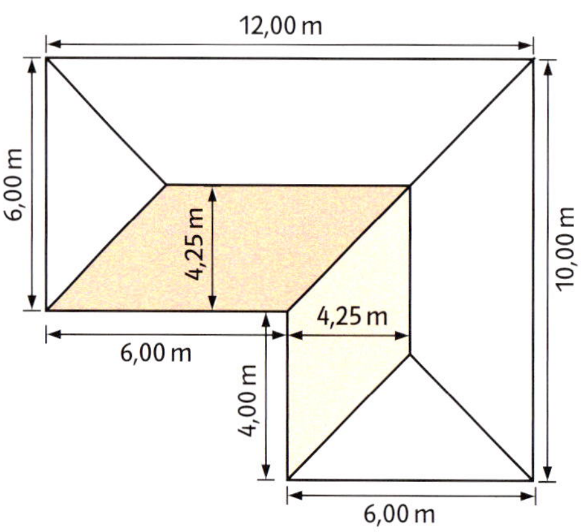

14 Zwei Straßen sind 5,50 m und 7,50 m breit. Sie kreuzen sich unter einem Winkel von 60°. Wie groß ist der Flächeninhalt der Kreuzung? Fertige zunächst eine maßstabsgerechte Zeichnung an.

15 Vergleiche die Flächeninhalte und Umfänge der Vierecke.

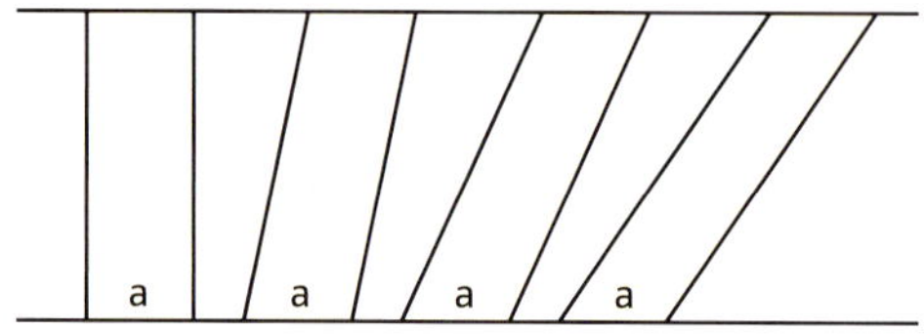

16 Begründe, dass die Parallelogramme gleichen Flächeninhalt haben.

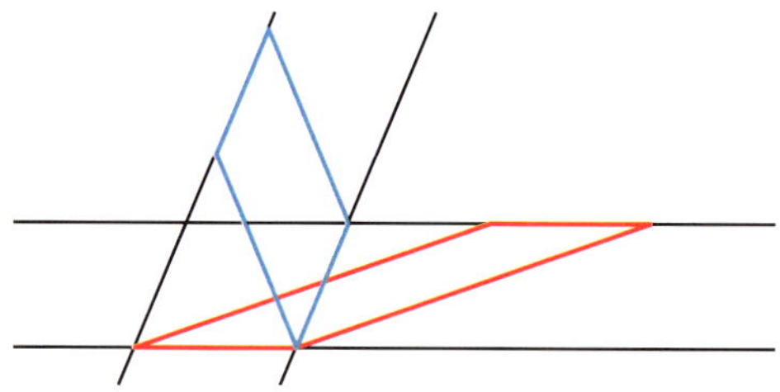

17 Übertrage die Figuren ins Heft.
Entnimm der Zeichnung die notwendigen Maße und berechne Umfang und Flächeninhalt.
Erkläre einer Partnerin oder einem Partner, wie du vorgegangen bist.
Du kannst deine Ergebnisse durch Auszählen überprüfen.

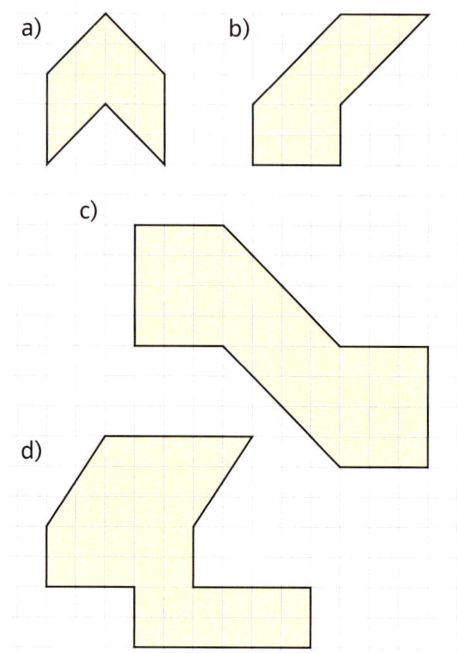

3 Dreieck

Schneide zwei deckungsgleiche Dreiecke aus und lege sie zu einem Parallelogramm zusammen.
→ Was kannst du über den Flächeninhalt eines Dreiecks im Vergleich zum entstandenen Parallelogramm aussagen?

Bei der Berechnung des Flächeninhaltes von Dreiecken kann man bereits bekannte Figuren nutzen.

Auch durch Falten kann man ein Dreieck in ein Rechteck umwandeln.

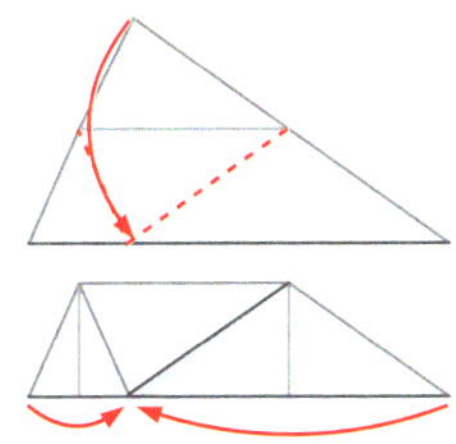

Ein rechtwinkliges Dreieck hat den halben Flächeninhalt eines Rechtecks.
$A = \frac{1}{2} a \cdot b$

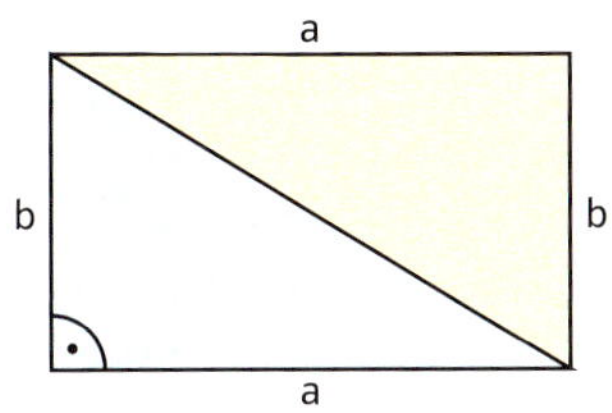

Ein allgemeines Dreieck kann man als halbes Parallelogramm betrachten.
$A = \frac{1}{2} a \cdot h_a$

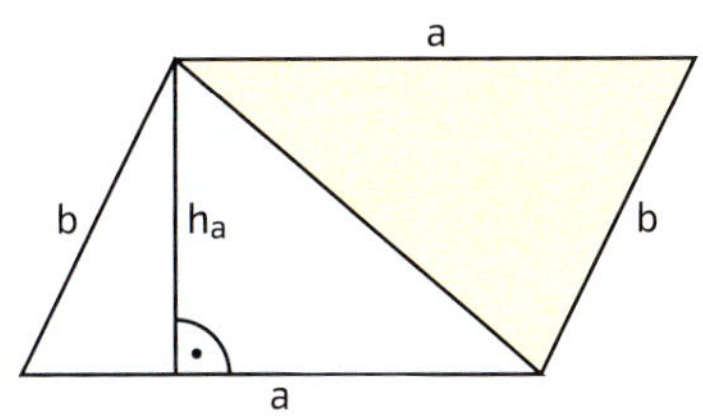

Der **Flächeninhalt eines Dreiecks** kann aus dem halben Produkt einer Seitenlänge und der zugehörigen Höhe berechnet werden.

$\mathbf{A = \frac{1}{2} a \cdot h_a}$ $\mathbf{A = \frac{1}{2} b \cdot h_b}$ $\mathbf{A = \frac{1}{2} c \cdot h_c}$

Beim **rechtwinkligen Dreieck** kann der Flächeninhalt aus dem halben Produkt der beiden am rechten Winkel anliegenden Seiten berechnet werden.

$\mathbf{A = \frac{1}{2} a \cdot b}$ $(\gamma = 90°)$

Für den **Umfang** eines Dreiecks gilt: $\mathbf{u = a + b + c}$

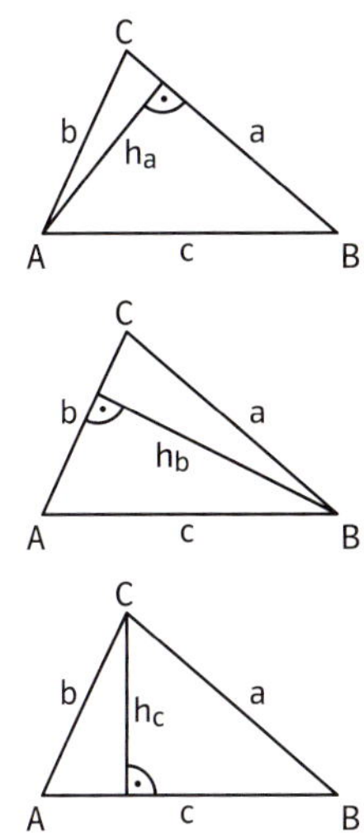

Bemerkungen

- Im rechtwinkligen Dreieck gehört zur Seite a die Höhe $b = h_a$ und zur Seite b die Höhe $a = h_b$.
- Bei stumpfwinkligen Dreiecken liegen zwei Höhen außerhalb des Dreiecks. Der Flächeninhalt ergibt sich aus der Differenz der Flächeninhalte zweier rechtwinkliger Dreiecke.

$A = \frac{1}{2} \cdot (c + x) \cdot h_c - \frac{1}{2} \cdot x \cdot h_c$

$A = \frac{1}{2} \cdot c \cdot h_c + \frac{1}{2} \cdot x \cdot h_c - \frac{1}{2} \cdot x \cdot h_c$

$A = \frac{1}{2} \cdot c \cdot h_c$

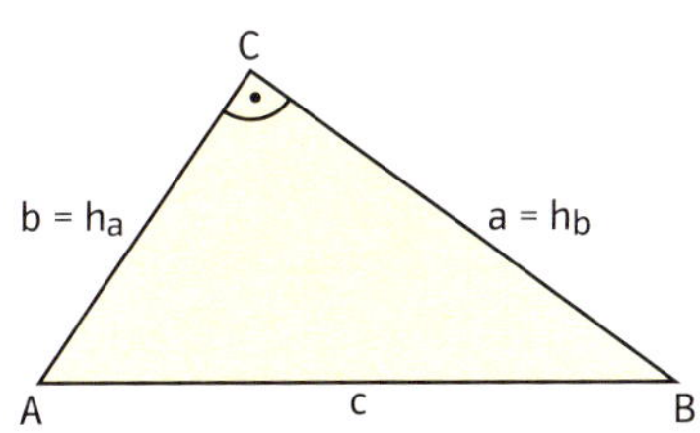

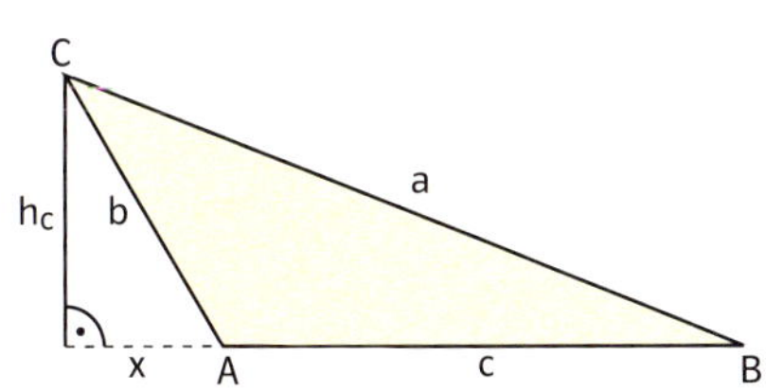

Beispiele

a) Aus der Seitenlänge c und der zugehörigen Höhe h_c wird der Flächeninhalt berechnet.

$c = 4{,}8\,cm;\; h_c = 2{,}8\,cm$

$A = \frac{1}{2} c \cdot h_c$

$A = \frac{1}{2} \cdot 4{,}8 \cdot 2{,}8\,cm^2$

$A = 6{,}72\,cm^2$

b) Aus dem Flächeninhalt A und der Höhe h_a wird die Länge der zugehörigen Seite berechnet.

$A = 19{,}25\,cm^2;\; h_a = 7{,}0\,cm$

$A = \frac{1}{2} a \cdot h_a \qquad | \cdot 2$

$2 \cdot A = a \cdot h_a \qquad | : h_a$

$a = \frac{2 \cdot A}{h_a}$

$a = \frac{2 \cdot 19{,}25}{7{,}0}\,cm = 5{,}5\,cm$

? *Einer spannt ein Dreieck, der Partner bestimmt den Flächeninhalt (in Nagelquadraten).*

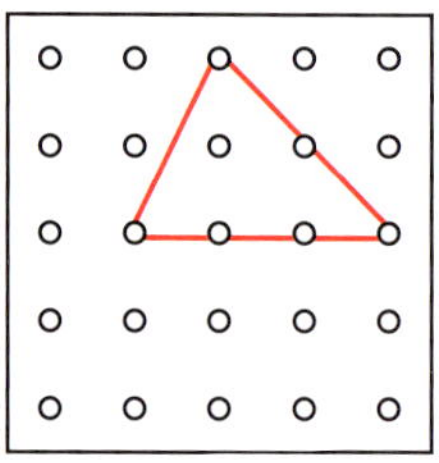

Aufgaben

1 Zeichne ein beliebiges Dreieck. Bestimme alle Seitenlängen und Höhen durch Messung.
Berechne den Flächeninhalt mit den drei Formeln und vergleiche die Ergebnisse.

2 Berechne den Flächeninhalt des Dreiecks.

a) $c = 7\,cm$, $h_c = 5\,cm$ b) $a = 5{,}5\,cm$, $h_a = 6{,}0\,cm$ c) $b = 12{,}2\,cm$, $h_b = 8{,}5\,cm$
d) $a = 4\,dm$, $h_a = 58\,cm$ e) $b = 7{,}6\,cm$, $h_b = 53\,mm$ f) $c = 2{,}5\,m$, $h_c = 136\,cm$

3 Berechne den Flächeninhalt.

a) b)

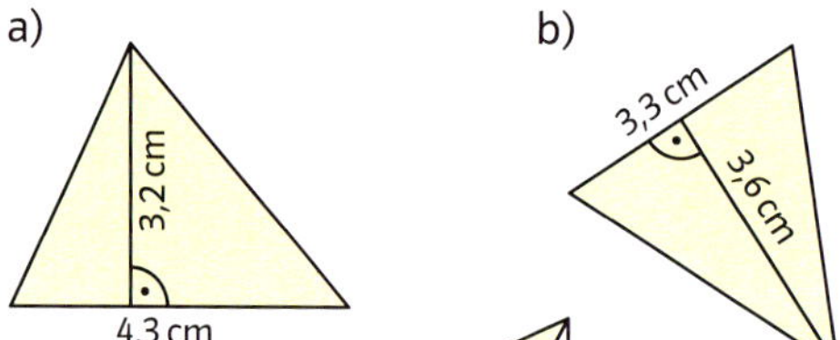

c)

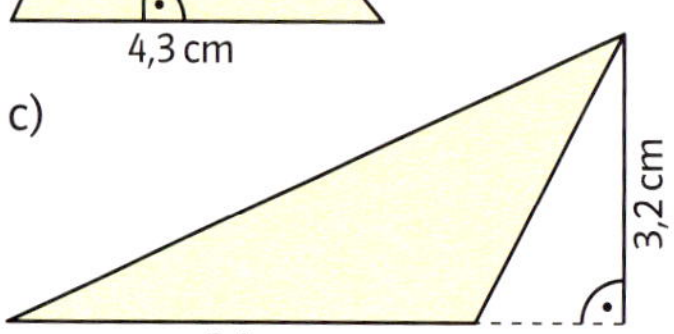

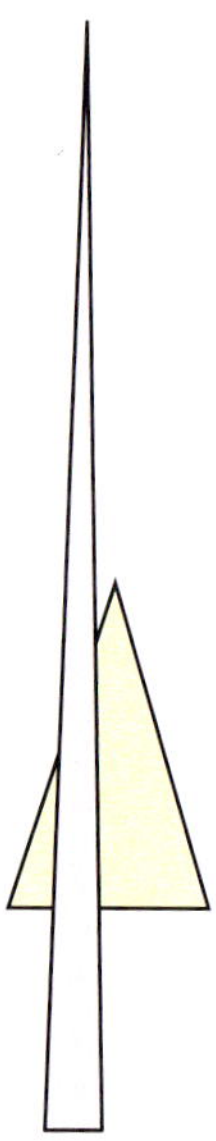

? *Welches der Dreiecke hat den größeren Flächeninhalt? Schätze zuerst und überprüfe dann durch Messen und Rechnen.*

4 Bestimme den Flächeninhalt und den Umfang des Dreiecks. Zeichne dazu die Punkte in ein Koordinatensystem (Längeneinheit 1 cm) ein und entnimm der Zeichnung die notwendigen Maße.

a) A(1|1); B(8|1); C(5|7)
b) A(2|1); B(10|2); C(4|9)
c) A(1|0); B(6|3); C(6|8)
d) A(0|0); B(8|5); C(5|8)
e) A(2|0); B(8|2); C(6|8)

5 Berechne den Flächeninhalt auf zwei Arten. Übertrage ins Heft und entnimm der Zeichnung die notwendigen Maße.

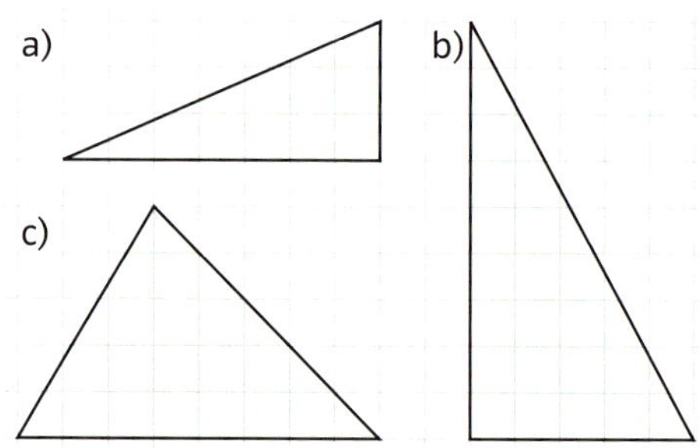

6 Konstruiere das Dreieck mit den angegebenen Maßen. Bestimme mit den Angaben aus der Zeichnung den Umfang und den Flächeninhalt.

a) $a = 5\,cm;\; b = 6\,cm;\; c = 7\,cm$
b) $c = 8\,cm;\; \alpha = 72°;\; \beta = 62°$
c) $a = 7{,}5\,cm;\; b = 6{,}5\,cm;\; \gamma = 50°$
d) $c = 5{,}5\,cm;\; h_c = 4{,}5\,cm;\; \alpha = 50°$

7 Berechne die fehlenden Größen des Dreiecks.

a	6 cm	7,5 m		70 dm
b	8 cm		0,4 m	
h_a		80 dm	0,9 m	
h_b		50 dm	13,5 dm	35 dm
A	42 cm²			6,3 m²

8 Zeichne vier verschiedene Dreiecke mit dem Flächeninhalt 8 cm².
Bestimme jeweils den Umfang.

9 Von einem rechtwinkligen Dreieck mit $\gamma = 90°$ sind $c = 10\,cm$; $b = 6\,cm$ und der Flächeninhalt $A = 24\,cm^2$ bekannt. Berechne a, h_c und den Umfang u.

10 Wie groß ist der Flächeninhalt des Parallelogramms?

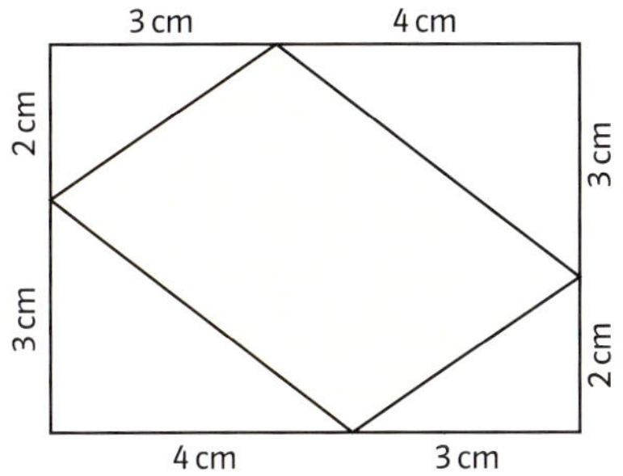

11 Stelle für den Flächeninhalt des Dreiecks eine Formel mit der Variablen e auf.

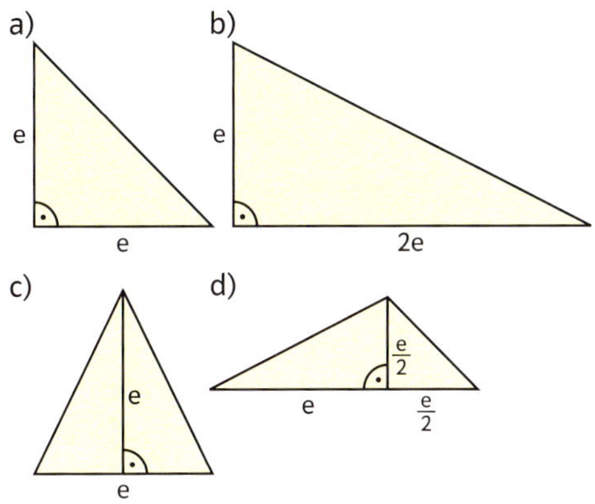

12 Die Giebelwand des Nur-Dach-Hauses wird teilweise mit Holz verkleidet bzw. verglast (alle Maße in m).
$1\,m^2$ Holzverkleidung kostet 22,50 €
und $1\,m^2$ Fensterglas 65,00 €.
Berechne die Kosten.

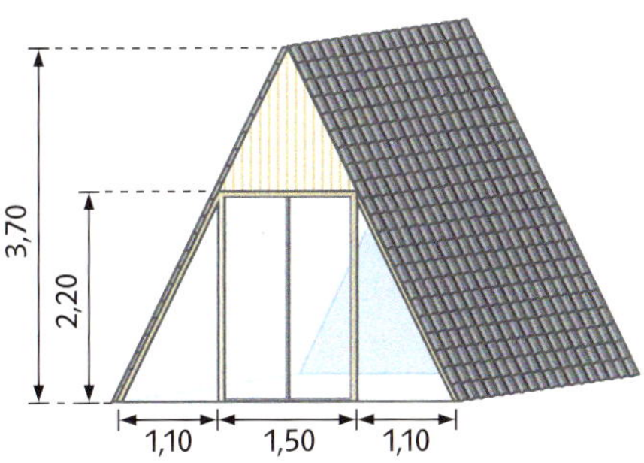

13 Ein Kirchturmdach wird neu gedeckt. Für Material und Arbeitsleistung werden 29,50 € pro m^2 kalkuliert.

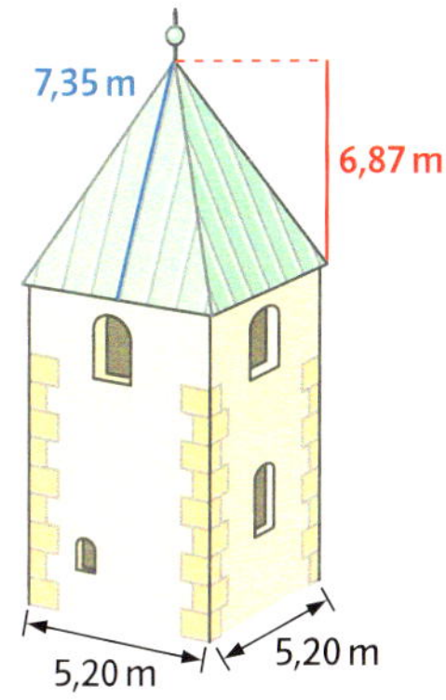

14 Wie groß ist der Flächeninhalt des Schulhofes?

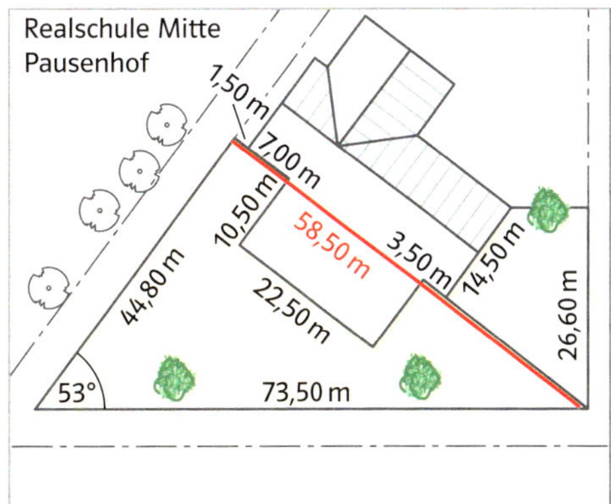

15 Schätze den Flächeninhalt des Verkehrszeichens „Vorfahrt gewähren“. Ist die rote oder die weiße Teilfläche größer? Zeichne maßstabsgerecht und rechne.

Dreieck und DGS

Wie verändert sich der Flächeninhalt des Dreiecks?

- Die Grundseite wird verdoppelt, verdreifacht, …
- Grundseite und Höhe werden verdoppelt, verdreifacht, …
- Die Grundseite wird verdoppelt und die Höhe halbiert.
- Der Punkt C wird auf der Parallelen zu $\overline{AB}$ verschoben.

Was geschieht mit dem Umfang?

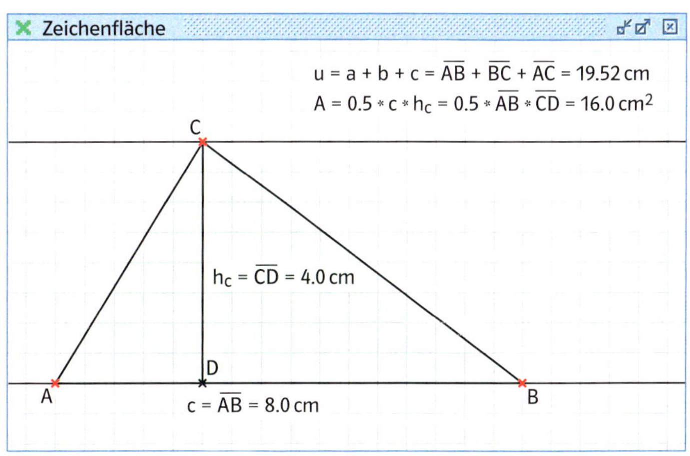

4 Trapez

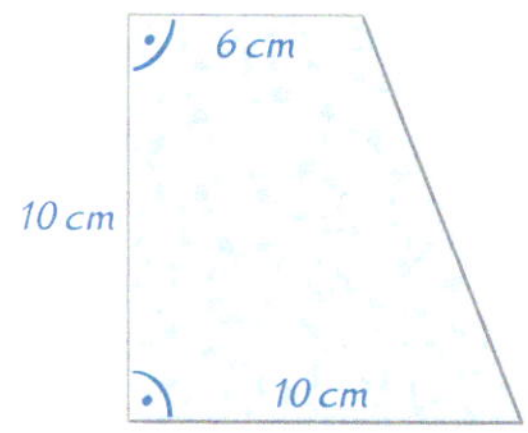

Welchen Flächeninhalt muss ein rechteckiges Blatt Papier mindestens haben, um zwei Exemplare des abgebildeten Trapezes ausschneiden zu können?
→ Versuche es auch mit anderen Trapezen.

! *Auch durch Falten kann man ein Trapez in ein Rechteck umwandeln.*

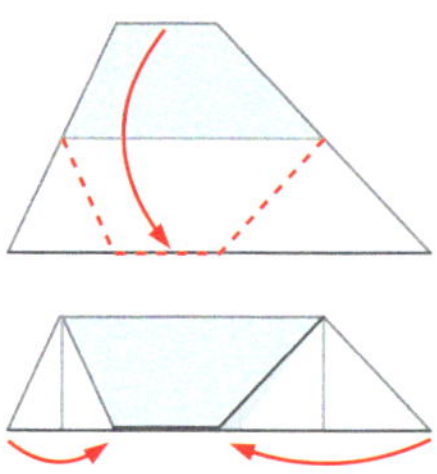

Zwei deckungsgleiche Trapeze kann man zu einem Parallelogramm zusammenlegen.

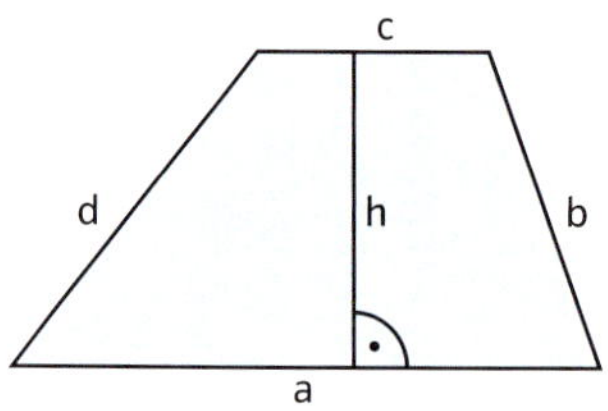

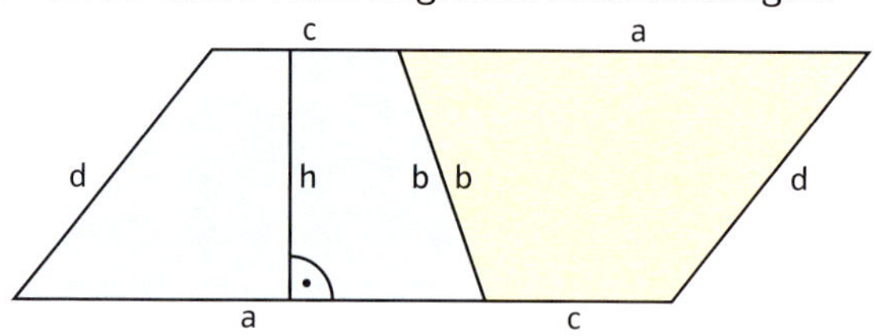

Die Grundseite des Parallelogramms hat dann die Länge $a + c$. Seine Höhe bleibt h.
Damit erhält man für den Flächeninhalt des Parallelogramms: $A = (a + c) \cdot h$.
Der Flächeninhalt des Parallelogramms ist doppelt so groß wie der des Trapezes.
Für den Flächeninhalt des Trapezes ergibt sich somit: $A = \frac{1}{2} \cdot (a + c) \cdot h$.

Der **Flächeninhalt des Trapezes** kann aus den Längen der parallelen Seiten und der Höhe berechnet werden.

$\mathbf{A = \frac{1}{2} \cdot (a + c) \cdot h}$

Für den **Umfang** gilt: $\mathbf{u = a + b + c + d}$

Beispiele

a) Aus den Seitenlängen a und c und der Höhe h wird der Flächeninhalt berechnet.

$a = 8\,cm$
$c = 6\,cm$
$h = 5\,cm$
$A = \frac{1}{2} \cdot (a + c) \cdot h$
$A = \frac{1}{2} \cdot (8 + 6) \cdot 5\,cm$
$A = 35\,cm^2$

b) Aus dem Flächeninhalt A, der Höhe h und der Länge der Seite c wird die Länge der zweiten parallelen Seite berechnet.

$A = 20\,cm^2; \; h = 4\,cm; \; c = 7\,cm$
$A = \frac{1}{2} \cdot (a + c) \cdot h \qquad | \cdot 2 \,|\, : h$
$\frac{2 \cdot A}{h} = a + c \qquad | - c$
$a = \frac{2 \cdot A}{h} - c$
$a = \frac{2 \cdot 20}{4}\,cm - 7\,cm = 3\,cm$

Bemerkung

m ist die **Mittelparallele** des Trapezes. Sie geht durch die Mittelpunkte von b und d.
Die Länge von m ist der Mittelwert der Streckenlängen der parallelen Trapezseiten a und c.

$2 \cdot m = a + c \qquad m = \frac{1}{2} \cdot (a + c)$

Aus $A = \frac{1}{2} \cdot (a + c) \cdot h$ wird $\mathbf{A = m \cdot h}$.

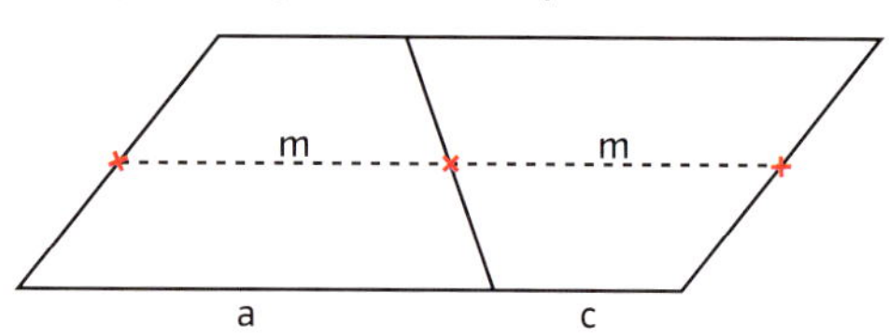

Aufgaben

1 Wie groß ist der Flächeninhalt des Trapezes?
a) a = 14 cm; c = 5 cm; h = 9 cm
b) m = 9 cm; h = 7 cm
c) a = 42,6 cm; c = 19,2 cm; h = 26,3 cm
d) m = 6 dm; h = 34 cm

2 Berechne den Flächeninhalt des Trapezes.

a)
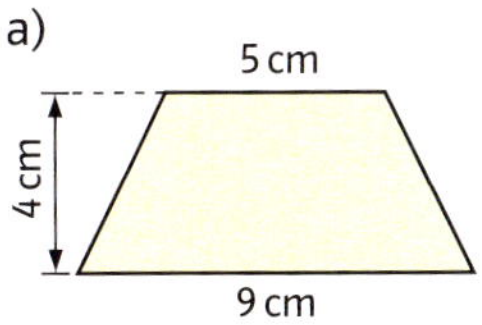

b)
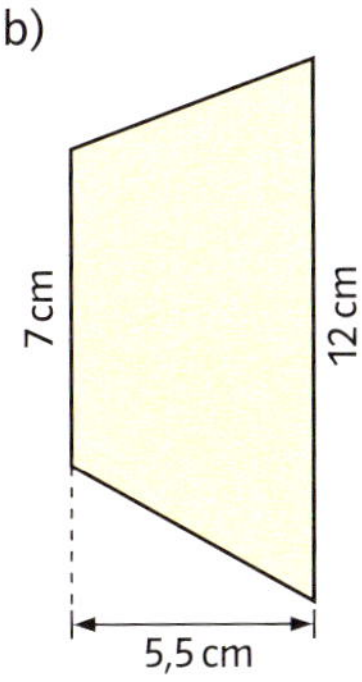

c)
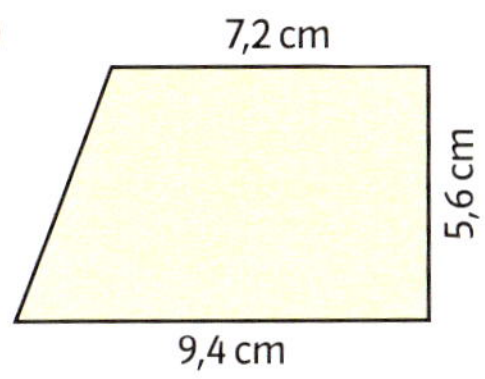

d)
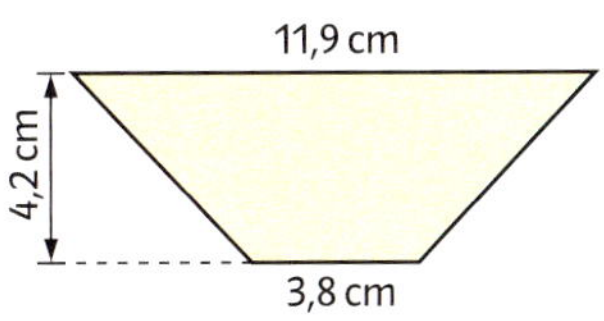

3 Einer spannt ein Trapez, der Partner oder die Partnerin bestimmt den Flächeninhalt (in Nagelquadraten).

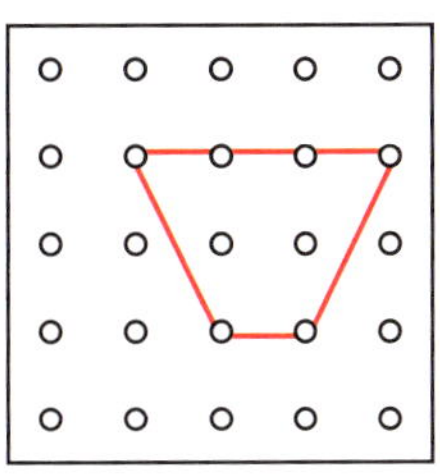

4 Berechne die fehlenden Größen des Trapezes ABCD (a ∥ c).

a	11,8 cm	6 cm	12 cm	
c	6,2 cm	4 cm		4,5 m
h	8,4 cm		8 cm	3,2 m
A		70 cm^2	84 cm^2	11,2 m^2

5 Übertrage das Trapez in doppelter Größe ins Heft. Entnimm die notwendigen Maße der Zeichnung und bestimme Umfang und Flächeninhalt.

a)
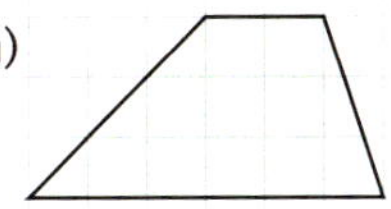

b)
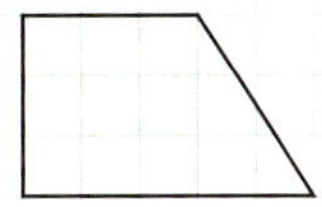

c)
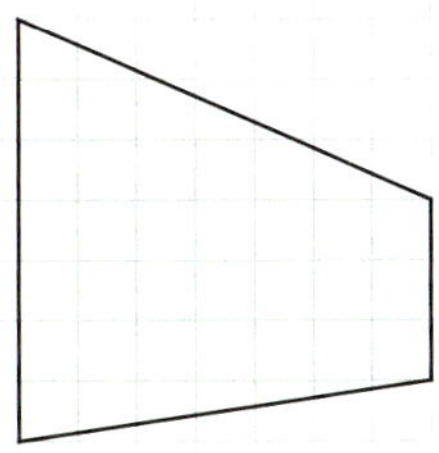

d)

6 Konstruiere das Trapez und bestimme Umfang und Flächeninhalt.
a) a = 8 cm; b = 5 cm; α = 65°; β = 50°
b) a = 9 cm; b = 6 cm; c = 5 cm; β = 68°
c) a = 8,5 cm; $\alpha = \beta$ = 70°; c = 4,5 cm
d) a = 3,5 cm; b = d = 4,5 cm; c = 8,0 cm

7 An einem Giebelfenster musste die Scheibe aus Isolierglas ersetzt werden. 1 m^2 kostete 75 €.

8 Berechne die Grundfläche. Entnimm die notwendigen Maße der Zeichnung.

Maßstab 1:250

9 Ein Damm ist 5,2 m hoch, hat eine 18,5 m breite Sohle und eine 9,3 m breite Krone. Wie groß ist die Querschnittsfläche?

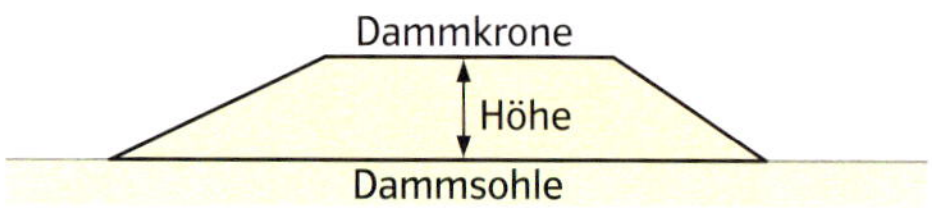

10 Der Nord-Ostsee-Kanal ist im Wasserspiegel 162 m und an der Sohle 90 m breit. Die Wassertiefe beträgt 11 m.

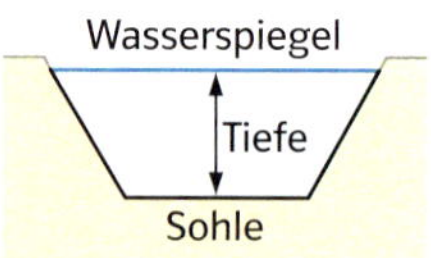

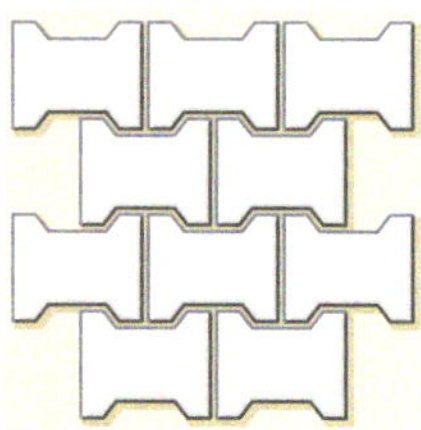

11 Zur Befestigung von Parkplätzen oder Einfahrten werden häufig Verbundpflastersteine verwendet. Die Abbildung zeigt den Grundriss eines solchen 8 cm hohen symmetrischen Pflastersteins.
Wie viele dieser Steine werden pro Quadratmeter Verbundpflaster benötigt?

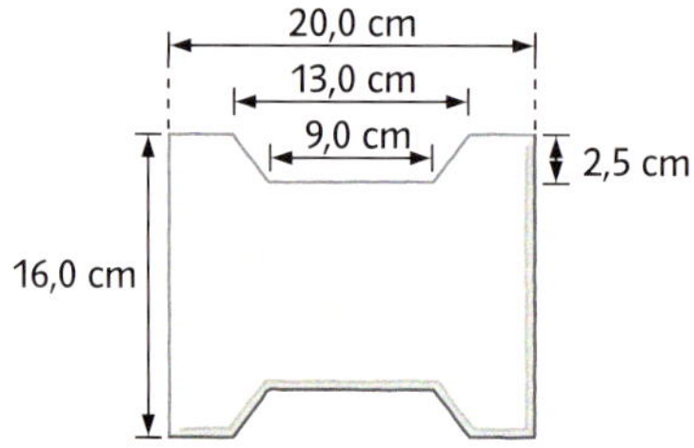

12 Im Schulwald wollen Schüler selbst hergestellte Nistkästen anbringen.
Zeichne die einzelnen Flächen in einem geeigneten Maßstab und berechne den Materialbedarf.
Beachte auch die Stärke der Bretter.

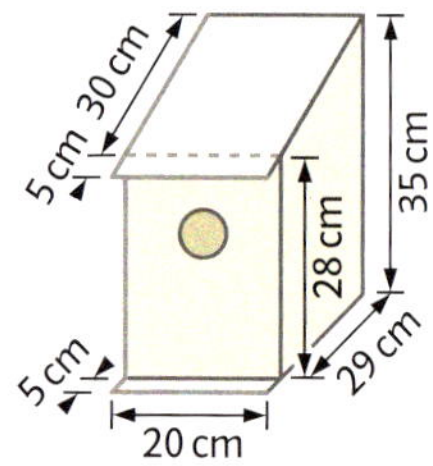

13 An der sechseckigen Sitzgruppe um den Baum müssen die Holzflächen erneuert werden. Der Quadratmeterpreis beträgt 32,50 €.

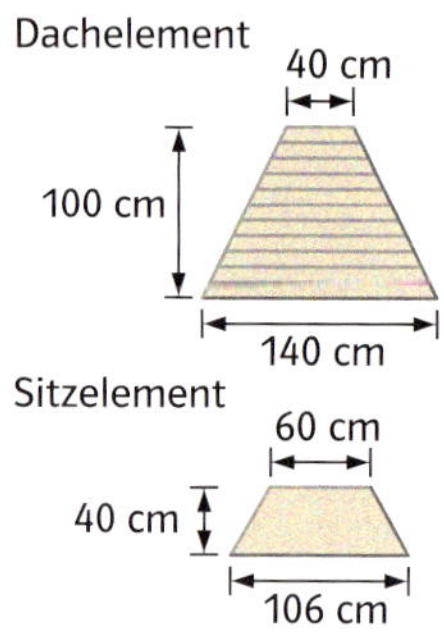

Auch andere Formen sind möglich.

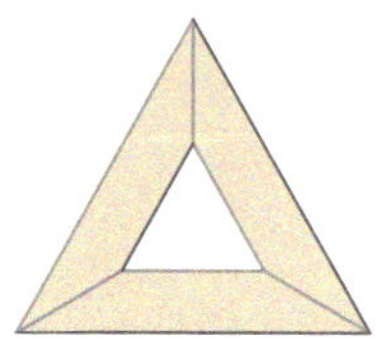

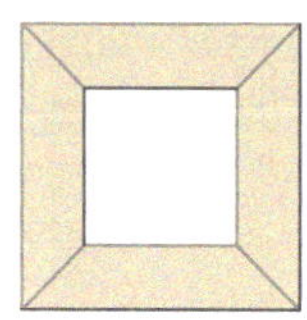

Trapez und DGS

- Beobachte, welchen Einfluss die Seitenlängen und die Höhe des Trapezes auf seinen Flächeninhalt bzw. Umfang haben.
- Welches Trapez hat bei gegebenem Flächeninhalt den kleinsten Umfang?

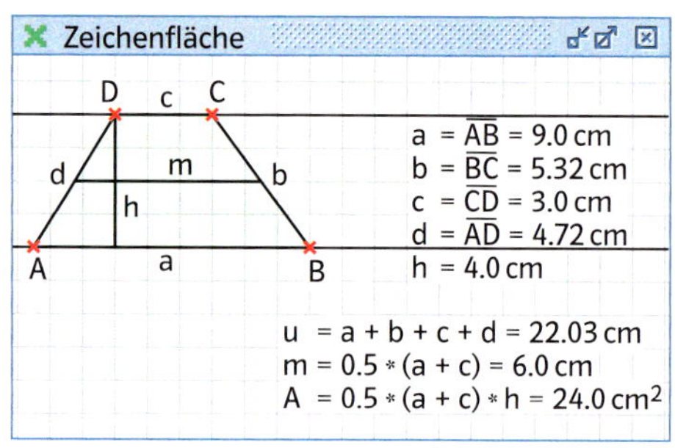

5 Vielecke

Das abgebildete Wohngebäude besitzt ein regelmäßiges Sechseck als Grundfläche. Die Etagen können ganz verschiedene Zimmereinteilungen besitzen.

→ Welche Wohnfläche steht einer Familie im „Sechseckhaus“ insgesamt zur Verfügung?

→ Rechts und auf dem Rand sind einige Möglichkeiten gezeigt. Wie würdest du vorgehen um die Fläche zu berechnen?

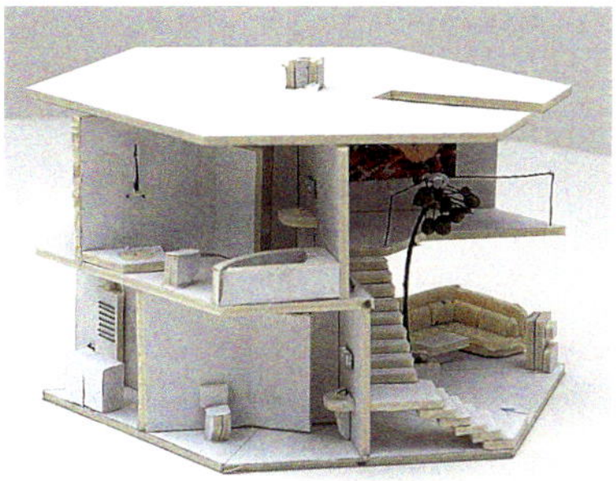

Obergeschoss

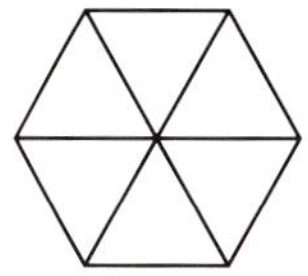

Erdgeschoss

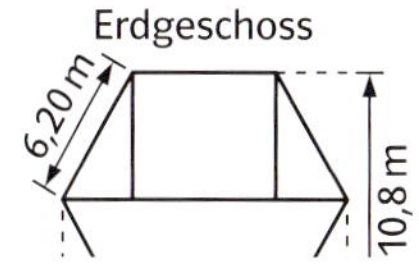

Zur Berechnung des Flächeninhaltes kann man Vielecke in Teilfiguren zerlegen.

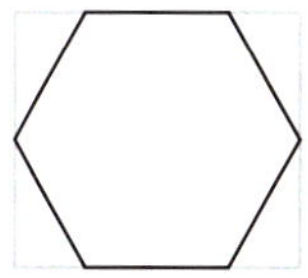

Bei diesem allgemeinen Vieleck wurden senkrechte Strecken von den Eckpunkten auf die Standlinie $\overline{AD}$ (längste Diagonale) gefällt. Es entstehen rechtwinklige Dreiecke und Trapeze.

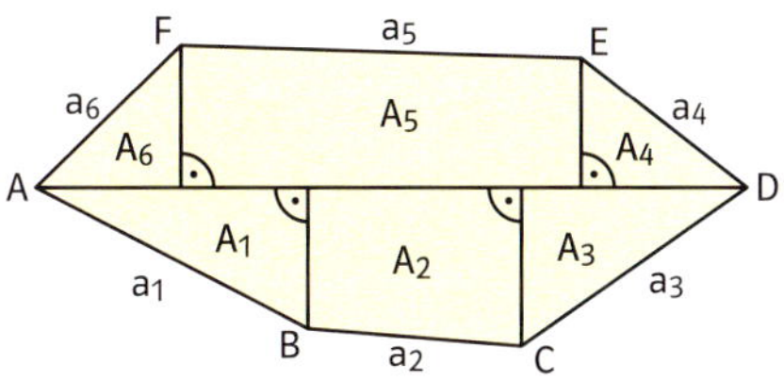

Bei regelmäßigen Vielecken ist die Aufteilung in deckungsgleiche, gleichschenklige Dreiecke günstig.
Die Anzahl der Dreiecke entspricht dabei der Anzahl der Seiten des Vielecks.

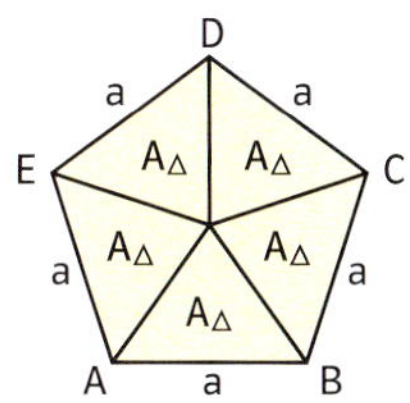

Der **Flächeninhalt eines allgemeinen Vielecks** kann aus der Summe der Flächeninhalte seiner verschiedenen Teilflächen berechnet werden.
$\mathbf{A = A_1 + A_2 + A_3 + A_4 + \ldots + A_n}$
Für den **Umfang** gilt:
$\mathbf{u = a_1 + a_2 + a_3 + a_4 + \ldots + a_n}$

Der **Flächeninhalt eines regelmäßigen Vielecks** mit n Ecken, also auch mit n Seiten, kann aus dem Vielfachen des Flächeninhaltes seiner gleichschenkligen Teildreiecke berechnet werden.
$\mathbf{A = n \cdot A_\Delta}$
Für den **Umfang** gilt: $u = n \cdot a$

Beispiel

Der Flächeninhalt des fünfeckigen Grundstückes ABCDE wird berechnet.

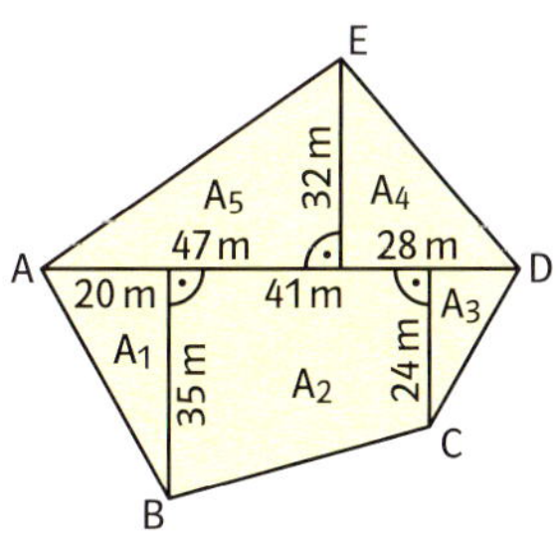

Die Fläche besteht aus fünf Teilflächen.

$A_1 = \frac{1}{2} \cdot 20 \cdot 35\,m^2 = 350\,m^2$

$A_2 = \frac{1}{2} \cdot (35 + 24) \cdot 41\,m^2 = 1209{,}5\,m^2$

$A_3 = \frac{1}{2} \cdot 24 \cdot 14\,m^2 = 168\,m^2$

$A_4 = \frac{1}{2} \cdot 28 \cdot 32\,m^2 = 448\,m^2$

$A_5 = \frac{1}{2} \cdot 47 \cdot 32\,m^2 = 752\,m^2$

$A = 350\,m^2 + 1209{,}5\,m^2 + 168\,m^2 + 448\,m^2 + 752\,m^2$

$A = 2927{,}5\,m^2$

Aufgaben

1 Berechne den Flächeninhalt der Figuren. Alle Maße sind in cm angegeben.

a)

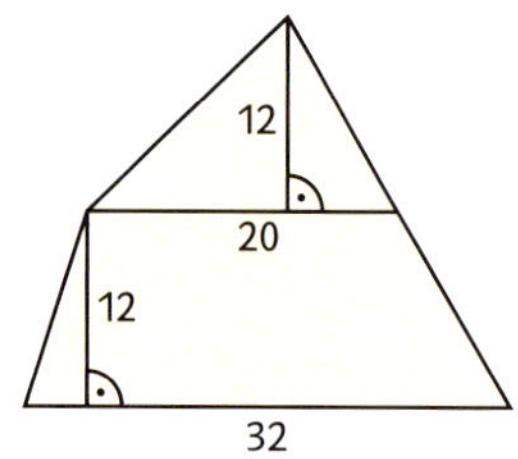

b)

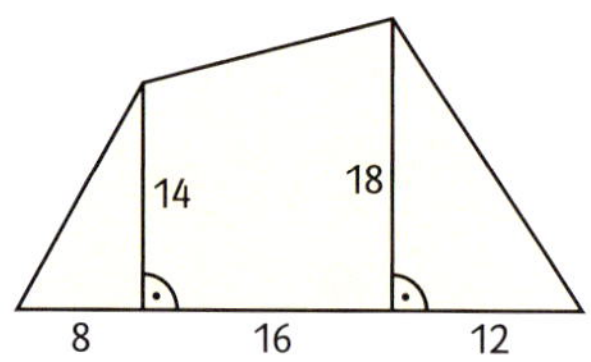

c)

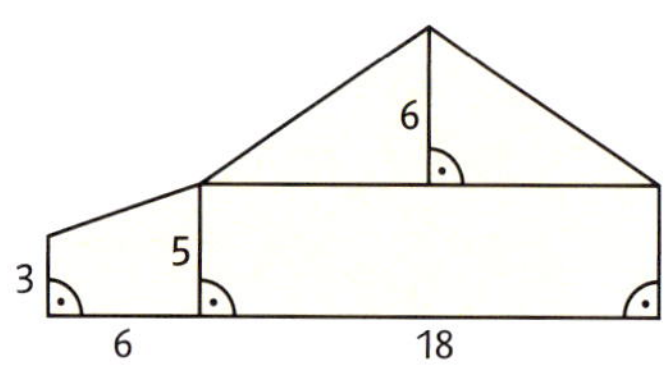

2 Übertrage das Siebeneck ins Heft. Zerlege in Teilfiguren. Entnimm die notwendigen Maße der Zeichnung und berechne Flächeninhalt und Umfang.

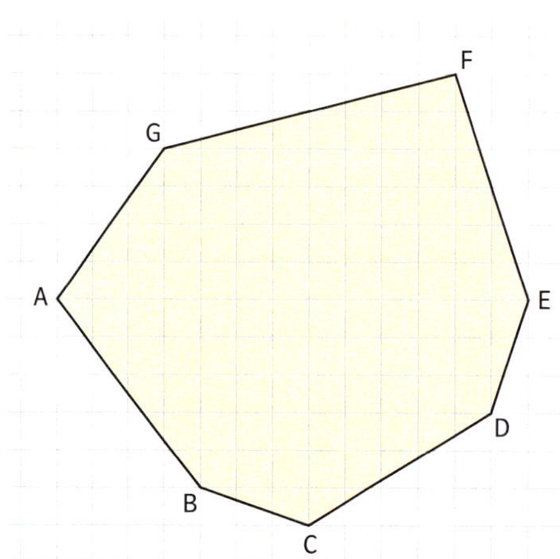

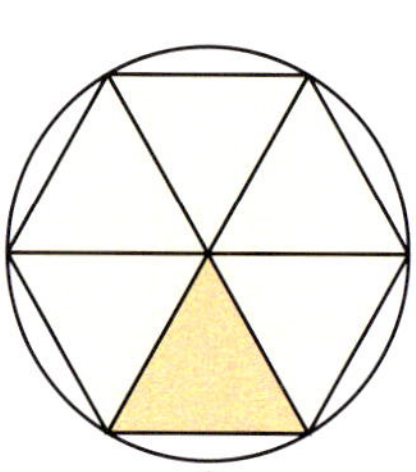

3 Konstruiere ein regelmäßiges Sechseck mit einer Seitenlänge von 4 cm. Berechne Umfang und Flächeninhalt. Entnimm die notwendigen Maße deiner Zeichnung.

4 Ein Geländestück (in der Fachsprache Flurstück genannt) wurde vermessen. Berechne den Flächeninhalt des sechseckigen Flurstücks ABCDEF.

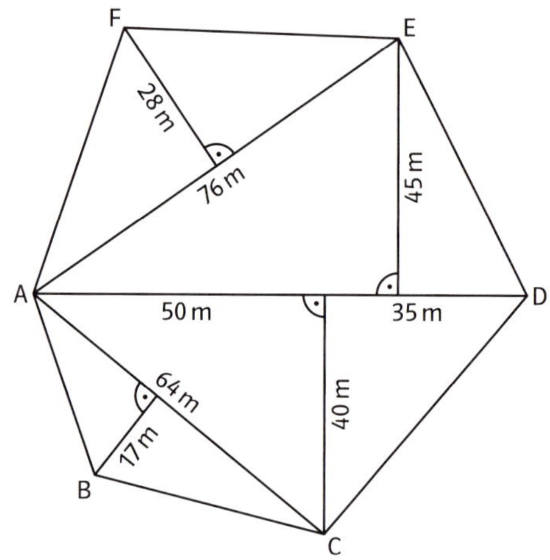

5 In manchen Fällen ist es einfacher, eine Figur zur Berechnung ihres Flächeninhaltes zu einer größeren, regelmäßigen Figur zu ergänzen und vom Flächeninhalt der größeren Figur auf den Flächeninhalt der kleineren zu schließen.
Alle Maße sind in cm angegeben.

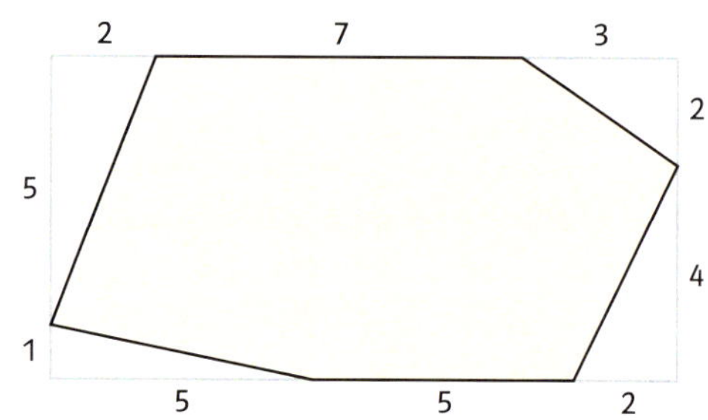

6 Zeichne das Vieleck in ein Koordinatensystem mit der Längeneinheit 1 cm. Zerlege es und berechne Umfang und Flächeninhalt.
Entnimm die notwendigen Maße deiner Zeichnung.

a) A(1 | 5); B(2 | 1);
C(6 | 1); D(10 | 5);
E(8 | 8); F(4 | 9)

b) A(1,5 | 2,5); B(4 | 0,5);
C(9 | 2); D(10 | 4);
E(9 | 7); F(7 | 9);
G(3,5 | 8,5); H(2 | 6,5)

6 Kreisumfang

→ Miss den Durchmesser d und den Umfang u von verschiedenen kreisförmigen Gegenständen.
→ Trage die Werte in eine Tabelle ein und bilde das Verhältnis $\frac{u}{d}$.

Gegenstand	Umfang u	Durchmesser d	$\frac{u}{d}$
Dose	24 cm	7,7 cm	☐
CD	☐	☐	☐
	☐	☐	☐

→ Was fällt dir auf?

Zum Kreis mit dem doppelten (dreifachen, ...) Durchmesser gehört der doppelte (dreifache, ...) Umfang. Der Umfang u eines Kreises ist also proportional zu seinem Durchmesser d.

π ist der 16. Buchstabe des griechischen Alphabets und wird „pi" gesprochen.

Dividiert man den Umfang eines Kreises durch seinen Durchmesser, so ist das Ergebnis für alle Kreise gleich.
Dieses Verhältnis wird **Kreiszahl** genannt und mit dem griechischen Buchstaben π bezeichnet.

In einfachen Experimenten kann man für π gute Näherungswerte wie 3,1 oder 3,14 finden.
Der Taschenrechner gibt für π einen sehr genauen Wert an: **3,141592654**

$\frac{u_1}{d_1} = \frac{u_2}{d_2} = \frac{u_3}{d_3}$

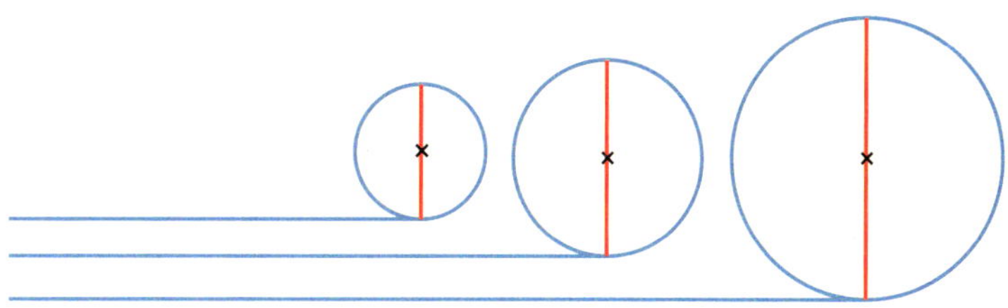

$\frac{u}{d} = \pi$

Für den **Umfang u** eines Kreises mit dem Durchmesser d bzw. dem Radius r gilt:
$\mathbf{u = \pi d}$ bzw. mit $d = 2r$ $\mathbf{u = 2\pi r}$

Bemerkung
In der Praxis genügt in vielen Fällen die Zahl 3,14 oder der Bruch $\frac{22}{7}$ als Näherung für π.

$\frac{22}{7} = 3,\overline{142857}$

Beispiele
a) Aus dem Durchmesser $d = 2{,}0\,cm$ eines Kreises wird der Umfang berechnet.
$u = \pi d$
$u = \pi \cdot 2{,}0\,cm$
$u \approx 6{,}3\,cm$
Man orientiert sich an der Genauigkeit der gegebenen Größen.

b) Aus dem Umfang $u = 8{,}50\,m$ eines Kreises wird der Radius berechnet.
$u = 2\pi r \quad |:2 \quad |:\pi$
$r = \frac{u}{2\pi}$
$r = \frac{8{,}50}{2\pi}$
$r \approx 1{,}35\,m$

2 × π
6.283185307

Es ist nicht sinnvoll, die gesamte Anzeige des Taschenrechners abzuschreiben.

Rund ums Fahrrad

Elektronische Fahrradcomputer sind Messgeräte, die z. B. über die Geschwindigkeit und die zurückgelegte Wegstrecke informieren. Sie bestehen aus einem Anzeigegerät, einem Sensor und einem Speichenmagnet. Bei jeder Radumdrehung gibt der Speichenmagnet dem Sensor einen Zählimpuls. Fahrradcomputer müssen für jedes Fahrrad exakt eingestellt (programmiert) werden.

- Welchen Wert benötigt der Fahrradcomputer für seine Arbeit? Beschreibe wie du vorgehst, um diesen Wert zu ermitteln.

Fahrräder können ganz unterschiedliche Laufradgrößen besitzen.

- Vervollständige die Tabelle.

(1 Zoll = 2,54 cm, Dicke der Bereifung ca. 4,0 cm)

Fahrradtyp	Durchmesser der Felge		des Laufrades	Laufradumfang
	in Zoll	in Meter	in Meter	in Meter
Kinderrad	20	□	□	□
Jugendrad	24	□	□	□
Tourenrad	26	□	□	□
	28	□	□	□
Klapprad	20	□	□	□

Gangschaltungen erlauben an Fahrrädern unterschiedliche Übersetzungen zwischen dem Kettenblatt und dem Ritzel.

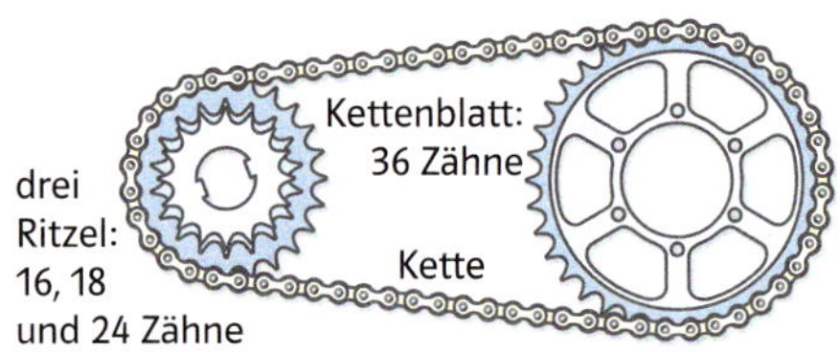

- Welche Strecke kannst du bei der abgebildeten Schaltung mit einem Klapprad bzw. einem 28er-Tourenrad mit einer Umdrehung des Kettenblattes maximal zurücklegen?
- Wie viele Umdrehungen des Kettenblattes sind für eine Strecke von 100 km mindestens notwendig?

Aufgaben

1 Berechne den Umfang des Kreises.

a) d = 5,3 cm b) d = 7,7 cm
c) d = 17,2 cm d) r = 31,8 cm
e) r = 0,98 m f) r = 12,4 dm

2 Wie groß ist der Radius?

a) u = 133 cm b) u = 8,5 m
c) u = 0,41 m d) u = 12,9 mm

3 Berechne die fehlenden Größen.

	a)	b)	c)	d)	e)
r	24,4 cm				
d		0,5 m		31,84 m	
u			1,1 m		2,56 dm

4 Berechne den Umfang der Figur.

a)

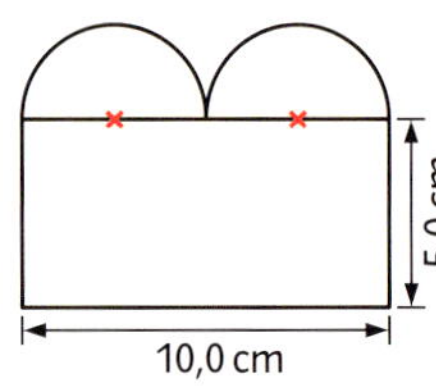

b)

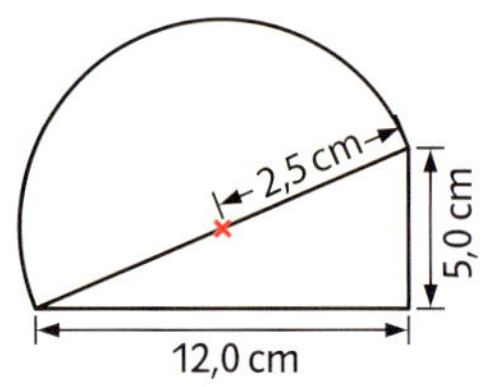

5 Gib den Umfang der Figur unter Verwendung der Variable e an.

a)

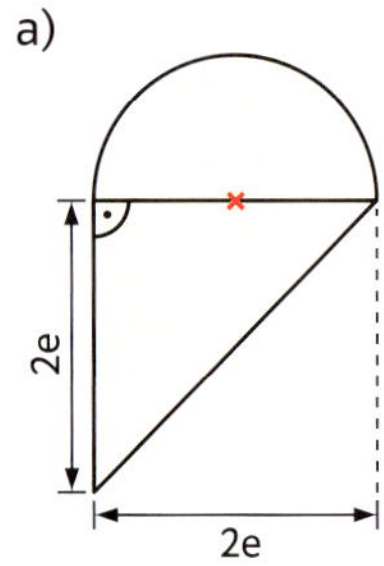

b)

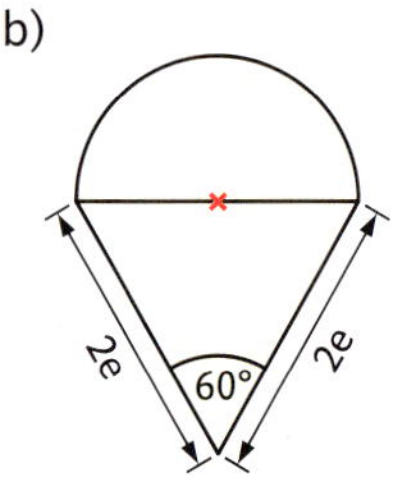

6 Vergleiche die Umfänge der roten und der lila Kreise mit dem des blauen Kreises.

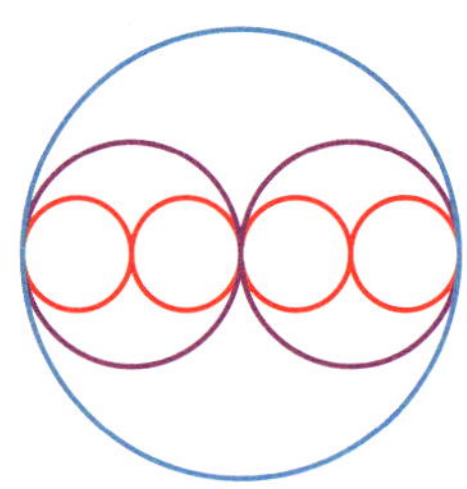

7 Die Naturschutzbehörde einer Stadt schreibt vor, dass das Fällen von Bäumen mit einem Durchmesser von über 20 cm in 1 m Höhe genehmigungspflichtig ist. Prüft, welche Bäume auf eurem Schulgelände nicht ohne Genehmigung gefällt werden dürften. Gibt es auch in eurem Wohnort eine Baumschutzsatzung?

8 Ein Metallband von 1 m Länge wird zu einem Ring gebogen. Wie groß ist der Durchmesser?
Rechne ebenso für 2 m und 5 m Länge.

9 a) Das Rad eines schweren Muldenkippers in einem Tagebau ist 1,95 m hoch und dreht sich pro Tag etwa 6000-mal.
b) Das Rad eines anderen Kippers hat ein Rad mit 3 cm kleinerem Radius.

10 Das Messrad dient zur Bestimmung von Entfernungen z. B. bei Verkehrsunfällen. Nach zwei Umdrehungen wird eine Strecke von 1 m angezeigt. Was weißt du dann über das Messrad?

11 Ein Fahrrad fährt mit einer Geschwindigkeit von 25 km/h. Wie oft ungefähr dreht sich das Rädchen des Dynamos (d = 2 cm) in einer Sekunde?

12 Eine Wellblechplatte ist 2,50 m lang und 1,00 m breit. Sie hat den im Bild dargestellten Querschnitt. Welche Abmessungen hatte die Platte aus glattem Blech, aus der sie hergestellt wurde?

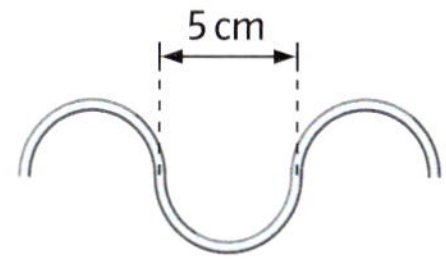

13 Handwerker benutzen zur Umfangsberechnung eine Faustformel.
a) Rechne mit der Faustformel und dem exakten Wert für π. Vergleiche die Ergebnisse.

1) d = 20 cm	2) d = 80 mm
3) d = 1,50 m	4) r = 65 cm
5) r = 3 dm	6) r = 5 mm

b) Welcher Näherungswert für π wird bei dieser Formel verwendet?

Umfang gleich Durchmesser mal 3 plus 5 Prozent

14 a) Die Uhr an einem Kirchturm hat einen 125 cm langen Minutenzeiger. Welchen Weg legt seine Spitze in 4 Stunden zurück?
b) Welche Geschwindigkeit hat die Spitze des 120 cm langen Sekundenzeigers?

15 a) Denke dir ein um den Äquator gelegtes Seil. Es wird exakt einen Meter verlängert und steht überall gleich weit vom Äquator ab. Kann eine Katze unter dem Seil durchschlüpfen?

b) Führe das Experiment mit runden Gegenständen aus deiner Umgebung durch. Was fällt dir auf?
Begründe rechnerisch.

16 a) Mit welcher Geschwindigkeit bewegt sich ein Körper am Äquator durch die Drehung der Erde um ihre Achse?
b) Besigheim liegt auf dem 49. nördlichen Breitenkreis. Dieser besitzt einen Radius von 4184 km.

7 Kreisfläche

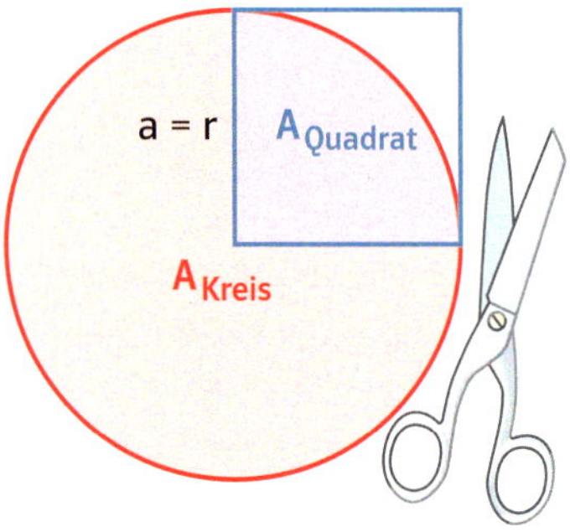

r = a	10 cm	15 cm	20 cm
$m_{Quadrat}$	5 g	☐	☐
$m_{Viertelkreis}$	4 g	☐	☐
m_{Kreis}	16 g (· 4)	☐	☐
$\frac{m_{Kreis}}{m_{Quadrat}}$	3,2	☐	☐

→ Schneidet aus gleich dickem Karton Quadrate und Viertelkreise mit $a = r$ wie rechts gezeigt aus.
→ Bestimmt mit einer Waage das Gewicht der ausgeschnittenen Teile und bildet jeweils das Verhältnis von Kreis und Quadratgewicht. Füllt die Tabelle aus.
→ Was stellt ihr fest? Der Karton aller ausgeschnittenen Teile war gleich dick. Was heißt das für die Flächeninhalte?

Betrachtet man Kreise mit dem Radius r und Quadrate mit der Seitenlänge a = r, so ist das Verhältnis ihrer Flächeninhalte stets gleich groß. Es ist zu vermuten, dass der konstante Wert des Verhältnisses gleich der Kreiszahl π ist.

$$\frac{A_{Kreis\ 1}}{A_{Quadrat\ 1}} = \frac{A_{Kreis\ 2}}{A_{Quadrat\ 2}} = \frac{A_{Kreis\ 3}}{A_{Quadrat\ 3}}$$

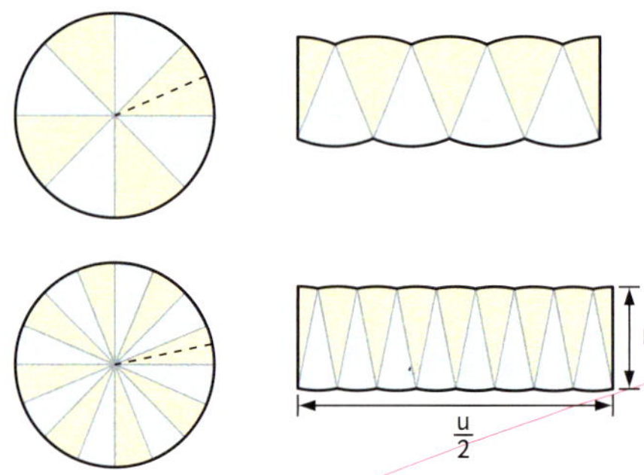

Wenn ein Kreis in gleiche Ausschnitte geteilt und einer von ihnen zusätzlich halbiert wird, lassen sich diese Ausschnitte näherungsweise wie eine Rechteckfläche anordnen. Je mehr Kreisteile gebildet werden, desto weniger weicht die Fläche von einem Rechteck ab.

Für den Flächeninhalt des Kreises ergibt sich also: $A = \frac{u}{2} \cdot r$.

Mit $u = 2 \cdot \pi \cdot r$ erhält man: $A = \frac{2 \cdot \pi \cdot r}{2} \cdot r = \pi \cdot r^2$. Es gilt: $\frac{A_{Kreis}}{A_{Quadrat}} = \frac{\pi \cdot r^2}{r^2} = \pi$.

Für den **Flächeninhalt A** eines Kreises mit dem Radius r gilt: $A = \pi r^2$

Wegen $r = \frac{d}{2}$ gilt auch: $A = \frac{\pi d^2}{4}$

Beispiele

a) Aus dem Durchmesser $d = 5{,}0\,m$ eines Kreises wird der Flächeninhalt berechnet.

$A = \frac{\pi d^2}{4}$

$A = \frac{\pi \cdot 5{,}0^2}{4}$

$A \approx 19{,}6\,m^2$

b) Aus dem Umfang $u = 35{,}0\,cm$ eines Kreises wird der Flächeninhalt berechnet.

$u = 2\pi r$

$r = \frac{u}{2\pi}$ $\quad r = \frac{35}{2 \cdot \pi}\,cm \approx 5{,}6\,cm$

$A = \pi r^2$ $\quad A \approx \pi \cdot (5{,}6)^2 \approx 31{,}0\,cm^2$

Aufgaben

1 Berechne den Flächeninhalt A.
a) r = 96 cm b) r = 238 mm
c) d = 12,3 cm d) d = 2,79 km

2 Berechne den Flächeninhalt des Kreises.
a) u = 375,2 cm b) u = 0,09 km

3 Berechne die fehlenden Angaben.

	r	d	A	u
a)	2,9 cm	□	□	□
b)	□	1,0 m	□	□
c)	□	8,6 cm	□	□
d)	□	□	□	149 cm

4 Ergänze die Tabelle und setze fort.

r in cm	1	2	3	□
u in cm	□	□	□	□
A in cm²	□	□	□	□

Stelle die Zusammenhänge zwischen Radius und Umfang bzw. zwischen Radius und Flächeninhalt in jeweils einem Diagramm dar. Vergleiche die Schaubilder.
Ergänze: „Wenn man den Radius eines Kreises verdoppelt, verdreifacht, … , dann … sich der Umfang bzw. dann … sich der Flächeninhalt."

5 Berechne Umfang und Flächeninhalt der Figur. Alle Maße sind in cm gegeben.

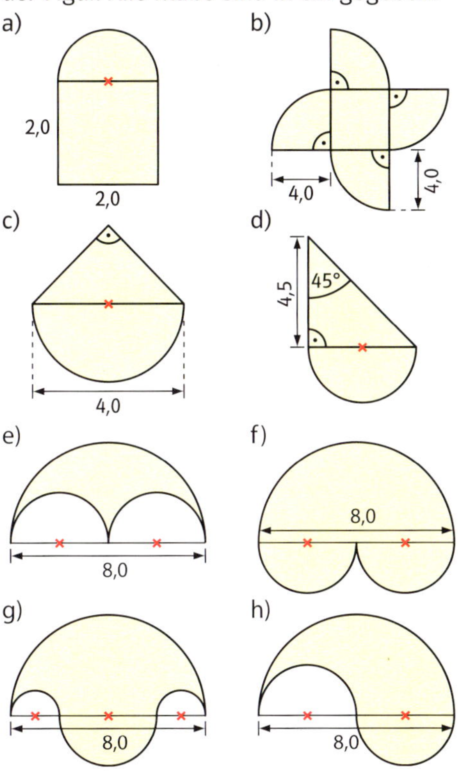

6 Du möchtest möglichst viel Pizza fürs Geld. Welche Pizza müsstest du kaufen?

La Cantina

3 Größen zur Auswahl:	Mini ∅ 20 cm	Maxi ∅ 30 cm	Super Maxi ∅ 40 cm
1. Salami Tomaten, Käse, Salami	3,50	6,50	14,50
2. Roma Tomaten, Käse, Schinken, Pilze	4,10	8,10	15,50
3. Diavolo (scharf) Tomaten, Käse, Salami, Peperoni	5,50	9,80	16,50

7 Welchen Flächeninhalt hat die Iris auf dem Plakat ungefähr? Wie groß müsste das Plakat mindestens sein, damit die ganze Person abgebildet werden könnte?

8 a) Bestimme den Flächeninhalt der Kochflächen eines Elektroherdes.

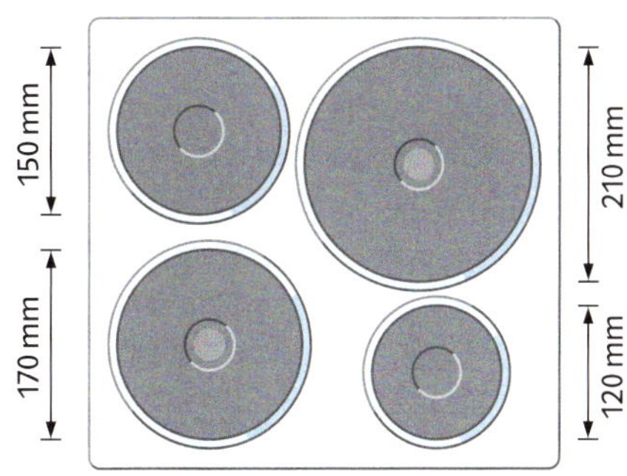

b) Beim Kochen lässt sich Energie sparen, wenn Platten- und Topfgröße zusammenpassen.
Klaus behauptet: „Ein Topf mit 15 cm Durchmesser auf einer Kochplatte mit 18 cm Durchmesser vergeudet etwa 30 % kostbare Energie."

Tangentenkonstruktion

Die Bewegung des Mondes um die Erde verursacht Mond- und Sonnenfinsternisse. Eine Sonnenfinsternis entsteht, wenn der Mond zwischen Erde und Sonne steht. Von einem bestimmten Gebiet der Erde sieht es dann so aus, als ob der Mond die Sonne komplett verdecken würde. Eine so genannte totale Sonnenfinsternis ist auf der Erde nur von einem Gebiet mit höchstens 270 km Durchmesser zu sehen.

In der nebenstehenden Skizze ist der Moment der totalen Sonnenfinsternis vereinfacht dargestellt.
Die eingezeichneten Linien zeigen den Bereich des Kernschattens an. In der Skizze sind diese Linien gemeinsame Tangenten (Berührlinien) an die beiden „Kreise" Sonne und Mond.

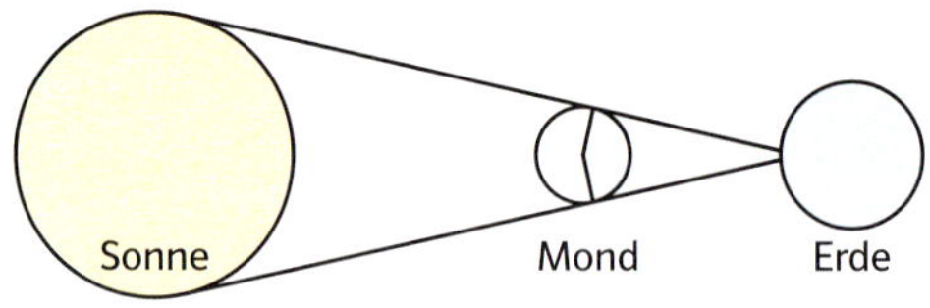

Konstruktion einer Tangente im Berührungspunkt P mit dem Geodreieck:

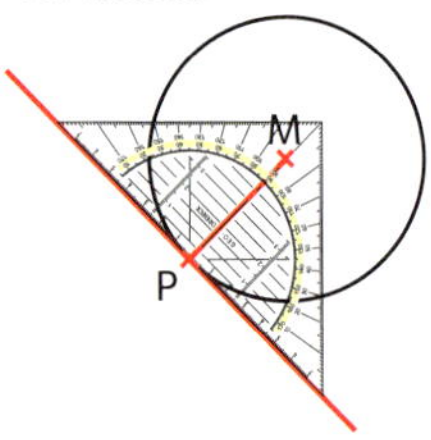

Eine Gerade, die den Kreis in **einem** Punkt berührt, heißt **Tangente**. Sie steht senkrecht auf dem zugehörigen **Berührradius**. Das Wort „Tangente" kommt aus dem Lateinischen und bedeutet „Berührende".
Liegt ein Punkt P außerhalb des Kreises, so gibt es zwei Tangenten durch P.
Die Zeichnungen rechts und auf dem Rand zeigen die Konstruktionsschritte.

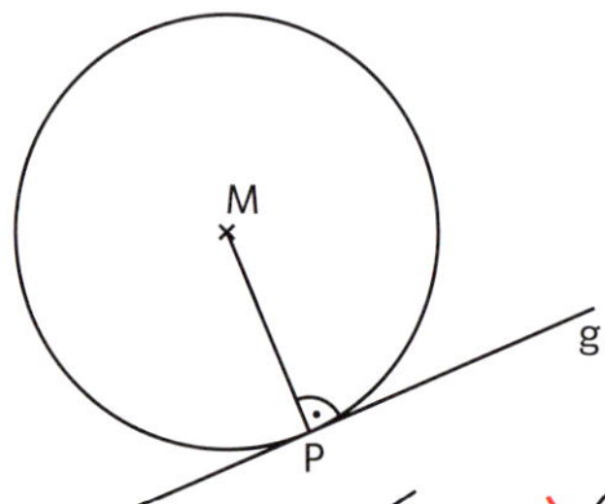

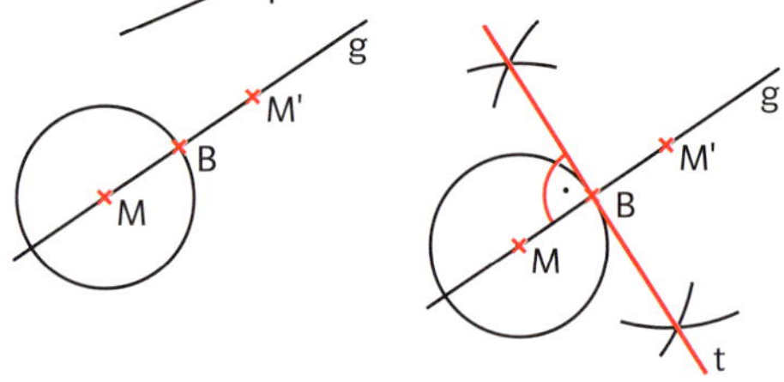

Konstruktionen

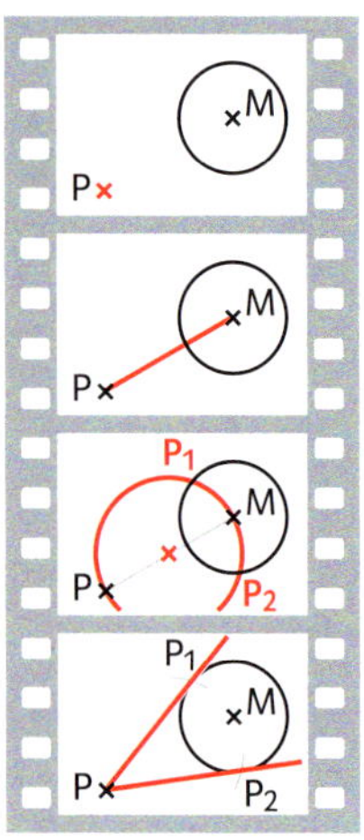

- Beschreibe.
- Die Gerade g geht durch die Punkte A und B. An den Kreis um M mit Radius r sollen die Tangenten gelegt werden, die zur Geraden g parallel sind.
  a) M(2,5 | 0); r = 2,5 cm; A(0 | 4); B(5 | 5)
  b) M(−2,5 | 3); r = 2 cm; A(−1 | −2); B(4 | 1)
  c) M(3 | 3); r = 2,5 cm; A(−2 | 1); B(8 | 6)
- Lege durch den Punkt P die Tangenten an den Kreis um M mit dem Radius r.
  a) P(1 | 1); M(8,5 | 4); r = 3 cm
  b) P(−4 | 4); M(4 | 2); r = 1,5 cm
- Lege von P(−3 | 0); Q(0 | 4); R(5 | 0) und S(0 | −6) aus die Tangenten an den Kreis um M (0 | 0) mit dem Radius r = 2 cm.

- Übertrage die Figur ins Heft und lege die Tangente durch den Punkt P.

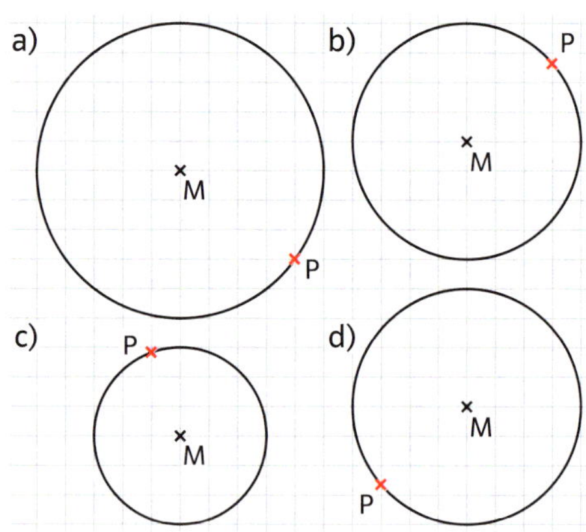

Zusammenfassung

Rechteck und Quadrat

Der **Flächeninhalt eines Rechtecks** kann aus dem Produkt seiner Seitenlängen berechnet werden.

$\mathbf{A = a \cdot b}$

Für den **Umfang** gilt: $\mathbf{u = 2 \cdot (a + b)}$

Beim **Quadrat** sind Länge und Breite gleich groß.

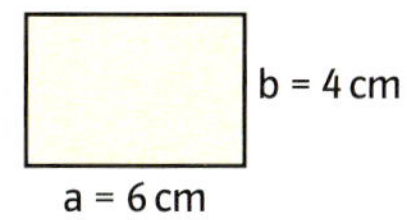

$A = a \cdot b$ $\quad u = 2 \cdot (a + b)$

$A = 6 \cdot 4\,\text{cm}^2$ $\quad u = 2 \cdot (6 + 4)\,\text{cm}$

$A = 24\,\text{cm}^2$ $\quad u = 20\,\text{cm}$

Parallelogramm und Raute

Der **Flächeninhalt eines Parallelogramms** kann aus dem Produkt einer Seitenlänge und der zugehörigen Höhe berechnet werden.

$\mathbf{A = a \cdot h_a}$ $\qquad \mathbf{A = b \cdot h_b}$

Für den **Umfang** gilt: $\mathbf{u = 2 \cdot (a + b)}$

Bei der **Raute** sind alle Seiten gleich lang.

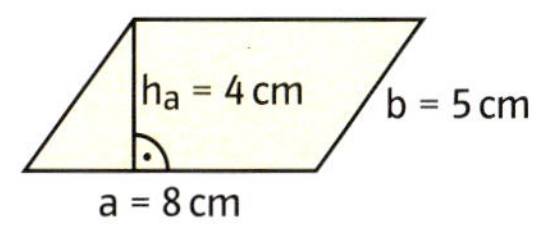

$A = a \cdot h_a$ $\quad u = 2 \cdot (a + b)$

$A = 8 \cdot 4\,\text{cm}^2$ $\quad u = 2 \cdot (8 + 5)\,\text{cm}$

$A = 32\,\text{cm}^2$ $\quad u = 26\,\text{cm}$

Dreieck

Der **Flächeninhalt eines Dreiecks** kann aus dem halben Produkt einer Seitenlänge und der zugehörigen Höhe berechnet werden.

$\mathbf{A = \frac{1}{2} a \cdot h_a}$ $\qquad \mathbf{A = \frac{1}{2} b \cdot h_b}$ $\qquad \mathbf{A = \frac{1}{2} c \cdot h_c}$

Für das **rechtwinklige Dreieck** ergibt sich:

$\mathbf{A = \frac{1}{2} a \cdot b}$ $\quad (\gamma = 90°)$

Für den **Umfang** von Dreiecken gilt:

$\mathbf{u = a + b + c}$

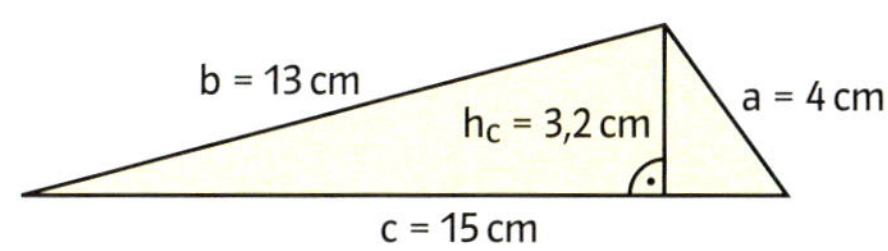

$A = \frac{1}{2} c \cdot h_c$ $\quad u = a + b + c$

$A = \frac{1}{2} \cdot 15 \cdot 3{,}2\,\text{cm}^2$ $\quad u = (4 + 13 + 15)\,\text{cm}$

$A = 24\,\text{cm}^2$ $\quad u = 32\,\text{cm}$

Trapez

Der **Flächeninhalt des Trapezes** kann aus den Längen seiner beiden parallelen Seiten und der Höhe berechnet werden.

$\mathbf{A = \frac{1}{2} \cdot (a + c) \cdot h}$ oder $\mathbf{A = m \cdot h}$

Für den **Umfang** gilt: $\mathbf{u = a + b + c + d}$

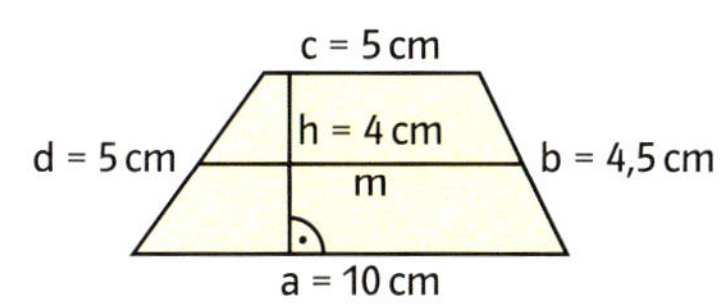

$A = \frac{1}{2} \cdot (a + c) \cdot h$ $\quad u = a + b + c + d$

$A = \frac{1}{2} \cdot (10 + 5) \cdot 4\,\text{cm}^2$ $\quad u = (10 + 4{,}5 + 5 + 5)\,\text{cm}$

$A = 30\,\text{cm}^2$ $\quad u = 24{,}5\,\text{cm}$

Kreisumfang

Für den **Umfang u eines Kreises** mit dem Durchmesser d bzw. dem Radius r gilt:

$\mathbf{u = \pi d}$ bzw. $\mathbf{u = 2 \pi r}$

$d = 2{,}0\,\text{cm}$

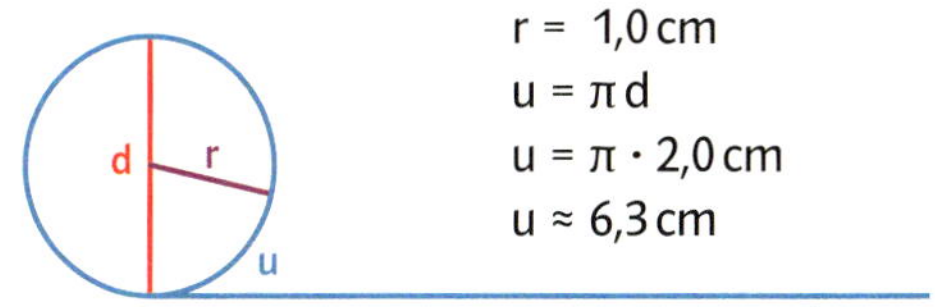

$r = 1{,}0\,\text{cm}$

$u = \pi d$

$u = \pi \cdot 2{,}0\,\text{cm}$

$u \approx 6{,}3\,\text{cm}$

Kreisfläche

Für den **Flächeninhalt A eines Kreises** mit dem Radius r gilt: $A = \pi r^2$

Wegen $r = \frac{d}{2}$ gilt auch: $A = \frac{\pi d^2}{4}$

$A = \pi r^2$ $\quad A = \frac{\pi d^2}{4}$

$A = \pi \cdot 1{,}0^2\,\text{cm}^2$ $\quad A = \frac{\pi \cdot 2{,}0^2}{4}\,\text{cm}^2$

$A \approx 3{,}1\,\text{cm}^2$ $\quad A \approx 3{,}1\,\text{cm}^2$

Üben • Anwenden • Nachdenken

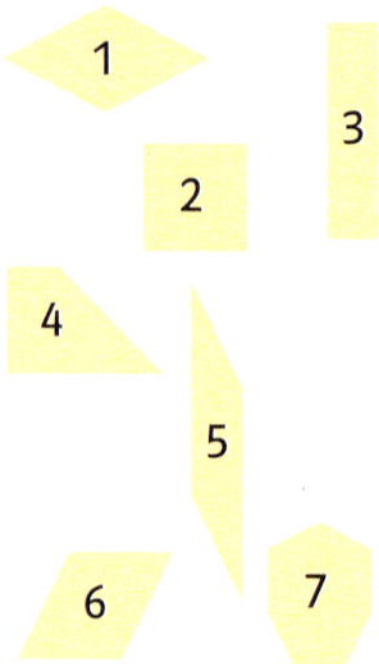

1 Das Stomachion von Archimedes ist ein Legespiel, ähnlich dem chinesischen Tangram.

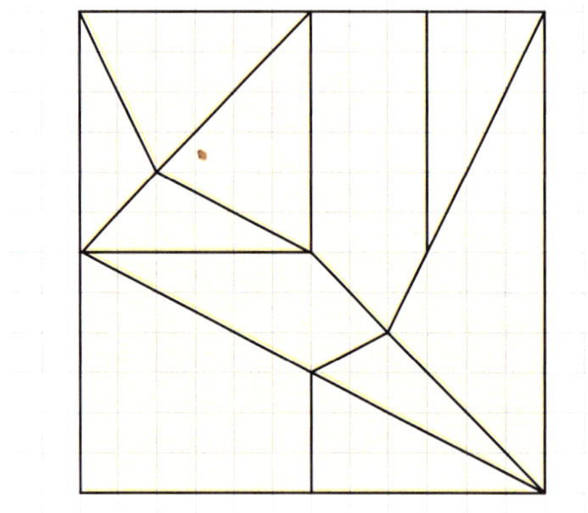

Aus den Teilen des Stomachion lassen sich vielfältige Figuren legen. Ganz einfach ist es aber nicht.

2 Berechne die fehlenden Größen.

a) Rechteck

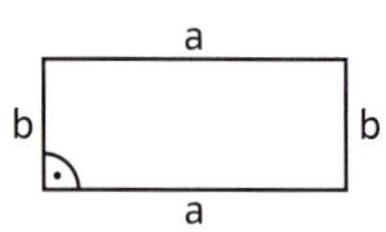

a	12 cm		4,8 cm	
b		3,5 m		25,2 m
u	38 cm	19,4 m		
A			16,8 cm²	340,2 m²

b) Parallelogramm

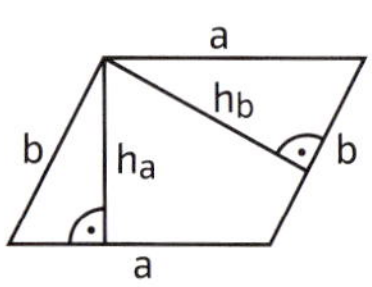

a	8 cm	18 cm	3,2 m	
b		15 cm		27,9 cm
h_a			5,2 m	25,2 cm
h_b	7 cm	12 cm		7,2 cm
u	28 cm		19,2 m	
A				181,44 cm²

c) Dreieck

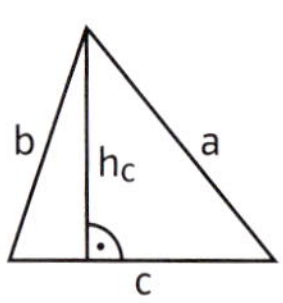

c	32 cm		47 m	
h_c		6,8 cm		156 cm
A	720 cm²	18,7 cm²	13,63 a	5,46 m²

d) Trapez

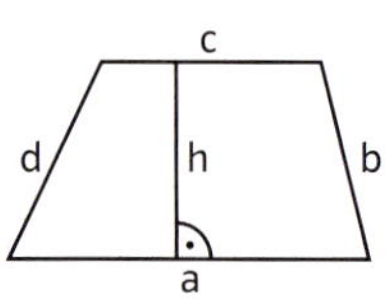

a	38 cm	2,5 m		1,8 m
c	14 cm		5,4 cm	140 cm
h		2,8 m	3,5 cm	
A	650 cm²	4,76 m²	22,05 cm²	496 dm²

Drachen und Raute

Bei Drachen und Raute stehen die Diagonalen e und f aufeinander senkrecht. Zerlegt man die Figuren in rechtwinklige Teildreiecke, lassen sich diese zu einem Rechteck zusammensetzen.

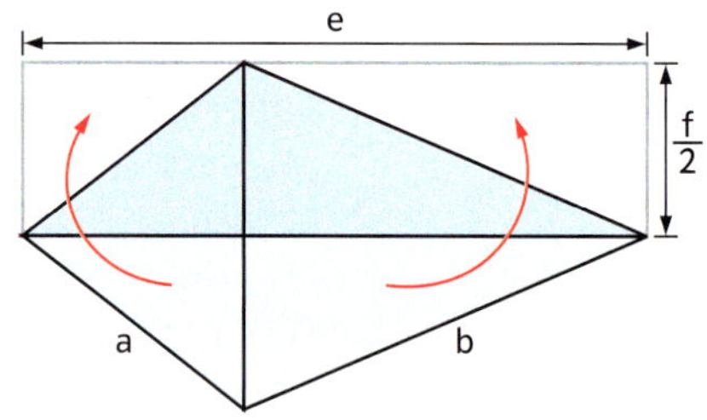

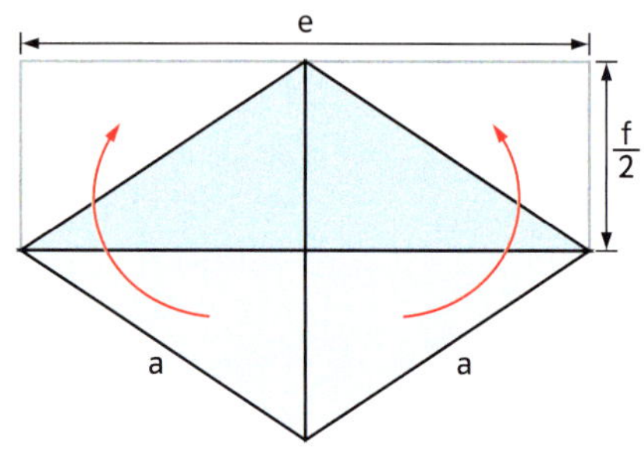

So erhält man für den Flächeninhalt eines Drachens und einer Raute:

$\mathbf{A} = \mathbf{e} \cdot \frac{\mathbf{f}}{\mathbf{2}}$ oder $\mathbf{A} = \frac{\mathbf{1}}{\mathbf{2}} \cdot \mathbf{e} \cdot \mathbf{f}$

■ Berechne die fehlende Größe des Drachens.

e	11 cm		380 cm	
f		9,5 cm		14,5 dm
A	88 cm²	76 cm²	20,9 m²	0,9425 m²

Die Raute ist ein besonderes Parallelogramm.
■ Zeichne eine Raute mit a = 5 cm und α = 110°.
Entnimm die notwendigen Maße der Zeichnung und berechne den Flächeninhalt mit den obigen Formeln und der Formel für das Parallelogramm von Seite 56.
Vergleiche die Ergebnisse.

3 a) Im Quadratgitter (Längeneinheit 1 cm) sind die Koordinaten der Eckpunkte eines Drachens gegeben.
A(−1|1); B(1|−2); C(5|1); D(1|4)
Berechne Umfang und Flächeninhalt.
Entnimm die notwendigen Maße deiner Zeichnung.
b) Die Koordinaten von zwei Eckpunkten eines Drachens sind gegeben.
A(−3|−4); C(1|−4)
Der Flächeninhalt ist 15 cm^2.
Wo können B und D liegen? Es gibt viele Möglichkeiten.

4 Ein Schüler verlegt ein oder mehrere Eckpunkte so, dass ein anderes Viereck entsteht. Der Partner nennt seine Eigenschaften und bestimmt den Flächeninhalt. Wechselt euch ab.

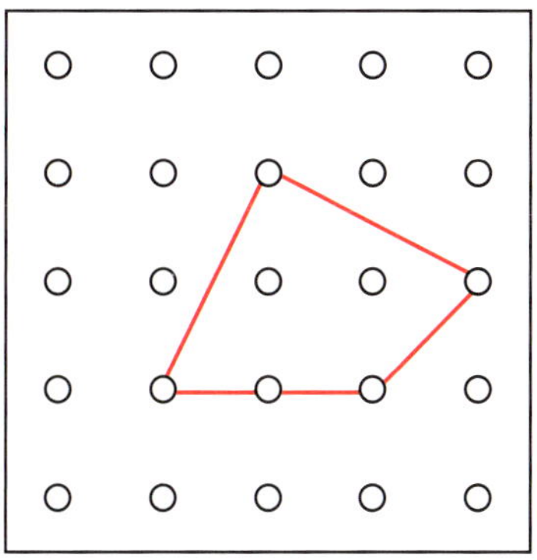

5 a) Wie hoch ist das Trapez?

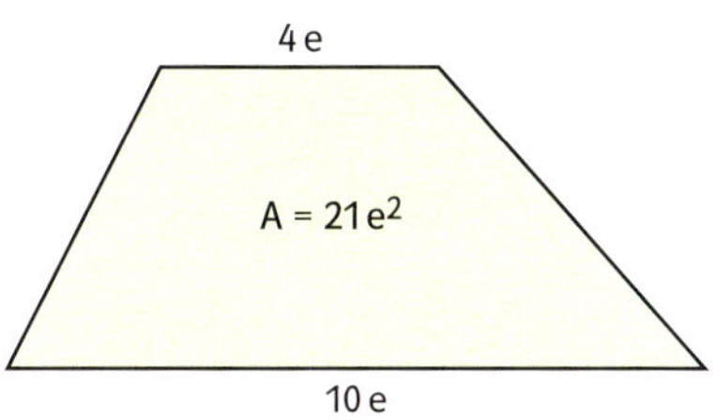

b) Wie lang ist die obere Seite des Trapezes?

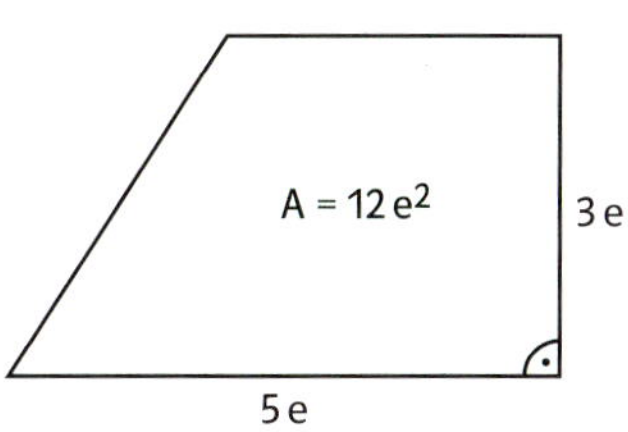

6 Haben die beiden Figuren auf der Randspalte gleiche Flächeninhalte?

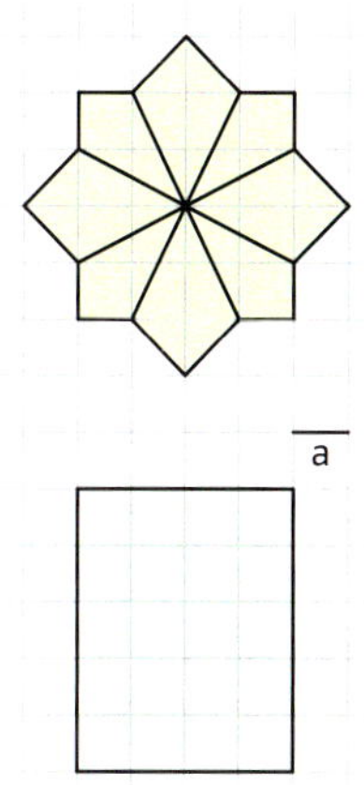

7 Berechne die Flächeninhalte.

a)

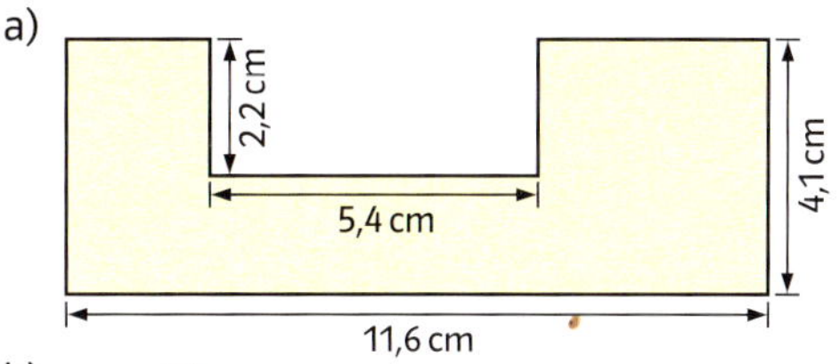

b)

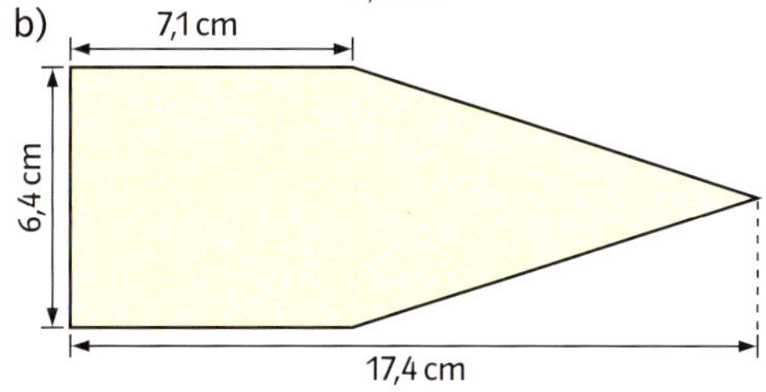

c)

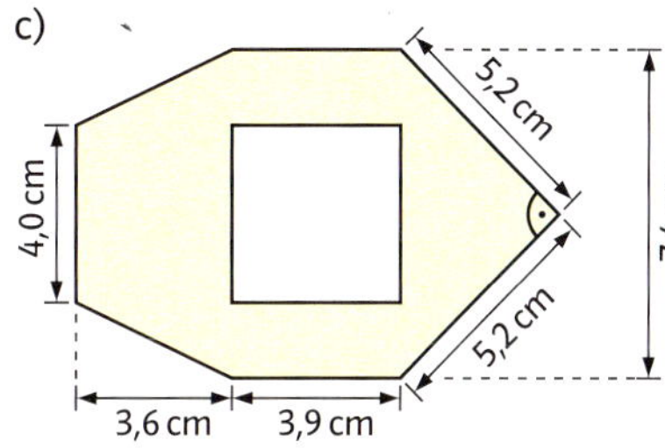

8 Ein Wohnungsbauunternehmen plant den Erwerb der dargestellten Baugrundstücke.

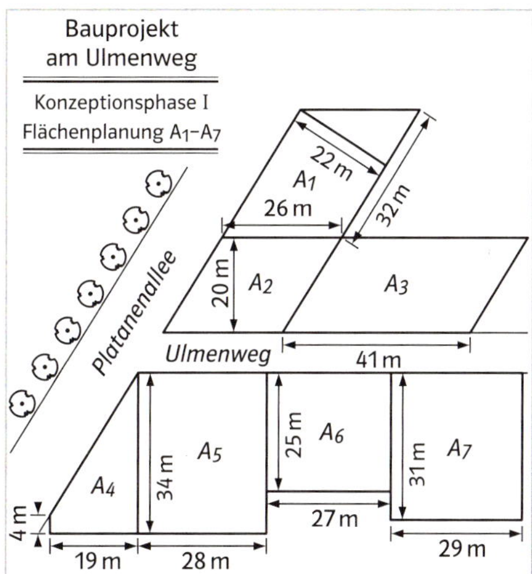

Welches Kapital muss dafür bei einem Quadratmeterpreis von 262,50 € aufgebracht werden?

9 Wie viel Prozent der gesamten Grundstücksfläche sind nicht bebaut?

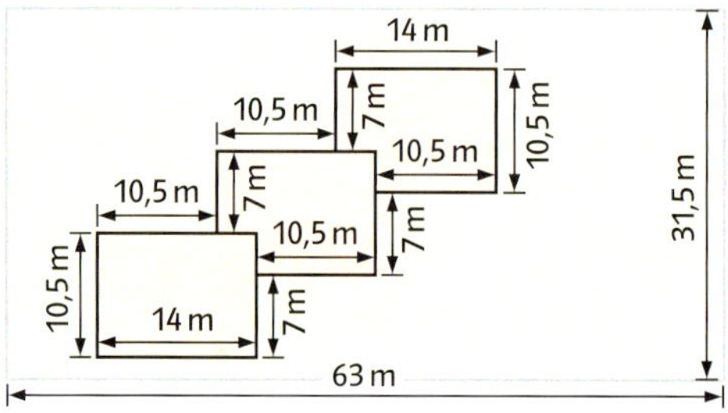

10 a) Ein Kreis hat denselben Umfang wie ein Quadrat mit der Seitenlänge $a = 4,0\,cm$. Welche Figur hat den größeren Flächeninhalt?
b) Ein Kreis ist zu einem gleichseitigen Dreieck mit $a = 6,0\,cm$ umfangsgleich. Vergleiche die Flächeninhalte.
c) Ein Kreis und ein regelmäßiges Sechseck mit der Seitenlänge $a = 5,0\,cm$ haben denselben Umfang. Hat der Kreis den größeren Flächeninhalt?

11 a) Ein Rotor der Windkraftanlage in Hamburg hat einen Durchmesser von 70 m und besitzt eine so genannte Winderntefläche von $3848,5\,m^2$. Wie wird die Winderntefläche berechnet?
b) Eine Windkraftanlage in Breitnau besitzt einen Rotor mit 16,5 m Flügellänge. Wie groß ist deren Winderntefläche?

12 Ein Sendeverstärker für Ultrakurzwelle strahlt 55 km weit. Welche Größe besitzt das vom Sender versorgte Gebiet?

13 In vielen trockenen Regionen der Erde findet man kreisförmige Felder.
Kannst du die Kreisform erklären?
Die Seitenlänge der Feldquadrate beträgt 200 m.

Büromöbel

Manche Büro- oder Schulmöbel gibt es in Trapezform. Schnell lassen sich Gruppenarbeitsplätze für unterschiedliche Personenzahlen zusammenstellen.
Zusammen mit quadratischen oder rechteckigen Tischen ergeben sich viele Möglichkeiten.

- Überlege dir weitere Anordnungen und zeichne sie auf.
- Welche Bedingungen müssen die Seitenlängen der Tische erfüllen?
- Wie viele Stühle passen an einen solchen Tisch?

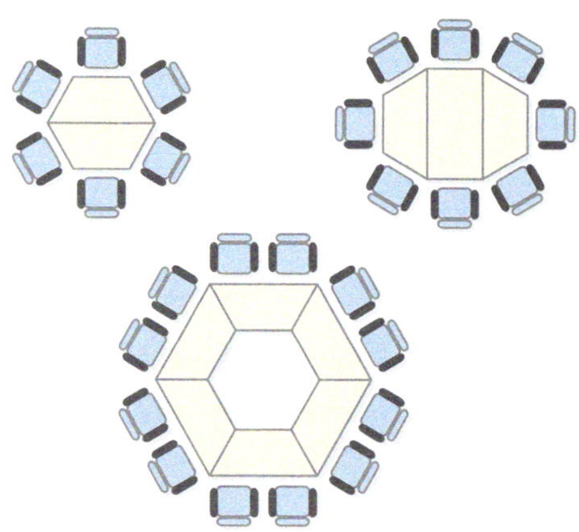

Rückspiegel

1 Ein Rechteck ist 16,0 cm lang und 9,0 cm breit. Welche Seitenlänge besitzt ein Quadrat mit gleichem Flächeninhalt? Welche Figur hat den größeren Umfang?

2 Zeichne die Figur. Entnimm die notwendigen Maße der Zeichnung und berechne Flächeninhalt und Umfang.
a) allgemeines Dreieck aus
$a = 5{,}8\,cm$; $b = 6{,}4\,cm$; $c = 7{,}5\,cm$
b) Raute aus
$a = 5{,}5\,cm$ und $\alpha = 70°$

3 Die Giebelwand des Hauses soll gestrichen werden. Wie groß ist der Flächeninhalt?

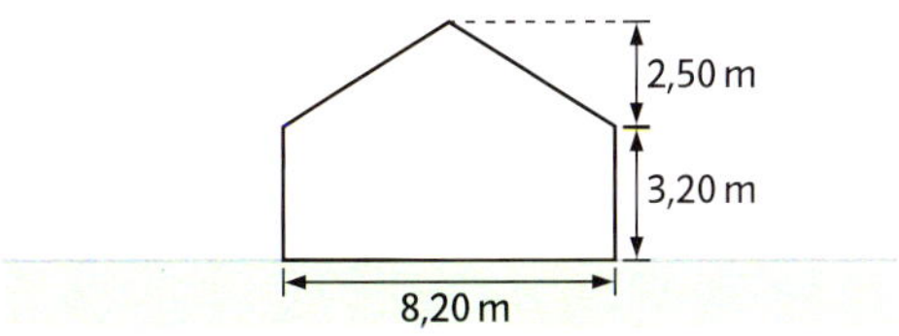

4 Berechne den Flächeninhalt der Grundstücke 1 und 2.

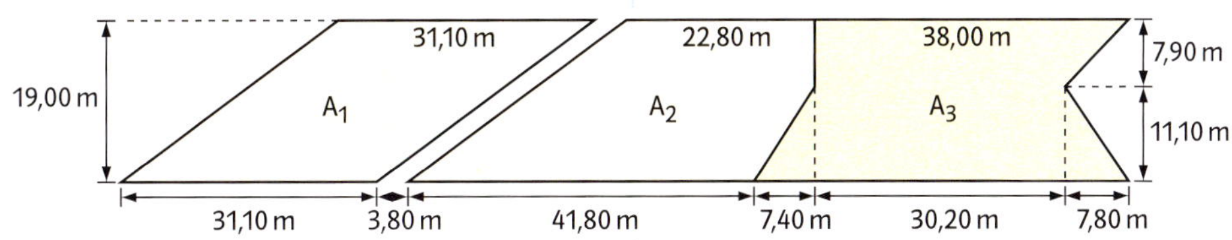

5 Berechne den Verschnitt, der beim Ausstanzen der Kreise aus einem Quadrat mit $a = 80\,cm$ jeweils übrig bleibt.

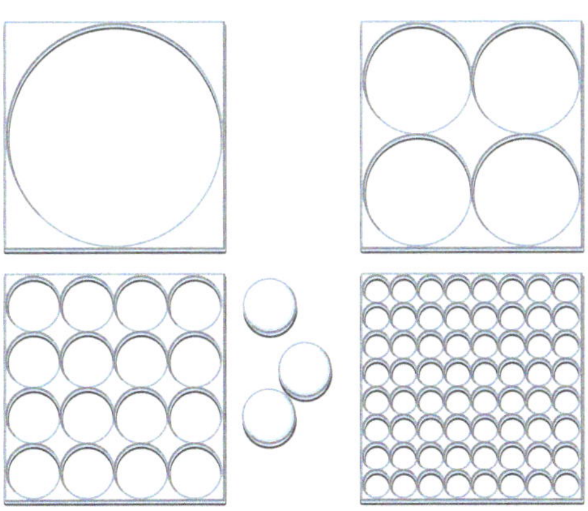

1 Ein Rechteck ist 12,5 cm lang und 8,0 cm breit. Eine Seitenlänge eines dazu flächengleichen Dreiecks beträgt 10,0 cm. Wie lang ist die zugehörige Dreieckshöhe?

2 Zeichne die Figur. Entnimm die notwendigen Maße der Zeichnung und berechne Flächeninhalt und Umfang.
a) Parallelogramm aus
$a = 6{,}5\,cm$; $b = 3{,}5\,cm$; $\alpha = 60°$
b) gleichschenkliges Trapez aus
$a = 9{,}2\,cm$; $b = d = 5{,}2\,cm$; $\alpha = \beta = 50°$

3 Die Giebelwand des Hauses soll gestrichen werden. Wie groß ist der Flächeninhalt?

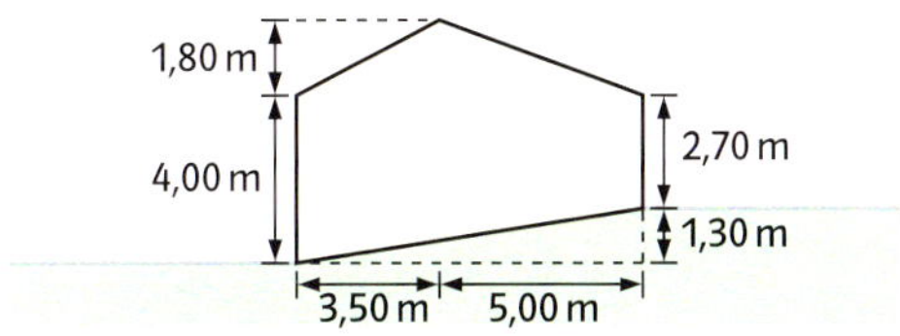

4 Berechne den Flächeninhalt der Grundstücke 1, 2 und 3.

5 Gib den Flächeninhalt in Abhängigkeit von e an.
a)

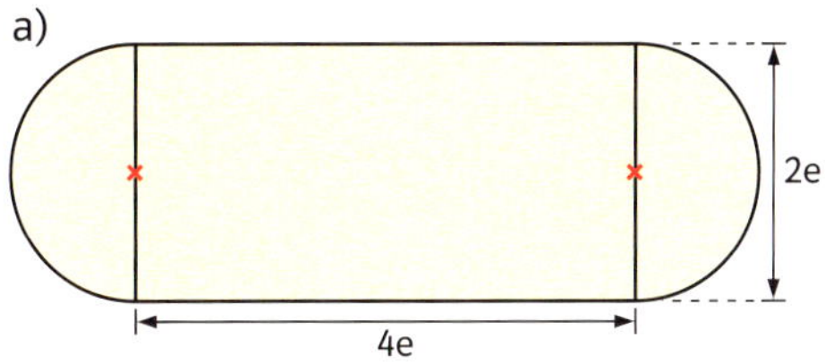

b)

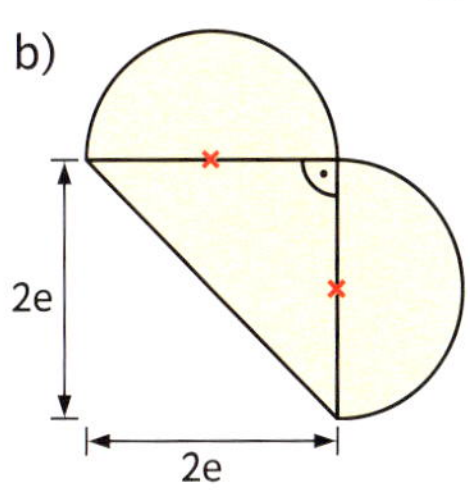

c)

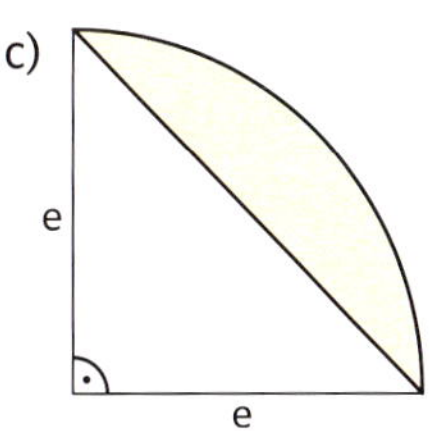

Handytarife

Das Handy ist aus unserem Alltag nicht mehr wegzudenken. Vor allem Jugendliche geben für die Benutzung oft sehr viel Geld aus.
Deshalb ist es wichtig, die Abrechnungssysteme der Mobilfunkgesellschaften kritisch zu prüfen.

Kinder und Jugendliche verwenden das Handy überwiegend, um SMS zu versenden.

Die Tabelle zeigt ein besonderes Angebot:

Tarif	Einsteiger	Normal	Profi
SMS-Paket	40 SMS	150 SMS	300 SMS
Kosten	5€	15€	25€

Tarifunabhängig kostet jede weitere SMS 19 Cent.

- Welches Tarifmodell ist für durchschnittlich 70 SMS, 100 SMS oder 220 SMS pro Monat das günstigste?
- Nora hat die Anzahl der in den letzten vier Monaten versandten SMS-Nachrichten notiert: 113 SMS, 145 SMS, 169 SMS und 136 SMS. Kannst du ihr bei der Tarifwahl behilflich sein?

Im Tarifdschungel der vielen Anbieter behält man nur schwer den Überblick. Mobilfunkanbieter Maxicom wirbt mit den rechts abgebildeten Angeboten.

- Max versendet pro Monat ungefähr 150 SMS-Nachrichten.
- Ab welcher monatlichen SMS-Zahl wird der Tarif „Normal" günstiger?
- Besorge dir Daten von aktuellen Tarifen und vergleiche.

Maxicom-Aktuell

Tarif	Einsteiger	Normal
Grundgebühr pro Monat	4,95 €	9,95 €
Einmalige Anschlussgebühr	24,95 €	24,95 €
Freie SMS pro Monat	100	200
Empfang einer SMS	frei	frei
Versand einer SMS	0,19 €	0,19 €

Lara und Vanessa unterhalten sich über das abgebildete Tarifangebot (ohne SMS-Tarife und ohne internen Mobilfunk).

Lara: „Ich bin mir nicht schlüssig, welchen Tarif ich für mich wählen soll."
Vanessa: „Wie lange telefonierst du denn pro Monat?"
Lara: „Ich schätze so ungefähr 2 Stunden am Wochenende, 1 Stunde zur Hauptzeit und 3 Stunden zur Nebenzeit."

- Kannst du den beiden einen Rat geben?

Neben den Tarifen „Basic" und „Quality" wird noch der Tarif „Premium" angeboten. Er beinhaltet 60 Freiminuten pro Monat (Gesprächsgebühren wie Tarif „Basic"). Allerdings beträgt die Grundgebühr 24,95 €.

- Ist dieser Tarif für Lara attraktiv? Was meinst du?

Gesprächsgebühren pro Minute ins Festnetz (in €):

Tarif	Grundgebühr	Hauptzeit	Nebenzeit	Wochenende
Basic	9,95	0,49	0,19	0,09
Quality	19,95	0,15	0,15	0,09

Der Tabelle kannst du die Entwicklung des SMS-Versands pro Jahr in Deutschland entnehmen (Angaben in Milliarden).

Jahr	1998	1999	2000	2001	2002	2003	2004
SMS	0,6	3,6	11,4	14,4	17	19,7	20,6

Quelle: Bundesnetzagentur

- Zeichne ein geeignetes Diagramm. Weshalb ist ein Kreisdiagramm nicht geeignet?
- In Deutschland leben ca. 80 Millionen Menschen. Drei Viertel davon besitzen ein Handy. Wie viele SMS kommen ungefähr auf einen Bundesbürger pro Jahr? Vergleiche mit der Anzahl der von dir verfassten SMS-Nachrichten.

In diesem Kapitel lernst du,

- was man unter Funktionen versteht und wie man sie beschreibt,
- was proportionale und lineare Funktionen sind,
- wie die Schaubilder von proportionalen und linearen Funktionen gezeichnet werden,
- wie man mathematische Modelle zur Lösung von Alltagsproblemen verwenden kann.

9 Wie heißt die zugehörige Funktionsvorschrift?
a) Jeder Zahl wird ihr Doppeltes vermehrt um 3 zugeordnet.
b) Jeder Zahl wird ihre Hälfte vermindert um 5 zugeordnet.
c) Jeder Zahl wird das Produkt aus der Zahl und der um 1 vermehrten Zahl zugeordnet.

10 Der 10. Jahrgang der Elm-Realschule möchte eine Abschlusszeitung drucken und binden lassen. Sie bekommen folgendes Angebot: pro Seite inclusive Papier 0,10 €, für das Heften mit Spiralbindung 2,10 € pro Exemplar. Stelle die Zuordnungsvorschrift Anzahl der Seiten → Kosten pro Exemplar auf. Ist das eine Funktion?

11 Ein Rechteck hat einen Umfang von 30 cm. Erstelle eine Wertetabelle mit mindestens sechs Wertepaaren für die Zuordnung Länge → Breite. Wähle für die Länge ganze Zahlen. Trage die Wertepaare in ein Koordinatensystem ein

Parkhaus Obere City	
Parkgebühren:	
für 1 Stunde	2,50 €
je weitere angefangene Stunde	1 €
Tagesgebühr	12 €

12 Die Werbetafel zeigt die Tarife des Parkhauses „Obere City".
a) Zeichne dazu einen Graphen.
b) Frau Köhler parkt 3 Stunden, Herr Winter lässt sein Auto $5\frac{1}{2}$ Stunden stehen.
c) Frau Weber stellt um 8.45 Uhr ihr Fahrzeug im Parkhaus ab. Beim Verlassen des Parkhauses bezahlt sie 9,50 €.
Wie spät mag es wohl sein?
d) Wann „lohnt" sich das Tagesticket?

13 Ein Praktikant in der Versandabteilung soll eine Tabelle für die Kosten anfertigen.
a) Für jede Bestellung werden 4,95 € Versandpauschale zuzüglich 0,30 € pro Kilogramm Versandgewicht berechnet. Erstelle eine solche Tabelle für Gewichte von 1–30 kg.
b) Eine andere Abteilung berechnet nur pro Kilogramm Gewicht einen Betrag von 0,75 € ohne Pauschale. Erstelle auch hierfür eine Tabelle und vergleiche mit a).

14 In einer SMS wird folgende Ziffernfolge eingetippt: 3374367277. Kannst du das Wort dafür finden?
a) Tina behauptet: „Die Zuordnung Buchstabe → Zahl auf einer Handy-Tastatur ist eine Funktion." Was meinst du?
b) Ist die Zuordnung Zahl → Buchstabe eine Funktion?
c) Das Handy von Vera hat keine Worterkennung. Welche der Zuordnungen ist dann eine Funktion?

15 Der Schall breitet sich in verschiedenen Stoffen unterschiedlich schnell aus. Stelle jeweils die Funktionsvorschrift für die Abhängigkeit von Zeit und Weg auf.

in Luft:	340 m pro Sekunde
in Wasser:	1450 m pro Sekunde
in Stahl:	5050 m pro Sekunde

16 Viele Auffahrunfälle sind auf unzureichenden Sicherheitsabstand zurückzuführen. Um rechtzeitig anhalten zu können, muss der Fahrer seine Reaktionszeit und den Bremsweg seines Wagens einschätzen. Den Bremsweg s in Metern kann man näherungsweise mit der Formel $s = \frac{1}{2}\left(\frac{v}{10}\right)^2$ berechnen. Dabei gibt v die Geschwindigkeit in Kilometern pro Stunde an.
a) Zeichne einen Graphen.
b) Bei einer Geschwindigkeit von 140 km/h sieht Frau Sommer in 200 m Entfernung ein Hindernis.
c) In der Zone 30 sieht Herr Pfeifer in 8 m Entfernung ein Kind die Straße überqueren. Kommt er rechtzeitig zum Stehen, wenn er 40 km/h fährt und sofort bremst?

2 Lineare Funktionen

Dem Schaubild kann man den Fahrpreis einer Taxifahrt im Nahverkehr entnehmen.
→ Gib für jede Entfernung an, wie viel bezahlt werden muss.
→ Weshalb verläuft die Gerade durch die Punkte nicht auch durch den Ursprung?

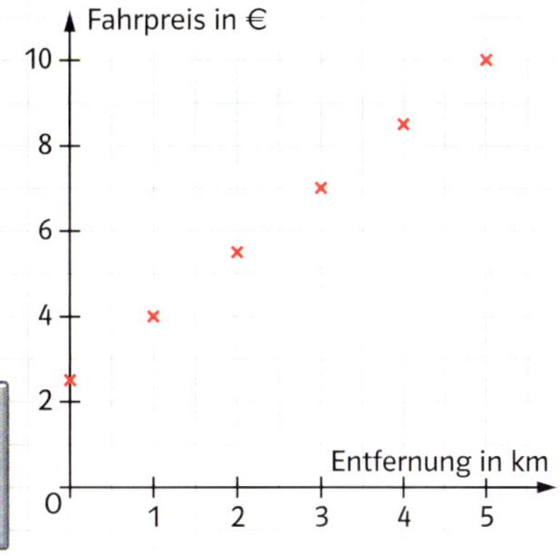

Eine Funktion mit einer Funktionsvorschrift der Form $x \to 2x + 3$ heißt **lineare Funktion** und man schreibt dafür die **Funktionsgleichung** $\mathbf{y = 2x + 3}$. Der Graph einer solchen Funktion ist eine Gerade.
Betrachtet man Wertetabellen und Graphen der Funktionen $y = \frac{1}{2}x$ und $y = \frac{1}{2}x + 2$, so erhält man für

$y = \frac{1}{2}x$

+1 +1 +1 +1 +1 +1

x	−2	−1	0	1	2	3	4
y	−1	−0,5	0	0,5	1	1,5	2

$+\frac{1}{2}$ $+\frac{1}{2}$ $+\frac{1}{2}$ $+\frac{1}{2}$ $+\frac{1}{2}$ $+\frac{1}{2}$

$y = \frac{1}{2}x + 2$

+1 +1 +1 +1 +1 +1

x	−2	−1	0	1	2	3	4
y	1	1,5	2	2,5	3	3,5	4

$+\frac{1}{2}$ $+\frac{1}{2}$ $+\frac{1}{2}$ $+\frac{1}{2}$ $+\frac{1}{2}$ $+\frac{1}{2}$

Hier erkennt man: Wenn x um 1 erhöht wird, ändert sich der y-Wert immer um $\frac{1}{2}$. Beide Geraden haben die **Änderungsrate** $\mathbf{\frac{1}{2}}$, sie wird als **Steigung m** bezeichnet. Der Graph von $y = \frac{1}{2}x + 2$ schneidet die y-Achse im Punkt (0 | 2). Jeder Punkt der Geraden $y = \frac{1}{2}x$ wurde um 2 Einheiten in y-Richtung verschoben.

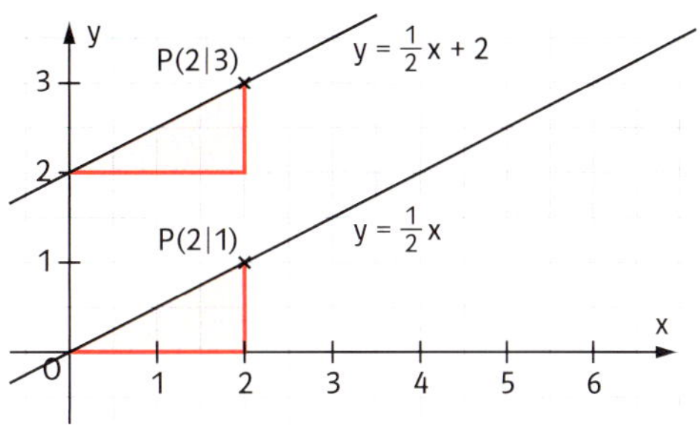

Eine Funktion mit der Gleichung $y = m \cdot x + b$ heißt **lineare Funktion**.
Ihr Graph ist eine Gerade mit der **Steigung m**. Die Gerade schneidet die y-Achse im Punkt P(0 | b). Man bezeichnet b als **y-Achsenabschnitt** der Geraden.

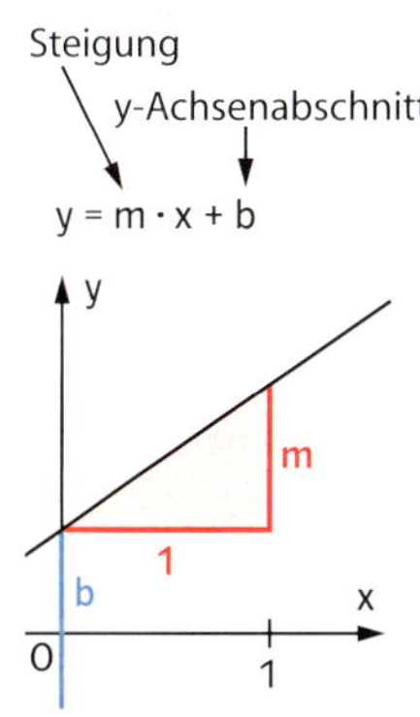

Bemerkung

Mit dem y-Achsenabschnitt b = 0 lautet die Funktionsgleichung $\mathbf{y = m \cdot x}$. Eine solche Funktion heißt **proportionale Funktion**, der Graph verläuft durch den Ursprung des Koordinatensystems. Der Quotient y : x eines jeden Wertepaares ist gleich. Diesen Quotienten bezeichnet man als **Steigerungsfaktor m**.

Beispiele

a) Steigung und Steigungsdreieck

Das Schaubild der Funktion $y = 2x$ zeigt: Erhöht sich der x-Wert um 1, so vergrößert sich der y-Wert um 2.

Das Schaubild der Funktion $y = \frac{3}{4}x$ zeigt: Erhöht sich der x-Wert um 1, so vergrößert sich der y-Wert um $\frac{3}{4}$. Ebenso kann man auch 4 Einheiten nach rechts und drei Einheiten nach oben gehen.

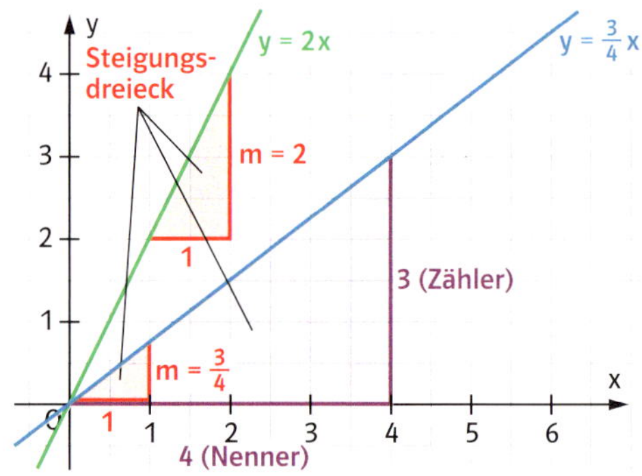

b) Steigungsdreieck bei negativer Steigung

Geht man vom Ursprung um zwei Einheiten nach rechts, muss man eine Einheit nach unten gehen. Daraus ergibt sich die Steigung $m = -\frac{1}{2}$.
Die Gerade hat die Gleichung $y = -\frac{1}{2}x$.

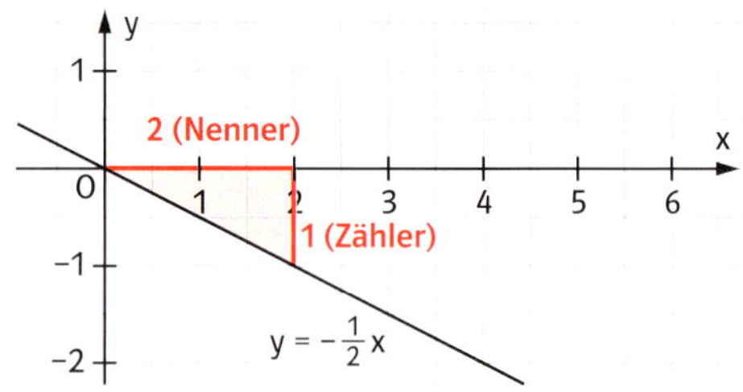

c) Zeichnen der Gerade $y = m \cdot x + b$

Der Graph der Funktion $y = 3x - 2$ kann mithilfe des y-Achsenabschnitts $b = -2$ und der Steigung $m = 3$ gezeichnet werden. Eine alternative Möglichkeit des Zeichnens eines Graphen ist das Bestimmen von zwei Punkten wie für eine Wertetabelle.

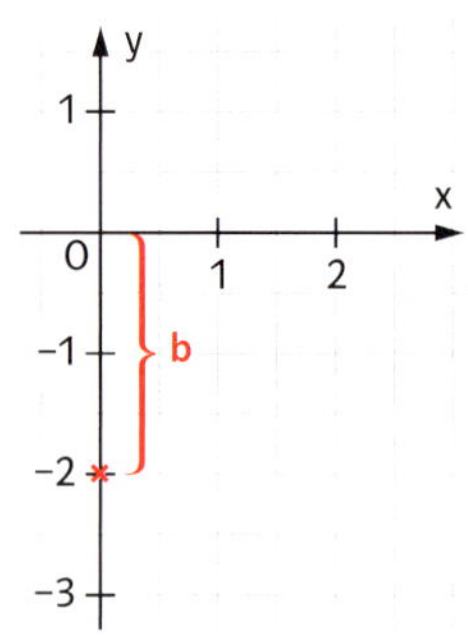

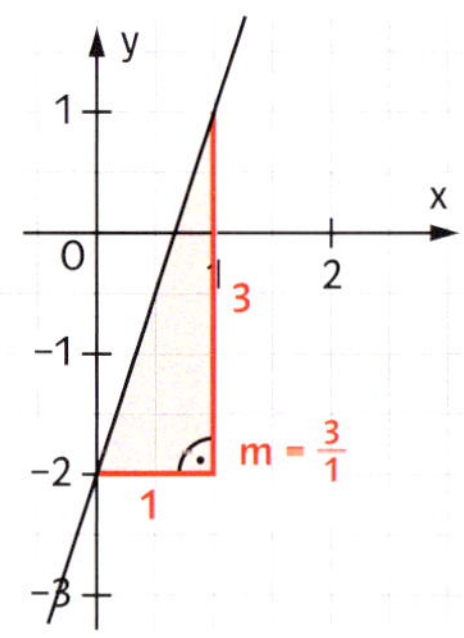

d) Gleichung aus dem Graphen ablesen

Aus dem Schaubild lassen sich die Werte für die Steigung m und den y-Achsenabschnitt b ablesen.

$b = 1$ $\qquad\qquad$ $m = \frac{3}{4}$

Zur Gerade gehört damit die Funktionsgleichung $y = \frac{3}{4}x + 1$.

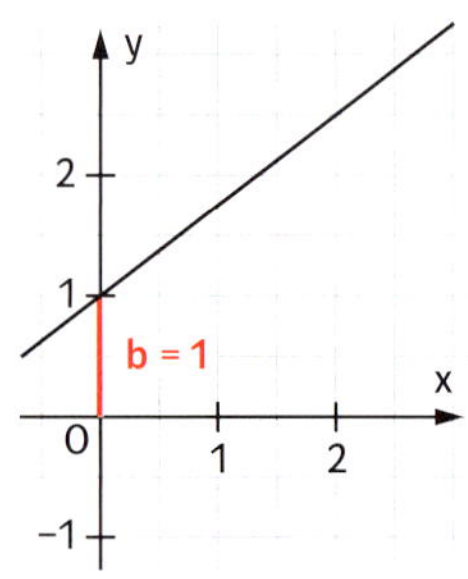

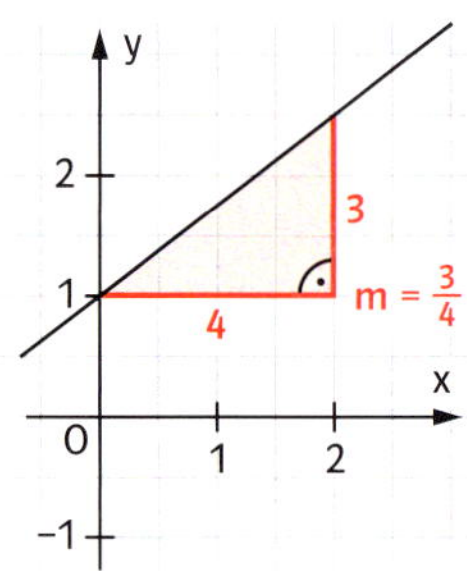

Aufgaben

1 Zeichne das Steigungsdreieck samt Gerade. Gehe dazu vom Ursprung
a) um 1 nach rechts und 3 nach oben.
b) um 1 nach rechts und 2 nach unten.
c) um 3 nach rechts und 6 nach unten.
d) um 1 nach links und 4 nach unten.

2 Zeichne den Graphen der Ursprungsgeraden mithilfe des Steigungsdreiecks.

a) $y = 2x$	b) $y = -4x$	c) $y = -x$
d) $y = -\frac{1}{2}x$	e) $y = \frac{1}{4}x$	f) $y = \frac{3}{4}x$
g) $y = \frac{4}{5}x$	h) $y = -\frac{2}{7}x$	i) $y = -\frac{1}{6}x$

3 Die Steigung m einer proportionalen Funktion legt den Verlauf der Geraden fest. Beschreibe die Lage der Geraden mit Worten. Verwende zur Eingrenzung die beiden Geraden $y = x$ bzw. $y = -x$.

Beispiel: $y = 2x$
Die Gerade verläuft durch den 1. und 3. Quadranten. Sie ist steiler als die Gerade $y = x$.

a) $y = \frac{1}{2}x$ b) $y = -\frac{1}{10}x$
c) $y = -1{,}5x$ d) $y = 3x$

4 Zeichne die Gerade einer proportionalen Funktion durch den angegebenen Punkt und zeichne ein Steigungsdreieck ein. Beschreibe den Verlauf der Geraden im Vergleich zu den beiden Geraden $y = x$ bzw. $y = -x$.

a) P(2 | 4) b) P(6 | 1) c) P(4,5 | 4,5)
d) Q(−3 | 2) e) Q(−1 | 5) f) Q(−8 | 2)

5 Zeichne die Gerade mithilfe des Steigungsdreiecks.

Beispiel: $y = -\frac{2}{5}x$

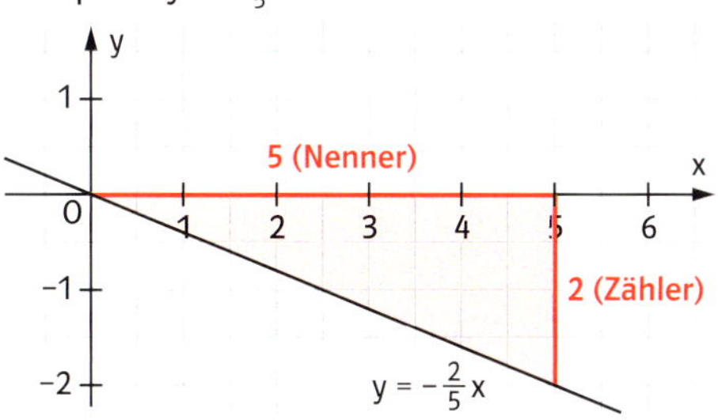

a) $y = \frac{1}{3}x$ b) $y = \frac{3}{7}x$ c) $y = \frac{4}{3}x$
d) $y = -\frac{4}{5}x$ e) $y = -\frac{1}{5}x$ f) $y = -\frac{7}{2}x$

6 Gib zu jeder Gerade die Funktionsgleichung an.

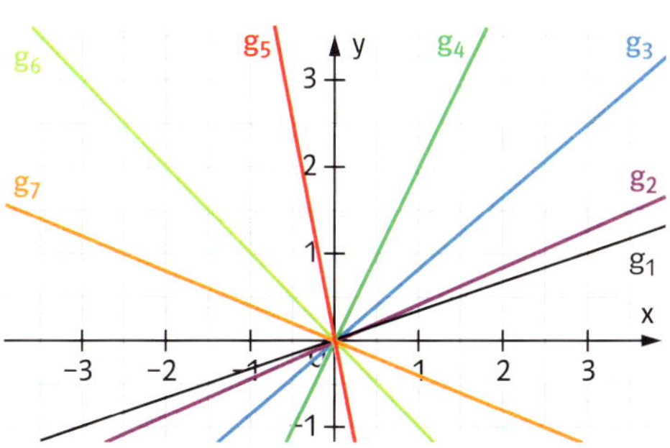

7 Welche Gleichung gehört zu welcher Geraden?

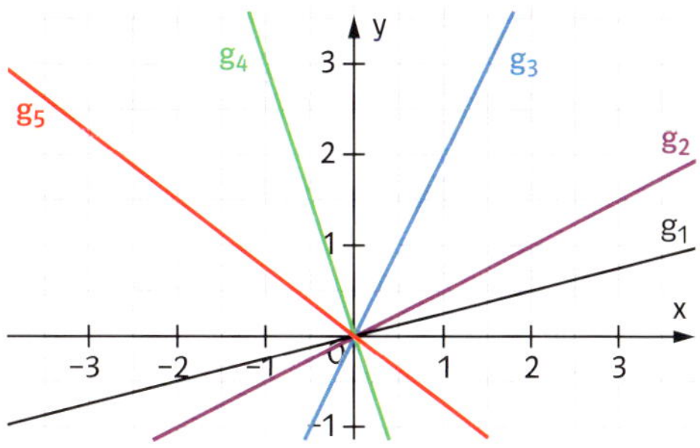

$y = 2x$
$y = -0{,}5x$
$y = -\frac{2}{3}x$
$y = \frac{1}{2}x$
$y = -\frac{3}{2}x$
$y = \frac{1}{4}x$
$y = -3x$
$y = -\frac{3}{4}x$

8 a) Die Ursprungsgerade g_1 geht durch drei der 24 markierten Punkte.
Wie heißt die Funktionsgleichung von g_1?
Nenne weitere Gitterpunkte von g_1.
b) Finde weitere Ursprungsgeraden, die durch mindestens drei Punkte verlaufen.
c) Welche Ursprungsgeraden laufen durch zwei der 24 Punkte?

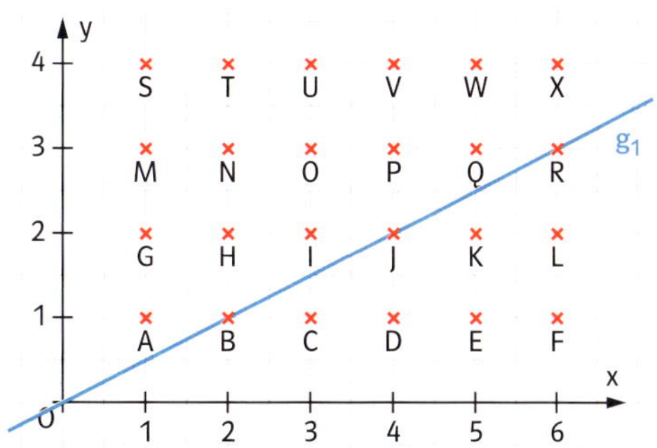

9 In die beiden gleich hohen Behälter fließt in gleicher Zeit gleich viel Wasser. Welcher Graph gehört zu welchem Gefäß? Bestimme die jeweilige Funktionsgleichung. Mache eine Aussage über die Grundflächen der beiden Quader.

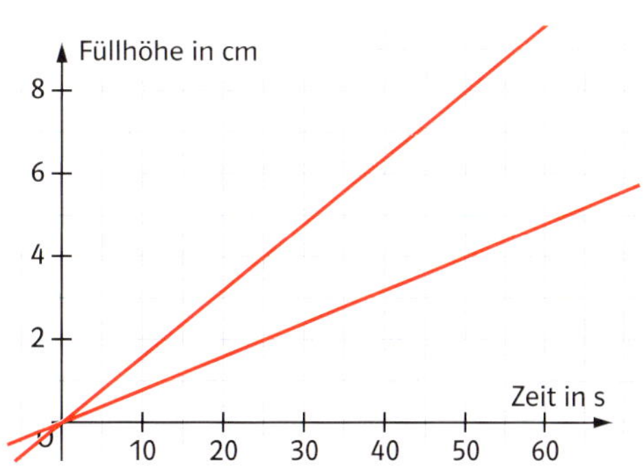

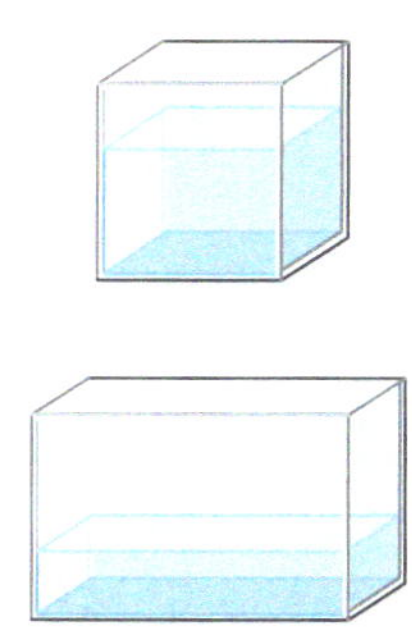

10 Bestimme die Funktionsgleichungen. Was fällt dir auf?

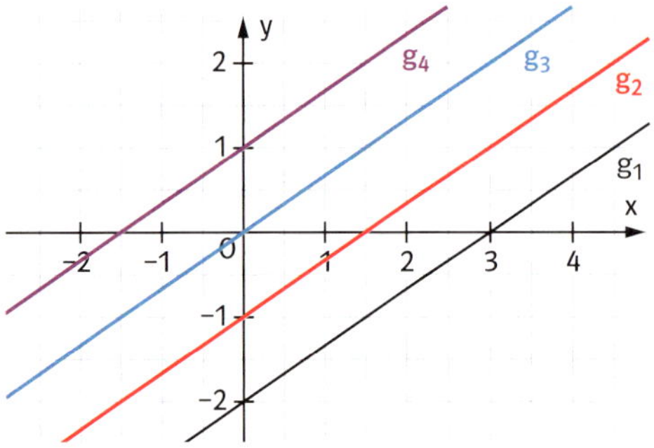

11 Finde die Geradengleichung.

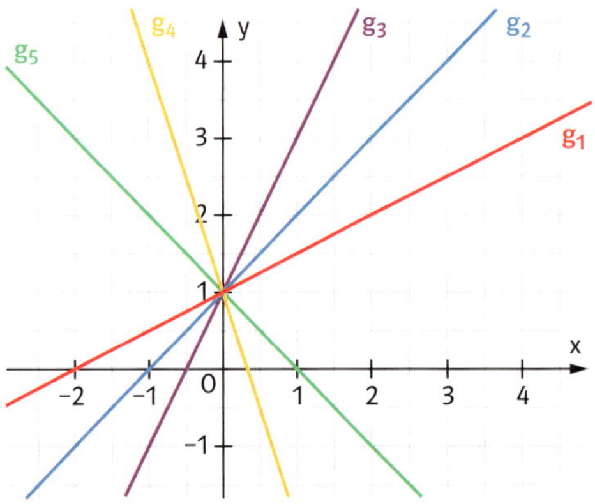

12 Zeichne die Gerade.
Verwende den y-Achsenabschnitt und ein Steigungsdreieck.

a) $y = 2x + 1$
b) $y = 2x - 1$
c) $y = -2x + 1$
d) $y = -2x - 1$
e) $y = \frac{1}{4}x - 1$
f) $y = \frac{2}{3}x + 2$
g) $y = \frac{3}{4}x + 2{,}5$
h) $y = \frac{4}{5}x - 3{,}511$

13 Welche Gerade gehört zu welcher Gleichung?

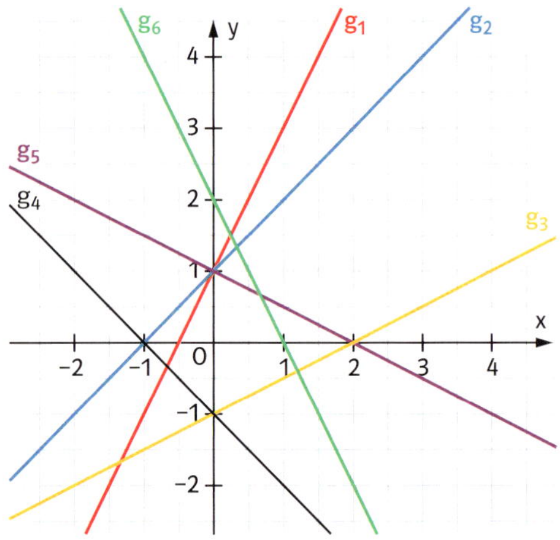

Zwei Punkte sind genug

Zwei vorgebene Punkte einer Geraden genügen, um die Steigung und damit auch die zugehörige Gleichung zu bestimmen.

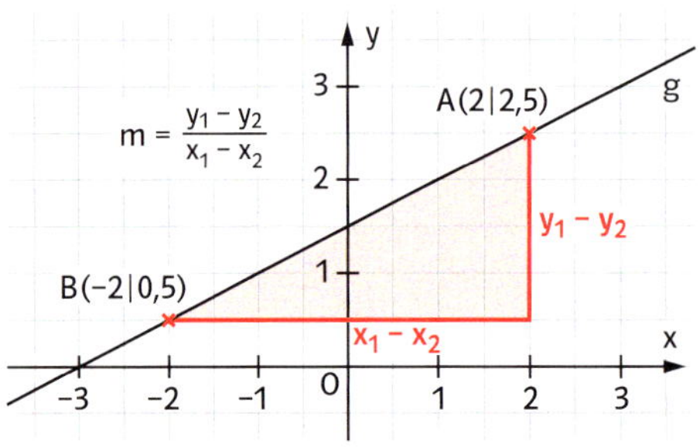

Beispiel:
Die Gerade g geht durch die Punkte A(2|2,5) und B(−2|0,5).

Für die Steigung m gilt damit:

$m = \frac{y_1 - y_2}{x_1 - x_2}$

$m = \frac{2{,}5 - 0{,}5}{2 - (-2)}$ $\quad m = \frac{2}{4} = \frac{1}{2}$

- Die Gerade geht durch die beiden Punkte. Bestimme die Steigung.
g: A(3|3); B(−1|−5)
h: C(−2|5); D(4|−4)
i: M(6|2,5); N(−3|−3,5)
j: S(7|−3); T(0|1)
- Die Gerade g geht durch die Punkte A(3|6) und B(−2|−6). Die Gerade h geht durch P(−3|6) und Q(2|−4). Bestimme die Steigungen. Was fällt dir auf?
- Liegen die Punkte P(6|1); Q(1|−1,5) und R(−8|−6) auf einer Geraden?
- Die Gerade g verläuft durch A(−18|1) und B(24|22). Die Gerade h geht durch P(−10|−5) und Q(30|13). Sind die beiden Geraden g und h parallel? Eine zeichnerische Lösung macht große Mühe.

14 a) Bestimme die Gleichung der Geraden g.

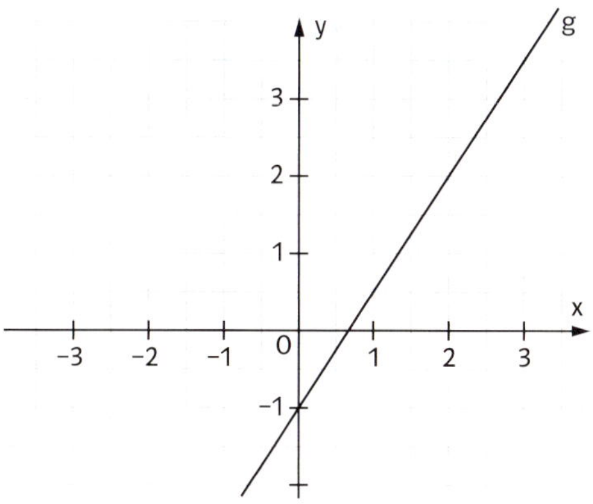

b) Zeichne zwei weitere, zu g parallele Geraden und gib ihre Gleichungen an.
c) Zeichne zwei weitere Geraden ein, die die y-Achse im selben Punkt schneiden wie die Gerade g. Bestimme deren Funktionsgleichung.

15 Die Gerade geht durch den Punkt T und hat den y-Achsenabschnitt b.
Bestimme die Funktionsgleichung.

a) $T(3|2)$; $b = 1$ b) $T(-3|-1)$; $b = 2$
c) $T(4|-7)$; $b = 1$ d) $T(-2|0)$; $b = -3$

16 Wie heißen die Funktionsgleichungen der abgebildeten Geraden?

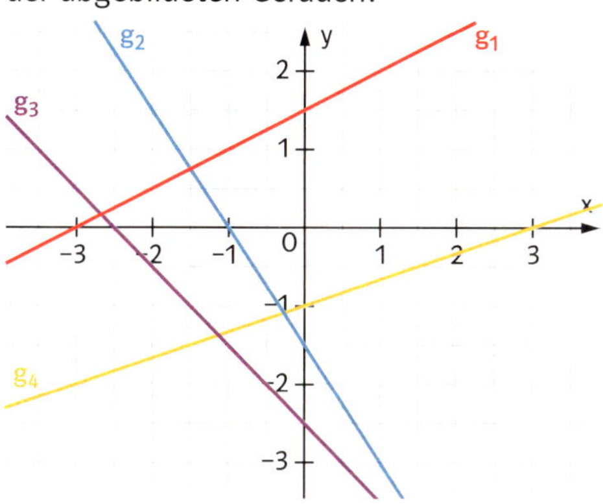

17 Bestimme die Funktionsgleichung mithilfe einer Zeichnung.
Die Gerade verläuft parallel zu

a) $y = 1{,}5x + 1$ und geht durch $P(2|6)$.
b) $y = -0{,}5x - 1$ und geht durch $P(4|-6)$.
c) $y = \frac{3}{4}x - 2$ und geht durch $P(-4|0)$.

18 Wenn bestimmte Punkte einer Geraden bekannt sind, kann man die zugehörige Funktionsgleichung sogar ohne Zeichnung bestimmen.

a) $P(0|1)$, $Q(1|2)$ b) $P(0|1)$, $Q(1|4)$ c) $P(0|2)$, $Q(1|-2)$
d) $P(0|-3)$, $Q(1|3)$ e) $P(0|2)$, $Q(-2|3)$ f) $P(0|2)$, $Q(-3|-4)$

19 Zeichne die Gerade durch die Punkte A und B. Bestimme die Funktionsgleichung.

a) $A(2|7)$ $B(-1|1)$
b) $A(-1|5)$ $B(0|8)$
c) $A(4|-2)$ $B(-2|-5)$
d) $A(6|0)$ $B(-3|-3)$
e) $A(4|-6)$ $B(-2|-1{,}5)$
f) $A(5|-2{,}5)$ $B(0|1{,}5)$

20 Gib Gleichungen von Geraden an, die durch

a) den 1., 2. und 3. Quadranten gehen.
b) den 1., 2. und 4. Quadranten gehen.
c) den 2. und 4. Quadranten gehen.
d) den 2., 3. und 4. Quadranten gehen.

21 a) Die Gerade g geht durch zwei der 25 markierten Punkte. Wie heißt die zugehörige Funktionsgleichung?
b) Nenne Gleichungen von Geraden, die durch drei markierte bzw. vier markierte Punkte gehen.
c) Gibt es eine Gerade, die durch fünf markierte Punkte geht und keine Ursprungsgerade ist? Gib ihre Gleichung an.
d) Nenne die Gleichung einer Geraden, die durch keinen der markierten Punkte geht.

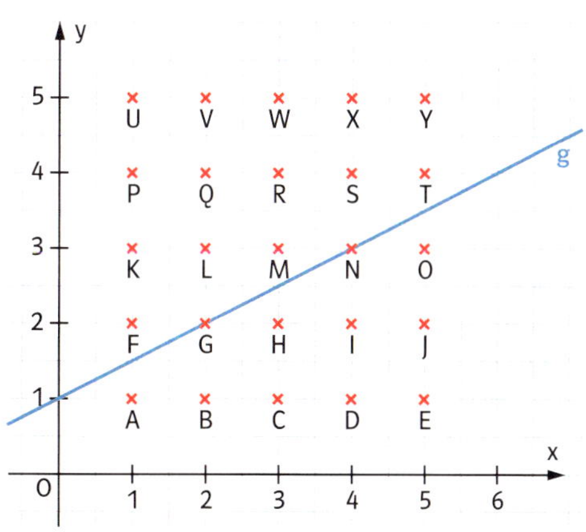

Zu schwer oder zu klein?

Ein großer Teil der Bevölkerung leidet an Übergewicht. Nicht zuletzt deshalb wurden eine Reihe von Berechnungsmodellen entwickelt, mithilfe derer eine Aussage über das Körpergewicht im Zusammenhang mit der Körpergröße gemacht werden kann.

Der **Broca-Index** gibt an, wie das **Normalgewicht** berechnet wird. Man benutzt die „Faustformel“:
Normalgewicht in kg = Körpergröße in cm − 100

- Erstelle für die zugehörige Funktionsgleichung $y = x - 100$ ein geeignetes Schaubild.

Das **Idealgewicht** errechnet sich so: „Normalgewicht minus 10 Prozent“. Die lineare Funktion mit $y = (x - 100) \cdot 0{,}9$, also $y = 0{,}9x - 90$ ermöglicht genauere Bestimmungen.

- Wie schwer sollte ein 1,90 m großer Mann mit Idealgewicht sein? Wie groß sollte ein 85 kg schwerer Mann mit Idealgewicht sein? Wie groß müsste ein 150 kg schwerer Mensch sein? Hier lässt dich das Schaubild im Stich.
- Warum ergibt diese Berechnungsmethode für Kinder keinen Sinn?

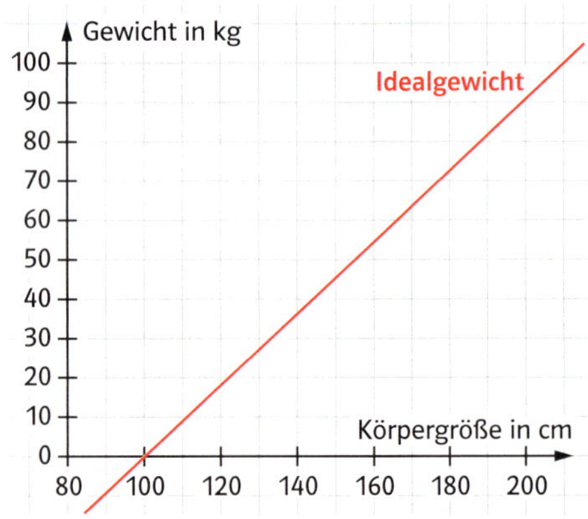

Der **Body-Mass-Index** (BMI) ist ein Maß für die Körperform. Man bestimmt dazu das Verhältnis von Körpergewicht (in kg) zum Quadrat der Körpergröße (in m^2).

Beispiel: Der BMI bei einem Körpergewicht von 65 kg und einer Körpergröße von 1,70 m berechnet sich so:

$$\text{BMI} = \frac{65\,\text{kg}}{1{,}70\,\text{m} \cdot 1{,}70\,\text{m}} = 22{,}49\,\frac{\text{kg}}{\text{m}^2}$$

- Wie groß ist eine 70 kg schwere Frau mit Untergewicht? Ein Mann ist 1,80 m groß und hat Übergewicht.

Einteilung von Über-, Unter- und Normalgewicht bei Erwachsenen

Gewicht	BMI in $\frac{\text{kg}}{\text{m}^2}$
Untergewicht	< 18,5
Normalgewicht	18,5 – 24,9
Übergewicht	> 25

Insbesondere für Sportler ist der Body-Mass-Index von Bedeutung.
Eine zu starke Reduzierung des eigenen Körpergewichts ist nicht ungefährlich. Deshalb wurde für die Skispringer ein BMI von mindestens 20 eingeführt. (Die Springer werden dabei mit Schuhen und Ski gewogen.)

- Berechne den BMI folgender Skispringer:

Jörg Ritzerfeld:	1,72 m/56 kg
Georg Späth:	1,89 m/70 kg
Janne Ahonen:	1,83 m/66 kg
Sigurd Pettersen:	1,80 m/60 kg

- Berechne zum Vergleich den BMI anderer Sportler:

Yokozuna Akebono (Sumo-Ringer):	2,03 m/236 kg
Shaquille O'Neal (Basketballer):	2,16 m/143 kg

3 Modellieren mit Funktionen

Lara möchte sich einen gebrauchten Roller im Wert von etwa 1500 € anschaffen. Dazu hat sie bereits 500 € gespart. In den Sommerferien kann sie einen Ferienjob annehmen. Für jede Arbeitsstunde bekommt Lara 9 € ausbezahlt. Die tägliche Arbeitszeit beträgt acht Stunden.

→ Reichen drei Arbeitswochen aus?

→ Lara überlegt, ob sie am Tag sieben Stunden arbeiten soll.

Mithilfe der linearen Funktionen lassen sich bestimmte Fragestellungen und Probleme des Alltags bearbeiten und lösen. Eine exakte Beantwortung der Fragen ist jedoch oftmals schwierig und auch nicht nötig. Vereinfachungen helfen, die reale Situation in einen mathematischen Zusammenhang zu übersetzen. Die gefundene mathematische Lösung muss dann jedoch in der Alltagssituation auf ein sinnvolles Ergebnis überprüft werden. Diesen Kreislauf nennt man **mathematisches Modellieren.**

Reale Welt — **Übersetzen** → — **Mathematik**

Realsituation

Familie Müller interessiert sich für ein Ferienhaus. Es liegen zwei Angebote vor. Die Realsituation zeigt zwei Inserate. Es stellt sich die Frage: „Welches Angebot ist das günstigere?"

Mathematisches Modell

Die Kosten für die Hausmiete lassen sich mit einer linearen Funktion darstellen. Die Variable x wird für die Anzahl der Miettage verwendet.

Sonne & Haus

$y = (85 + 10) \cdot x + 120 = 95 \cdot x + 120$

Bewerten ↑ — **Lösen** ↓

Reale Ergebnisse

Bei einer Mietdauer von 2 Wochen übersteigen die Kosten für das Angebot „Sonne & Haus" das Pauschalangebot „Traumhaus" um 50 €.

„Sonne & Haus": 95 € · 14 + 120 € = 1450 €

Traumhaus: Pauschalangebot 1400 €

Mathematische Ergebnisse

Im Schaubild kann man erkennen, dass die Kosten für das Angebot „Sonne & Haus" höher als das Pauschalangebot „Traumhaus" sind.

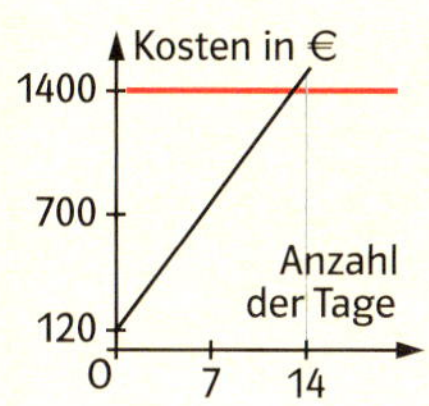

← **Interpretieren**

Eine Bewertung kann etwa so aussehen: Sollte Familie Müller das Angebot „Sonne & Haus" mehr zusagen, ist sie vielleicht bereit, die Mehrkosten von 50 € zu tragen.

Das **mathematische Modellieren** läuft in Stufen ab.

1. **Übersetzen** der Realsituation in ein mathematisches Modell
2. **Lösen:** Ermitteln der mathematischen Ergebnisse
3. **Interpretieren** der Lösung in der Realsituation
4. **Bewerten** des realen Ergebnisses

Beispiel

Eine Computerfirma erstellt ein Angebot für einen Wartungsvertrag. Der Firmeninhaber hofft, für 3000 € den Zuschlag zu bekommen. Die Stundensätze betragen 70 € für einen Techniker und 40 € für eine Hilfskraft. Für Materialkosten werden 500 € kalkuliert. Die Fahrtkostenpauschale beträgt 250 €.

1. Realsituation
Wie viele Stunden dürfen Techniker und Hilfskraft längstens arbeiten?

2. Mathematisches Modell
Fahrtkosten + Material:
250 € + 500 € = 750 €
Techniker: 70 € pro Stunde
Helfer: 40 € pro Stunde
Lösungsansatz über eine Gleichung. Die Variable x bezeichnet die Arbeitsstunden.

3. Mathematische Ergebnisse
$3000 = 250 + 500 + x \cdot (70 + 40)$
$x = 20{,}5$ (gerundet)

4. Reale Ergebnisse
Techniker und Hilfskraft dürfen jeweils längstens 20 Stunden arbeiten.

Aufgaben

1 Tobias misst die Länge einer brennenden zylindrischen Kerze. Um 9:00 Uhr misst sie 14 cm, um 12:00 Uhr hat sie noch eine Länge von 9,5 cm.
a) Wie lang war die Kerze um 8:00 Uhr, wie lang wird sie um 17:00 Uhr sein?
b) Die Kerze wurde um 7:00 Uhr angezündet. Welche Länge hatte sie ursprünglich?
c) Wann ist die Kerze abgebrannt? Beachte dabei das Brennverhalten kurz bevor die Kerze abgebrannt ist.
d) Eine dünnere Kerze brennt doppelt so schnell ab. Sie wurde zum gleichen Zeitpunkt angezündet und war um 10:00 Uhr noch 10 cm lang.

2 Familie Schwan hat im Urlaub 80 digitale Fotos geschossen und möchte diese nun auf Papier ausdrucken lassen. Welchen Rat würdest du geben?

Meisterfoto

Format	Ab 1 Stück	Ab 30 Stück	Ab 100 Stück
9 x 13 cm	€ 0,17	€ 0,15	€ 0,09
10 x 15 cm	€ 0,19	€ 0,17	€ 0,12
13 x 18 cm	€ 0,35	€ 0,30	€ 0,19

Fotoservice Preisübersicht

Format	Preis	ab 25 Stück
9 x 13	0,22 €	0,15 €
10 x 15	0,26 €	0,22 €
13 x 18	0,42 €	0,33 €

3 Eine Telefongesellschaft bietet folgenden Tarif:
monatliche Grundgebühr: 19,95 €
Kosten für 1 Minute: 9 ct
Eine Tarifänderung schlägt vor, die Grundgebühr entfallen zu lassen.
a) Mache einen Vorschlag, der für die Telefongesellschaft keine finanziellen Nachteile bringt. Gehe von einer durchschnittlichen täglichen Gesprächsdauer von 30 Minuten aus.
b) Wie muss sich der Tarif pro Minute ändern, wenn die tägliche Telefonnutzung um 50 % höher liegt?

4 Die Tabelle zeigt die Preise eines Telefonanbieters. (Abrechnung monatlich; Minutentakt; Preis pro Stunde)

bis 5 Stunden	4,50 €
ab 5 Stunden	3,60 €
ab 10 Stunden	3,00 €
ab 50 Stunden	2,40 €

a) Anna sagt zu Julia: „Das ist aber ein komischer Tarif. Da telefoniere ich lieber zehn Stunden lang als neun Stunden." Was meinst du zu dieser Aussage? Was ist billiger – ein Telefonat über 50 oder über 45 Stunden?
b) Skizziere einen Graphen für die jeweiligen Abschnitte.

5 Das Fahren mit der BahnCard ist in vielen Fällen preislich interessant. Die BahnCard 25 kostet einmal jährlich 51,50 € und ermäßigt jeden Fahrpreis im Fernverkehr um 25 %. Die BahnCard 50 kostet einmalig 206 € und halbiert jeden Preis. Die BahnCard 100 kostet pro Jahr 3300 €.

Strecke	Normalpreis
Bremen - Göttingen	48 €
Köln - Hamburg	66 €
Frankfurt - Berlin	95 €

a) Tina fährt alle zwei Monate die Strecke Bremen - Göttingen und zurück. Was kannst du empfehlen?
b) Noah fährt ebenso oft die Strecke Köln - Hamburg. Was schlägst du vor?
c) Herr Schmid fährt dreimal im Monat die Strecke Frankfurt-Berlin.

6 Eine Autovermietung wirbt mit diesem Angebot.

PKW Mittelklasse

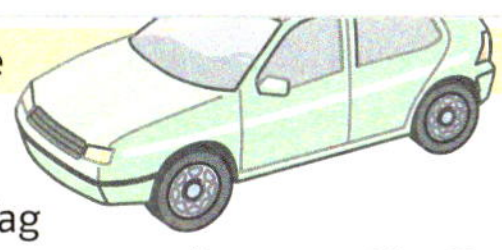

Miete für einen Tag (ohne Kilometerbegrenzung)	69,- €
Miete für einen Monat (pro gefahrenem km 0,03 €)	399,- €

a) Frau Specht hatte einen Unfall und kann für eine Woche ihr eigenes Auto nicht benutzen.
b) Herr Seidel ist als Vertreter in ganz Norddeutschland tätig. Er braucht den Mietwagen für die Dauer von 3 Wochen.

7 Die Besucherzahlen des Freizeitparks „Dreamworld" haben in den letzten Jahren pro Jahr um etwa die gleiche Zahl zugenommen.

Jahr 2000	840 000 Besucher
Jahr 2005	1 070 000 Besucher

a) Wie sehen demnach die Besucherzahlen für die Jahre 2006–2008 aus?
b) Für das Jahr 2008 ist eine Erweiterung des Freizeitparks geplant. Der jährliche Zuwachs soll sich dadurch verdoppeln.

Taxitarife

Taxifahren ist nicht billig. Die Tabelle ermöglicht eine Übersicht über die Tarife der Stadt Hannover.

Grundtarif		*2,40 €*	*2,40 €*
Arbeitstarif		*4 Uhr – 22 Uhr*	*22 Uhr – 4 Uhr*
bis 4 km	*je km*	*1,70 €*	*1,90 €*
ab 4 km	*je km*	*1,50 €*	*1,70 €*
Zeittarif	*je Stunde*	*30,00 €*	*30,00 €*

Beispiel:
Für eine 15-km-Fahrt nach 22 Uhr ergibt sich folgende Berechnung:

Grundtarif		2,40 €
Arbeitstarif	$15 \cdot 1{,}70$ €	25,50 €
Zeittarif (12 Minuten Wartezeit)	$30\,€ \cdot \frac{12}{60}$	6,00 €
Summe		33,90 €

■ Frau Berg fährt am Nachmittag zu ihrer Freundin, die 12 km entfernt wohnt. Gegen Mitternacht fährt sie wieder zurück. Auf der Hinfahrt entstehen zehn Minuten Wartezeit, auf der Rückfahrt nur zwei Minuten. Was zahlt Frau Berg insgesamt? Um wie viel Prozent unterscheidet sich der Preis der Nachtfahrt von der Fahrt am Tage?

■ Für die Fahrt tagsüber vom Flughafen zum Niedersachsenstadion bezahlt Betty 36,90 €. Für Wartezeiten waren 9 € zu entrichten.
Was kostet die Fahrt nach 22 Uhr, wenn nur die Hälfte der Wartezeit anfällt?

■ Erstelle eine Funktionsgleichung für eine Fahrt zwischen 22 Uhr und 4 Uhr, die kürzer als 4 km ist.
Vergiss die Wartezeit nicht. Welches Problem entsteht?

F3 ▼ f_x =B3+B6*B4

	A	B	C	D	E	F	G
1	Strom-Tarifrechner						
2							
3	Grundgebühr	65,00 €		Rechnungsbetrag:		830,00 €	
4	Preis pro kWh	0,17 €					
5							
6	Verbrauch in kWh	4500					
7							

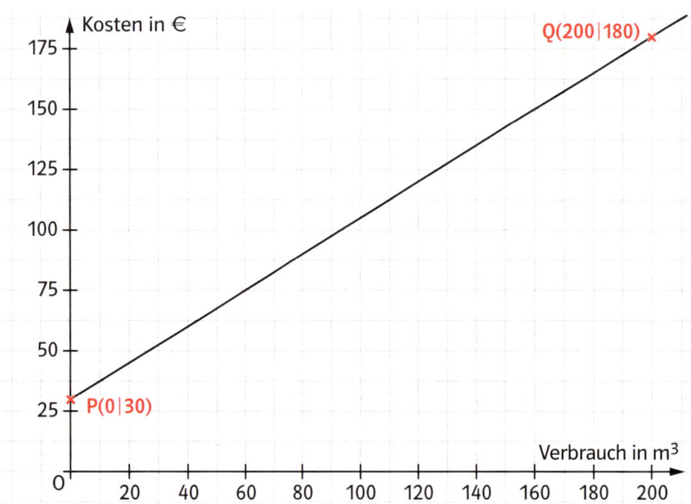

Strom, Gas und Wasser werden von Energieversorgungsunternehmen zu unterschiedlichsten Tarifen angeboten.

Anbieter	Grundgebühr	Kosten pro kWh
EWR	38,28 €	15,44 ct
GreenStrom	79,20 €	14,80 ct
Happy-Energy	64,08 €	15,25 ct
BergspitzStrom	100,80 €	14,35 ct

- Familie Sommer hat einen Stromverbrauch von ca. 6000 kWh pro Jahr. Frau Bonnetti lebt alleine und verbraucht ca. 1500 kWh. Welchen Rat würdest du geben?

- Mit einem Tabellenkalkulationsprogramm kannst du dir einen Tarifrechner erstellen und durch gezieltes Probieren rasch den günstigsten Tarif ermitteln.
- Erstelle ein geeignetes Schaubild. Welche Schwierigkeiten treten auf?

Die Anschaffungskosten einer Solarstromanlage belaufen sich auf 12 500 €. Pro Monat werden ungefähr 150 kWh ins öffentliche Stromnetz eingespeist und mit 57,4 ct pro kWh vergütet.
- Nach welcher Zeit hat sich die Anschaffung der Solarstromanlage bezahlt gemacht?

Das Schaubild zeigt den Wasserverbrauch und die zugehörigen Kosten von Familie Schneider innerhalb eines Jahres.
- Was beschreiben die Punkte P und Q? Wovon hängt der y-Achsenabschnitt, wovon die Steigung der Gerade ab?
- Was kostet 1 m³ Wasser?

Abwasser wird gesondert berechnet. Pro Kubikmeter Wasser fallen 1,60 € an.
- Berechne die Gesamtkosten von Familie Schneider.
- Rechne auch mit den Gebührensätzen bei euch vor Ort.

1 Erstelle eine Wertetabelle und zeichne den Graphen der Funktion.

a) $y = 2{,}5x$ b) $y = -2x - 1$
c) $y = 0{,}4x + 1{,}5$ d) $y = -\frac{3}{5}x + 0{,}8$

2 Ist die Funktion proportional, linear oder keines von beiden? Begründe.

a) $y = -\frac{2}{3}x - 4$ b) $y = 3x$
c) $y = 2$ d) $y = x^2 - 5x$

3 Bestimme die Funktionsgleichung.

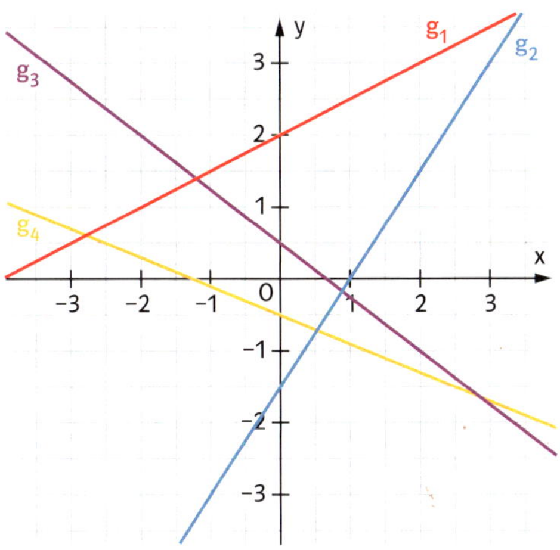

4 Zeichne den Graphen.

a) $y = \frac{4}{5}x + 2$
b) $y = -\frac{7}{4}x - 0{,}5$

5 Beide Punkte gehören zum Graphen einer proportionalen Funktion.
Bestimme die fehlende Koordinate.

a) P(2 | 1,5) Q(4 | □) b) V(−2 | 4) W(−1,5 | □) c) S(2 | 0,5) T(5 | □)

6 Gib die Gleichung einer linearen Funktion an, die den 3. Quadranten nicht trifft.

7 Bambusarten wachsen sehr schnell, nämlich bis zu 40 cm täglich.

a) Welche Höhe hat eine ursprünglich 2 m hohe Pflanze nach 5 Tagen erreicht?
b) Stelle eine Funktionsgleichung auf.
c) Zeichne einen geeigneten Graphen und lies ab, nach welcher Zeit die Pflanze die Höhe von 10 m überschreitet.

Rückspiegel

1 Erstelle eine Wertetabelle und zeichne den Graphen der Funktion.

a) $y = -\frac{3}{2}x$ b) $y = -\frac{2}{3}x - 1{,}5$
c) $y = x^2 - 2{,}5$ d) $y = 4 - \frac{x}{2}$

2 Wie heißt die zugehörige Funktionsgleichung?

x	−3	−2	−1	0	1	2	3
y	−6,5	−4	−1,5	1	3,5	6	8,5

3 Bestimme die Funktionsgleichung.

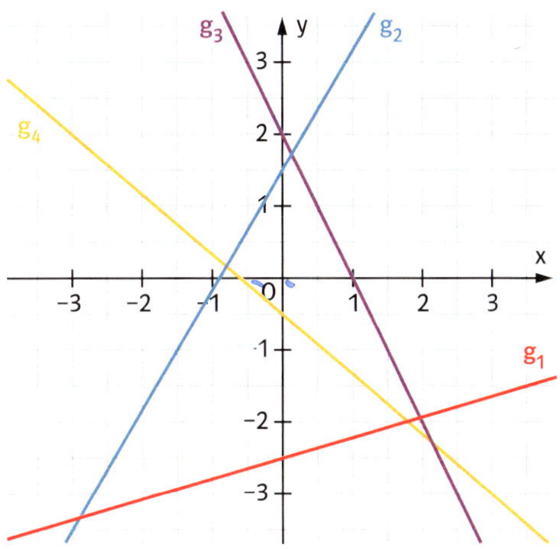

4 Die Gerade geht durch den Punkt P(2 | −1) und hat die Steigung m = −1,5.
Zeichne die Gerade ins Koordinatensystem.
Wie heißt die Funktionsgleichung?

5 Beide Punkte gehören zum Graphen einer linearen Funktion.
Bestimme die Gleichung der Geraden.

a) P(0 | 1) Q(3 | 4) b) V(3 | 0) W(−3 | 6) c) S(6 | 1) T(−4 | −4)

6 Ein zylinderförmiges Wasserfass ist bis zur Höhe von 15 cm gefüllt.

a) Durch einen gleichmäßigen Wasserzufluss steigt das Wasser in 3 Stunden um 75 cm. Erstelle eine Funktionsgleichung.
b) Das Fass war anfangs zu 12,5 % gefüllt. Nach welcher Zeit läuft das Fass bei konstantem Wasserzufluss über?

Größer, kleiner, gleich

Rechtecke auf dem Schulhof

Eine Knotenschnur besteht aus 24 gleich langen Teilen. Mit ihr können Rechtecke gebildet werden.
Wie viele Möglichkeiten gibt es?

Länge	Breite
11 Teile	?

Stellt eine Gleichung auf, die den Zusammenhang zwischen Länge und Breite bei insgesamt 24 Teilen beschreibt.

Welche symmetrischen Trapeze mit $b = c = d$ lassen sich aus der dargestellten Knotenschnur bilden?

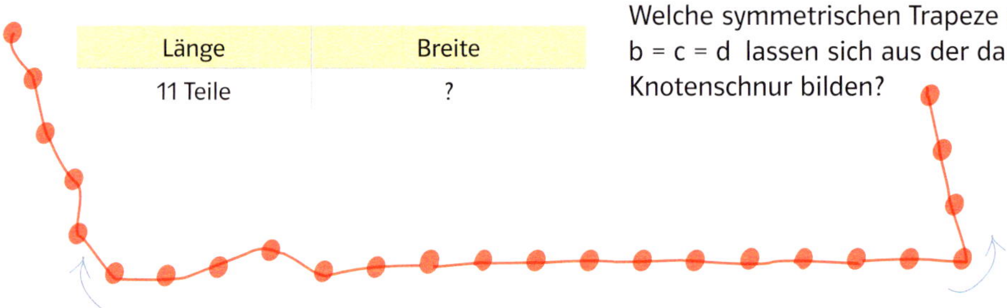

Wenn ihr euch einfach an den Händen fasst, geht es auch ohne Schnur.

Verändert auch die Anzahl der Knoten bzw. der Schülerinnen und Schüler.

Was kostet der Führerschein?

Maik plant, im nächsten Jahr den Führerschein für Kleinkrafträder zu machen. Er informiert sich über die zu erwartenden Kosten.
Die Fahrschule „Wagner“ bietet folgende Konditionen an:
Grundgebühr: 150 €
Preis pro Fahrstunde: 25 €
Vom Gesetzgeber werden dabei mindestens 12 Fahrstunden vorgeschrieben.

Eine andere Fahrschule wirbt mit einer Anzeige in der Tageszeitung.

Maik möchte sich einen Überblick verschaffen. Dabei eignen sich eine Wertetabelle und ein Schaubild, um den Zusammenhang zwischen der Anzahl der Fahrstunden und den Kosten darzustellen.

Für welche Fahrschule soll sich Maik entscheiden? Begründe.

Erkundigt euch selbst nach aktuellen Preisen beim Erwerb des Führerscheins für Kleinkrafträder und vergleicht.

Anzahl der Stunden	0	10	…	
Kosten „Wagner“ in €	…			
Kosten „Müller“ in €	…			

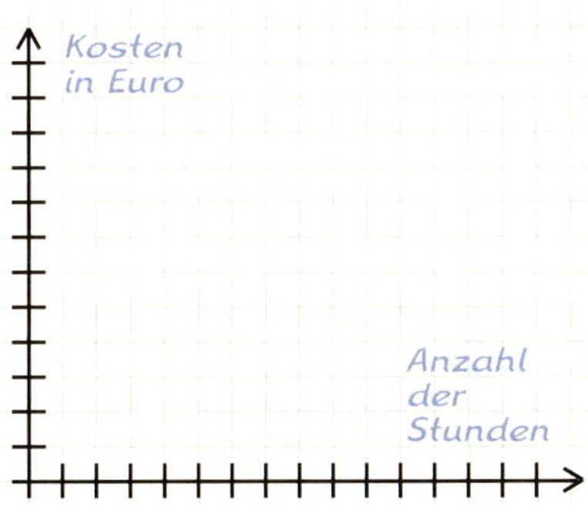

In diesem Kapitel lernst du,

- wie man mit Gleichungen arbeitet, die zwei Variablen enthalten,
- was ein lineares Gleichungssystem ist,
- wie man Gleichungssysteme löst,
- wie viele Lösungen ein Gleichungssystem haben kann,
- wie man mathematische Modelle zur Lösung von praktischen Problemen verwendet.

1 Lineare Gleichungen mit zwei Variablen

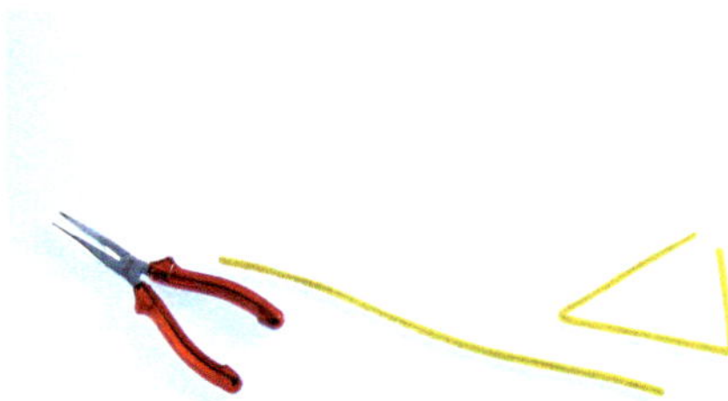

Aus einem 40 cm langen Draht lassen sich ohne Rest gleichschenklige Dreiecke biegen.
Die Maßzahlen der Seitenlängen sollen natürliche Zahlen sein.
→ Nenne verschiedene Möglichkeiten.

Die Gleichung $2x + y = 8$ enthält **zwei Variablen**. Ihre Lösungen sind **Zahlenpaare** (x ; y). Durch Probieren erhält man: (0 ; 8); (1 ; 6); (2 ; 4); (3 ; 2); (4 ; 0); (5 ; −2);….
Die Zahlenpaare lassen sich auch in einer Wertetabelle darstellen.

! *(4 ; 2) ≠ (2 ; 4)*

x	0	1	2	3	4	5…
y	8	6	4	2	0	−2…

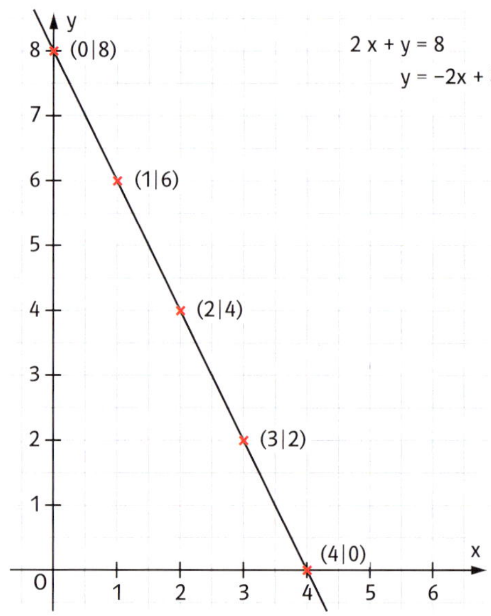

Die beiden Werte hängen voneinander ab. Legt man für eine der Variablen einen Wert fest, kann man daraus den zugehörigen Wert der anderen bestimmen.
Dazu formt man die Gleichung $2x + y = 8$ nach y um und erhält $y = -2x + 8$. Alle Lösungen können als Punkte im Koordinatensystem dargestellt werden. Zum Zahlenpaar (1 ; 6) gehört der Punkt P (1 | 6).
Alle Punkte liegen auf einer Geraden, dem Graphen einer linearen Funktion.

Eine Gleichung der Form $ax + by = c$ heißt **lineare Gleichung** mit den **zwei Variablen** x und y. Hierbei stehen a, b und c für gegebene Zahlen.
Lösungen dieser Gleichung sind **Zahlenpaare (x ; y)**, welche die Gleichung erfüllen.
Die zugehörigen Punkte im Koordinatensystem liegen auf einer Geraden.

Beispiel
Die Differenz zweier Zahlen beträgt 3.

Gleichung: $x - y = 3$
$y = x - 3$

Lösungen: (0 ; −3); (2,5 ; −0,5); (3 ; 0); (3,5 ; 0,5); …

Wertetabelle:

x	0	2,5	3	3,5	…
y	−3	−0,5	0	0,5	…

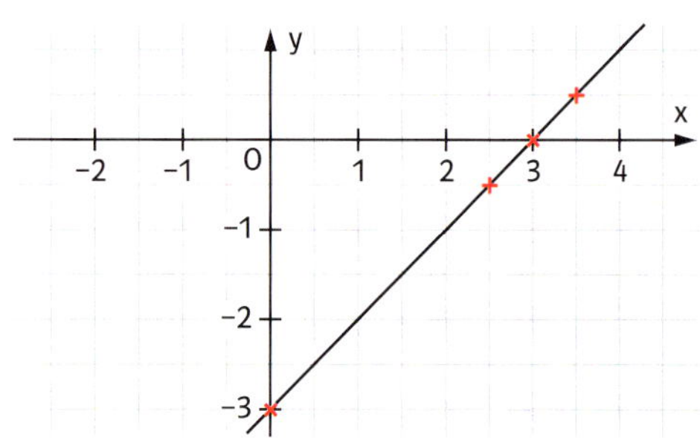

Aufgaben

1 Es gibt mehrere Lösungen.
a) 24 Schüler werden in Zweier- und Dreiergruppen eingeteilt.
b) Dora muss beim Einkaufen 52 € bezahlen.
Sie bezahlt mit 10-Euro-Scheinen und 2-Euro-Stücken.
c) Auf einer Waage sollen mit 3-kg- und 5-kg-Gewichten 68 kg zusammengestellt werden.

2 Stelle eine Gleichung mit zwei Variablen auf und löse das Rätsel.
a) Die Summe zweier Zahlen beträgt 9.
b) Die Summe aus einer Zahl und dem Dreifachen einer zweiten Zahl beträgt 10.
c) Die Differenz aus dem Dreifachen einer Zahl und dem Doppelten einer anderen Zahl beträgt 7.
d) Das 5-Fache einer Zahl, vermehrt um die Hälfte einer zweiten Zahl, ergibt 134.

3 Gib drei Lösungen für die Gleichung an. Rechne im Kopf.
a) $3x + 4y = 12$ b) $2x - 3y + 4 = 0$
c) $y = 2x + 5$ d) $-x + 3 = y + 2$
e) $x - 2y = 1$ f) $-2x - 1 = -y$

4 Zur zeichnerischen Darstellung benötigst du mindestens zwei Zahlenpaare. Mit einem dritten Zahlenpaar kannst du prüfen.
a) $x + y = 7$ b) $2x + y = 9$
c) $x - 2y = 3$ d) $3x - y = 3$
e) $2x + 3y = 5$ f) $5x - 3y = 2$

5 Stelle die Gleichung um in die Form $y = mx + b$ und zeichne das Schaubild.
a) $y - 2x = 5$ b) $y - x = 3$
c) $y + 3x = 6$ d) $y + 2x = 2{,}5$
e) $y - 4 = x$ f) $y + 3 = \frac{1}{2}x$
g) $x - y = 5$ h) $2x - y = 3$

6 Ergänze die Zahlenpaare so, dass sie Lösung der Gleichung $y = -4x + 3$ sind.
a) (1 ; □) b) (0 ; □) c) (−2 ; □)
d) (□ ; 4) e) (□ ; −10) f) (1,5 ; □)

7 Prüfe zeichnerisch und rechnerisch, welche Zahlenpaare welche Gleichung erfüllen.

$2x - 3y + 3 = 0$	(4 ; 2)
$3x - y = 3$	(2 ; −2)
$x + y = 0$	(1,5 ; 1,5)
$2y + x = 8$	(−3 ; −1)

8 Stelle eine Gleichung auf und gib mindestens zwei Lösungen an.
a) Der Umfang eines Parallelogramms beträgt 28 cm.
b) Der Umfang eines symmetrischen Trapezes beträgt 30 cm. Die Grundseite ist doppelt so lang wie die Deckseite.
c) Der Umfang eines Drachens beträgt 30 cm.

9 Stelle eine Gleichung für die Summe der Kantenlängen auf und gib drei verschiedene Lösungen an.

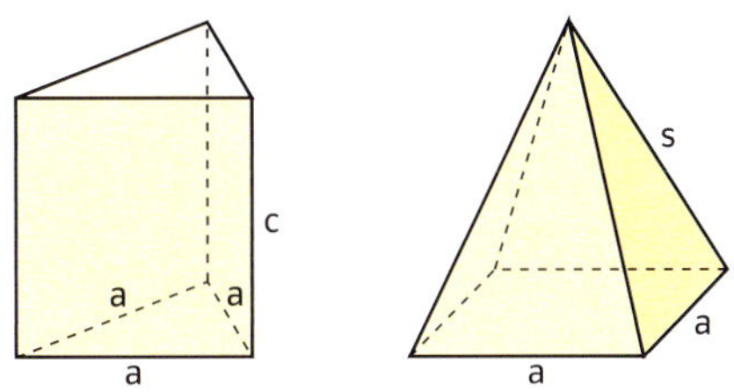

a) Die Kantensumme eines Prismas mit einem gleichseitigen Dreieck als Grundfläche beträgt 60 cm.
b) Die Summe aller Kantenlängen einer quadratischen Pyramide beträgt 40 cm.
c) Aus einem Draht von 1 m Länge soll das Kantenmodell einer quadratischen Säule hergestellt werden.

10 Ordne die Texte den Schaubildern zu.
A Die Summe zweier positiver Zahlen beträgt 8.
B Addiert man zwei Zahlen, erhält man 8.
C Werden zwei natürliche Zahlen addiert, so erhält man 8.
D Werden zwei ganze Zahlen addiert, so erhält man 8.

11 In der Schuldisco werden 124 € in 1-Euro- und 2-Euro-Münzen eingenommen. Es waren 79 Münzen. Probiere.

? *Setze die Augenzahlen für □ ein und suche Zahlenpaare (x ; y), die die Gleichung erfüllen.*
□ · x + □ · y = 30

1
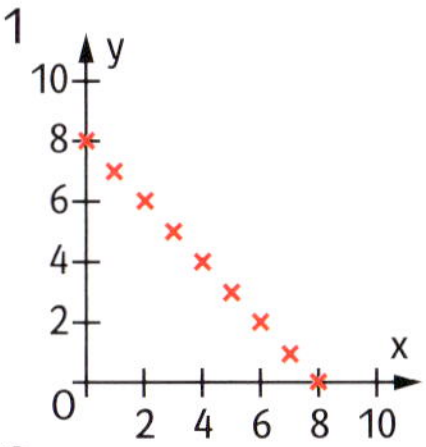

2
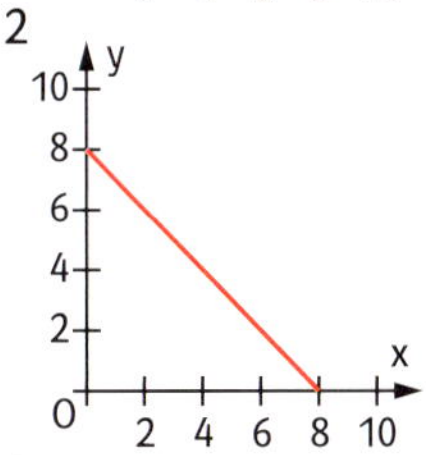

3
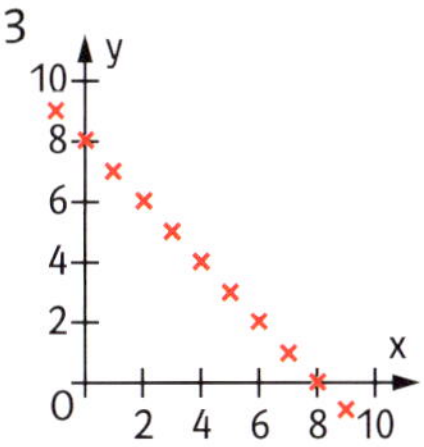

4
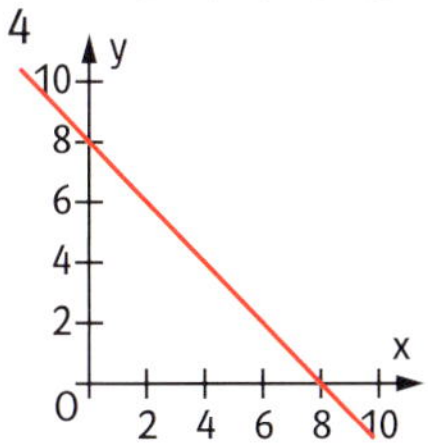

2 Lineare Gleichungssysteme

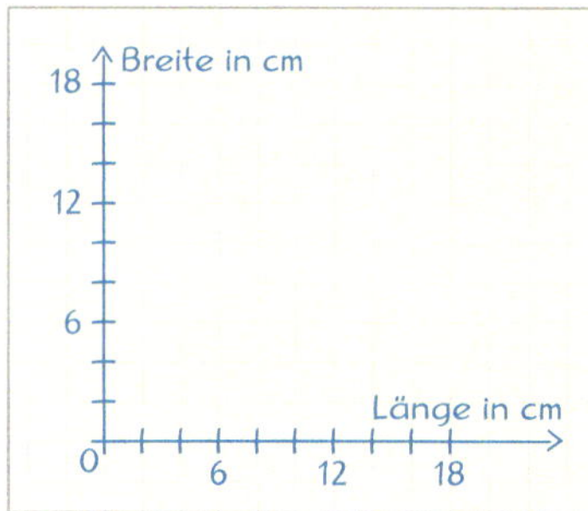

→ Welche Rechtecke mit ganzzahligen Seitenlängen lassen sich aus einem 36 cm langen Draht biegen? Stelle die jeweils zusammengehörigen Seitenlängen als Punkte im Schaubild dar.

→ Überlege dir nun Rechtecke, die doppelt so lang wie breit sind. Es entstehen wieder Punkte.

→ Gibt es ein Rechteck, welches beide Bedingungen erfüllt?

Zwei lineare Gleichungen mit zwei Variablen bilden ein **lineares Gleichungssystem**. Beim Lösen eines Gleichungssystems muss man Zahlenpaare (x ; y) finden, die beide Gleichungen erfüllen.

(1) $x + y = 6$	x	0	1	2	3	4	5
	y	6	5	4	3	2	1

(2) $x - y = 2$	x	0	1	2	3	4	5
	y	−2	−1	0	1	2	3

Das Zahlenpaar (4 ; 2) ist Lösung des linearen Gleichungssystems. Im Schaubild findet man die Lösung als **Koordinaten des Schnittpunktes** der beiden zugehörigen Geraden.

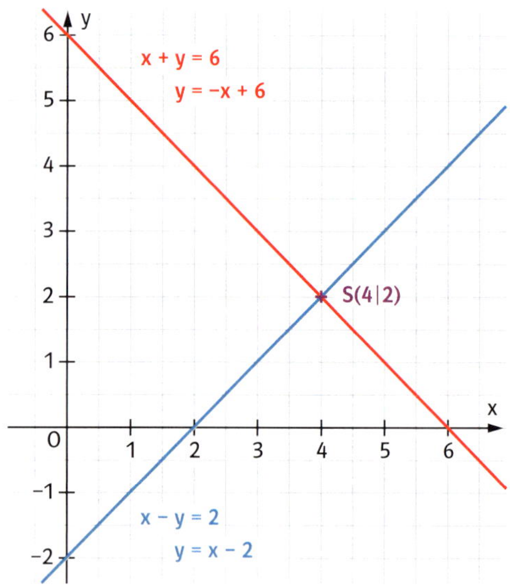

Ein **lineares Gleichungssystem** besteht aus zwei Gleichungen mit jeweils zwei Variablen. Die Koordinaten des Schnittpunktes S (x | y) der Geraden im Schaubild erfüllen beide Gleichungen und sind somit **Lösung dieses Gleichungssystems**.

Beispiel

In einem Stall leben Hasen und Hühner. Es sind insgesamt 9 Tiere mit 24 Füßen. Wie viele Hasen und Hühner sind es jeweils?

Anzahl der Hasen: x; Anzahl der Hühner: y

(1) $x + y = 9$ Gleichung für die Anzahl der Tiere

(2) $4x + 2y = 24$ Gleichung für die Anzahl der Beine

Die beiden Geraden schneiden sich im Punkt S (3 | 6).

Im Stall leben drei Hasen und sechs Hühner.

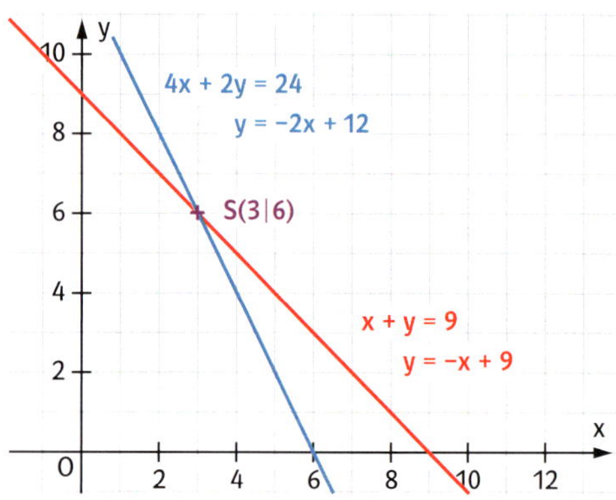

Die Anzahl der Lösungen eines linearen Gleichungssystems kann man an der Lage der zugehörigen Geraden im Koordinatensystem ablesen. Es gibt drei Fälle.

1. Fall	2. Fall	3. Fall
Das Gleichungssystem hat **genau eine Lösung**.	Das Gleichungssystem hat **keine Lösung**.	Das Gleichungssystem hat **unendlich viele Lösungen**.
(1) $x + 2y = 4$ (2) $x - y = 1$	(1) $-3x + 2y = 1$ (2) $3x - 2y = 2$	(1) $x - y = -1$ (2) $2x - 2y = -2$
Durch Umformen erhält man die Funktionsgleichung der Form $y = mx + b$.		
(1′) $y = -\frac{1}{2}x + 2$ (2′) $y = x - 1$	(1′) $y = \frac{3}{2}x + \frac{1}{2}$ (2′) $y = \frac{3}{2}x - 1$	(1′) $y = x + 1$ (2′) $y = x + 1$
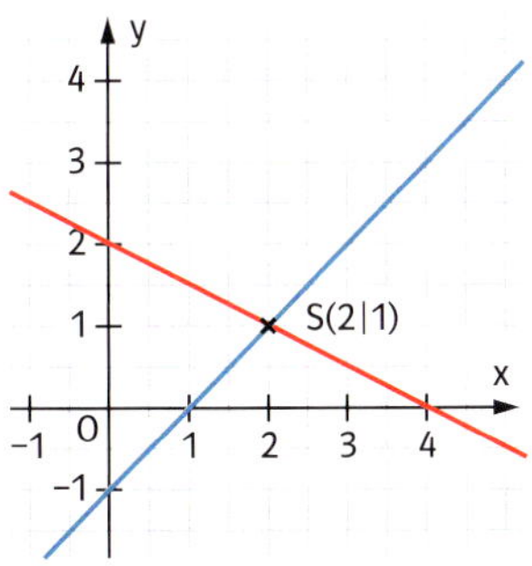	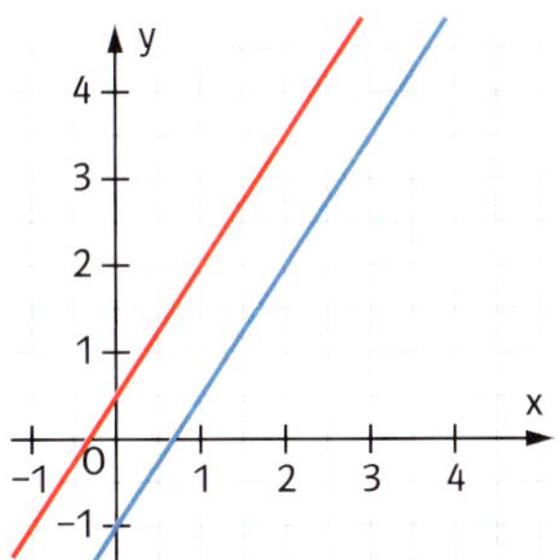	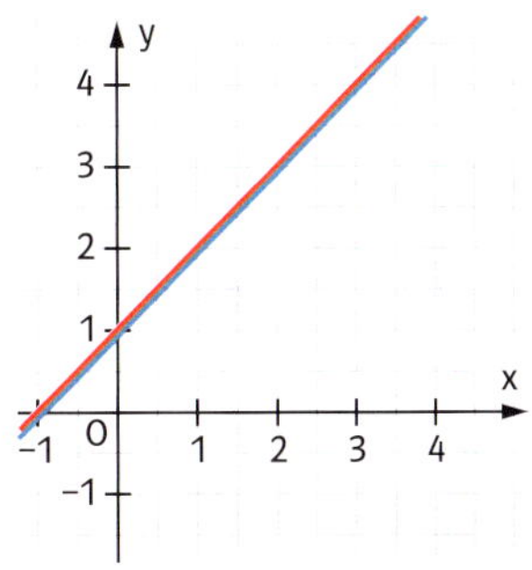
Die Geraden **schneiden sich in einem Punkt**.	Die Geraden **verlaufen parallel**. Sie haben keinen gemeinsamen Punkt.	Zu den zwei Gleichungen gehört **dieselbe Gerade**.
L = {(2 ; 1)}	L = { }	**Die Koordinaten aller Punkte der Gerade erfüllen beide Gleichungen.**

Ein lineares Gleichungssystem mit zwei Variablen hat entweder genau **eine** Lösung, **keine** Lösung oder **unendlich viele** Lösungen.

Beispiel

(1) $y = 2x - 3$
(2) $y = mx + b$
Wenn man für m und b verschiedene Zahlen einsetzt, kann das Gleichungssystem unterschiedlich viele Lösungen besitzen.
Für $m = -1$ und $b = 1{,}5$ ergibt sich:
$y = -x + 1{,}5$. Die Geraden schneiden sich im Punkt S (1,5 | 0). Es gibt genau eine Lösung, da die Geraden verschiedene Steigungen haben.
Für $m = 2$ und $b = 1$ ergibt sich:
$y = 2x + 1$. Die Geraden verlaufen parallel, da sie die gleiche Steigung besitzen.
Es gibt keine Lösung.
Für $m = 2$ und $b = -3$ erhält man:
$y = 2x - 3$. Zu den Gleichungen gehört dieselbe Gerade. Es gibt unendlich viele Lösungen.

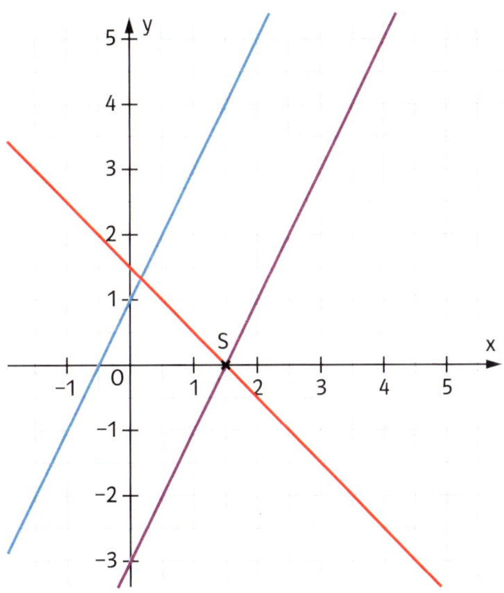

? *Peter liest die Lösung (3 ; 2) ab. Was sagst du?*

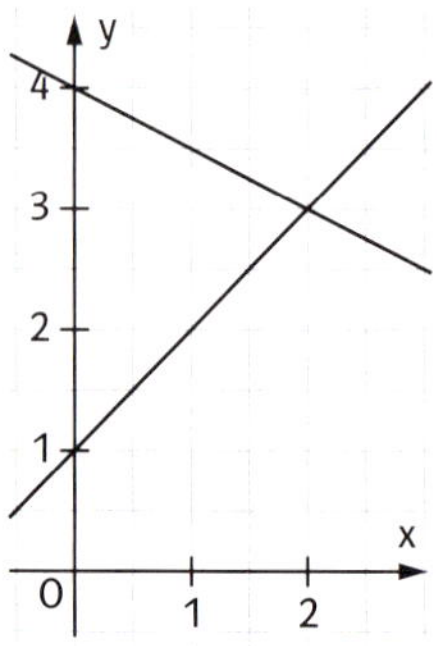

Aufgaben

1 Stelle das Gleichungssystem zeichnerisch dar und gib die Koordinaten des Schnittpunkts der beiden Geraden an. Setze zur Kontrolle die Koordinaten der Schnittpunkte in beide Gleichungen ein und prüfe, ob sie diese erfüllen.

a) $y = 2x - 3$
$y = -3x + 7$

b) $y = x + 1$
$y = -\frac{1}{2}x + 4$

c) $y = -2x + 1$
$y = -2x + 5$

d) $y = -3x - 2$
$y = x + 6$

e) $y = -\frac{1}{4}x - 2$
$y = -\frac{7}{4}x - 5$

f) $y = \frac{4}{3}x + 3$
$y = \frac{1}{3}x$

g) $y = \frac{1}{2}x + 1$
$y = -x - \frac{1}{2}$

h) $y = 3x - 3$
$y = -3x$

2 Stelle beide Gleichungen in die Form $y = mx + b$ um und löse das Gleichungssystem zeichnerisch.

a) $2y - x = 4$
$2y + 3x = 12$

b) $y + 4x = 0$
$y - 2x - 6 = 0$

c) $3x - y = -1$
$x + y = -3$

d) $2x + 24 = 6y$
$2x + 9 = 3y$

e) $3y + x = 3$
$y - x = 5$

f) $4y + 2x = 8$
$6y + 7x = 36$

3 Überlege gut, wie du die Koordinatenachsen einteilst. Löse zeichnerisch.

a) (1) $y = 50x - 300$
(2) $y = -100x + 900$

b) (1) $y = -0{,}02x + 1$
(2) $y = 0{,}02x + 5$

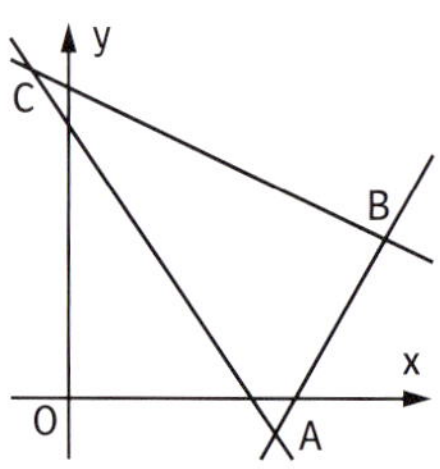

4 Die drei Geraden schneiden sich in drei Punkten und bilden so ein Dreieck ABC. Lies aus der Zeichnung die Koordinaten der drei Eckpunkte des Dreiecks ab.

a) $y = \frac{1}{2}x$
$y = -\frac{1}{2}x + 8$
$y = \frac{5}{2}x - 4$

b) $y = x - 1$
$y = -\frac{1}{2}x + 2$
$y = \frac{1}{2}x + 4$

5 In welchem Quadranten liegt der Schnittpunkt? Gelingt dir die Antwort im Kopf ohne Zeichnung?

a) $y = x$
$y = -x + 3$

b) $y = x$
$y = -x - 3$

c) $y = -x$
$y = x + 3$

d) $y = -x$
$y = x - 3$

6 Die Koordinaten des Schnittpunkts haben jeweils eine Nachkommaziffer. Zeichne besonders sorgfältig.

a) $y = \frac{1}{3}x + 4$
$y = 2x - 2$

b) $y = \frac{1}{5}x - 4$
$y = -3x + 4$

c) $y = -\frac{1}{2}x + 3$
$y = \frac{1}{3}x + 5$

d) $y = -x - 3$
$y = \frac{3}{2}x + 3$

7 Luise fotografiert mit einer Kleinbildkamera, Max mit der Digitalkamera seines Vaters. Sie vergleichen die Kosten.

Kleinbildkamera	Digitalkamera
Film und Entwicklung 3,00 €	CD, Bearbeitung 2,00 €
Preis pro Bild 0,05 €	Preis pro Bild 0,15 €

a) Ermittle die jeweiligen Kosten bei einer Anzahl von 6 bzw. 20 Bildern.
b) Stelle die beiden Zusammenhänge in einem gemeinsamen Koordinatensystem dar und bestimme die Anzahl der Bilder, bei der die Kosten gleich sind.

8 Markus ist mit seinen Eltern im Urlaub. Sie möchten Fahrräder ausleihen und finden zwei Angebote.
A: 10 € Grundgebühr und 3 € pro Tag
B: 5 € pro Tag
Was würdest du raten?

9 Zur Reparatur eines Daches liegen zwei Angebote vor.
A: Gerüstbau 125 €, je Arbeitsstunde 25 €
B: Gerüstbau kostenlos, je Arbeitsstunde 30 €
Beide Firmen veranschlagen 4 Arbeitstage.

10 Bei einer Grundgebühr von 100 € kann eine Hebebühne für 12 € pro Stunde ausgeliehen werden. Vergleiche die Kosten mit einem zweiten Verleiher, der 60 € Grundgebühr und 20 € je Stunde verlangt.

11 Zeige grafisch, wie viele Lösungen das Gleichungssystem hat.

a) (1) $y = 2x + 5$
(2) $y = 2x - 1$

b) (1) $2x + y = 4$
(2) $x + y = 3$

c) (1) $x + y = 5$
(2) $2x + 2y = 10$

d) (1) $3x + y = -2$
(2) $6x + 2y = 4$

12 Bilde aus den vorgegebenen Gleichungen jeweils zwei Gleichungssysteme mit einer Lösung, mit keiner Lösung und unendlich vielen Lösungen. Zeichne.

$y = \frac{1}{2}x + 5$	$4x - 2y - 10 = 0$
$y = \frac{1}{5}x - 3$	$2y = x + 10$
$y = -\frac{1}{2}x + 5$	$2x - y = 0$
$y = -2x - 5$	$2x + 4y - 20 = 0$
$y = -5x - 2$	$5x - 2 = y$
$5y - 2 = x$	$x - y - 5 = 0$

13 Was muss man für □ einsetzen, damit die beiden Gleichungen ein Gleichungssystem ohne Lösung bilden?

a) $y = \square x + 5$
$y = 2x - 5$

b) $y + \square x = 3$
$y = 2x - 5$

c) $2y = \square x - 3$
$y = 2x - 5$

d) $6x - \square y = 1$
$y = 2x - 5$

14 Eine lineare Gleichung lautet $3x - y = 6$.
Bestimme jeweils eine zweite Gleichung, damit für das entstehende Gleichungssystem die folgende Aussage wahr ist.
a) Es gibt keine Lösung.
b) Es gibt unendlich viele Lösungen.
c) Die Lösung lautet $L = \{(2\,;\,0)\}$.
Formuliere und löse mit einem Partner weitere derartige Aufgaben.

Treffpunkte

Bewegungen lassen sich zeichnerisch in einem Koordinatensystem darstellen. Im Allgemeinen wird auf der x-Achse die benötigte Zeit t und auf der y-Achse der zurückgelegte Weg s abgetragen.

Wenn man die Bewegungen von zwei Autos, Fahrrädern oder Schiffen in ein Koordinatensystem einträgt, kann man ablesen, wann und nach welchem Weg sich beide treffen.

Auto A fährt mit 60 km/h. Auto B fährt 40 Minuten später los, aber mit einer Geschwindigkeit von 90 km/h. Auto B holt Auto A nach 120 km und 1 h 20 min ein.

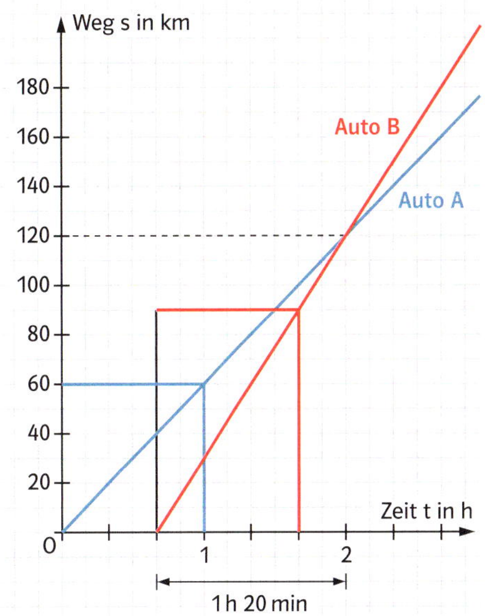

■ Vom Rastplatz „Dürre Buche" startet um 5:30 Uhr ein Schwertransporter. Ein LKW folgt ihm von dort um 6:00 Uhr. Der Schwertransporter fährt mit 40 km/h, der LKW ist doppelt so schnell. Wo und nach welcher Fahrzeit überholt der LKW den Schwertransporter?

■ Herr Peters fährt mit dem Auto von A-Stadt nach C-Hausen. Zur gleichen Zeit startet Herr Pauli in B-Dorf nach C-Hausen. Herr Peters fährt mit 90 km/h, Herr Pauli mit 50 km/h. Wie viele Kilometer ist Herr Peters im Augenblick des Überholens gefahren? Nach welcher Zeit überholt er?

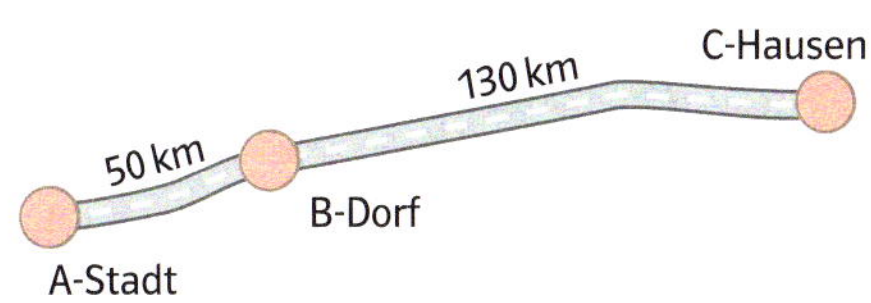

■ Frau Müller ist von C-Hausen nach A-Stadt unterwegs. Sie begegnet Herrn Pauli eine Stunde nach dem gemeinsamen Fahrtbeginn. Wie schnell ist Frau Müller gefahren?

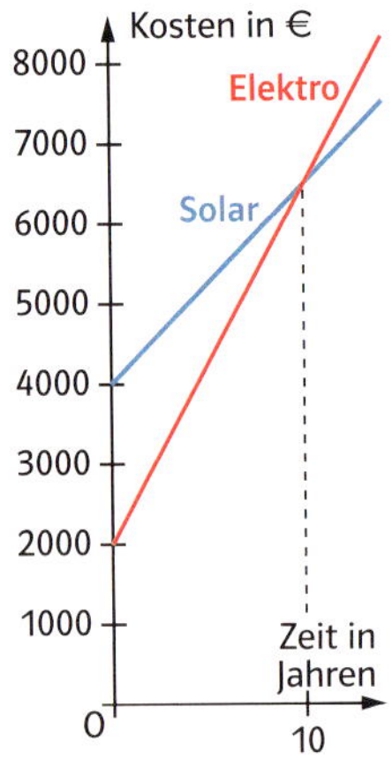

Beispiel

Familie Baumann hat zwei Angebote für die Warmwasseraufbereitung in ihrem neuen Haus.
Die Elektroanlage kostet in der Anschaffung 2000 € und 450 € Jahresenergiekosten.
Die Solaranlage kostet in der Anschaffung 4000 € und 250 € Energiekosten jährlich.

1. **Übersetzen:** Als mathematisches Modell zur Darstellung der Gesamtkosten beider Anlagen können beide Angebote mit linearen Funktionen im Schaubild veranschaulicht und verglichen werden.
   x sei die Anzahl der Jahre; y seien die Gesamtkosten in Euro
   Elektroanlage: $y = 450x + 2000$ Solaranlage: $y = 250x + 4000$
2. **Lösen:** Die beiden Geraden schneiden sich nach 10 Jahren, die Gesamtkosten betragen dann 6500 €.
3. **Interpretieren:** Am Schaubild erkennt man, dass in den ersten neun Jahren die Gesamtkosten bei der Elektroanlage geringer sind, ab dem elften Jahr sind die Gesamtkosten bei der Solaranlage günstiger.
4. **Bewerten:** Zur Entscheidung muss die Familie nun überlegen, ob sich die Investition lohnt. Dazu müssen noch weitere Aspekte wie z. B. die Kosten der Wartung, die Gesamtnutzungsdauer oder die Beschaffung von öffentlichen Fördermitteln berücksichtigt werden.

Aufgaben

1 Simone will sich einen neuen Drucker anschaffen. Sie prüft zwei Angebote:
Der erste Drucker kostet als Sonderangebot nur noch 99 €. Die Druckerpatrone kostet 30 €. Der zweite Drucker kostet 150 €, die Druckerpatrone jedoch nur 20 €. Bei beiden Modellen reicht eine Patrone für etwa 1000 Ausdrucke.
a) Was muss Simone beim Kauf berücksichtigen, wie soll sie sich entscheiden?
b) Wie müsste der Druckerpatronenpreis beim ersten Drucker gesenkt werden, um auch bei 10 000 Ausdrucken noch günstiger zu sein?

2 Die SMV veranstaltet ein Konzert in der Turnhalle. Der Eintritt kostet 4 €. Um das Kostenrisiko gering zu halten macht die Band zwei Angebote:
Entweder 300 € und zusätzlich 1 € pro Konzertbesucher oder 600 € und 0,40 € pro Besucher.
Welches Angebot würdest du wählen? Was musst du überlegen?
Die SMV macht ein drittes Angebot: 450 € und ab dem 400. Besucher zusätzlich 2 € für die Band.

3 Im Schaubild sind die Kosten für die unterschiedlichen Transportformen zum Transport von Gütern dargestellt.
a) Beschreibe die Unterschiede bei Schiff, Zug und LKW.
b) Auf welche Weise würdest du Güter transportieren? Gib Empfehlungen für einige Beispiele.
Was empfiehlst du an den Schnittpunkten?
c) Stelle für die Funktionen in der Grafik die Funktionsgleichungen auf und gib die Unterschiede der Kosten für eine Entfernung von 1200 km an.

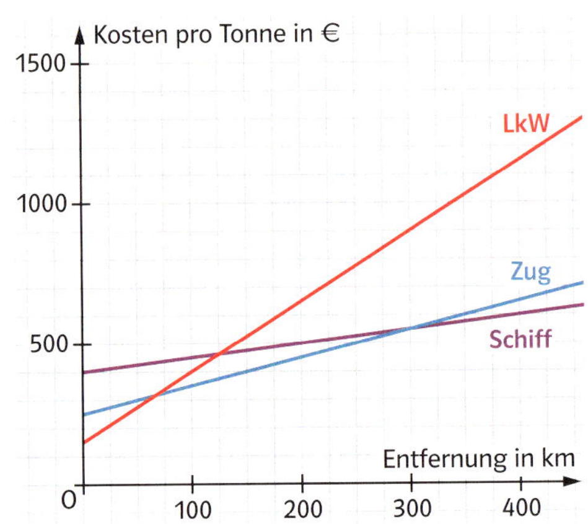

„Break-even-Point"

Um den Nutzen einer Produktion festzustellen, muss man die Kosten mit den Erlösen (Einnahmen) vergleichen.
Wenn die Kosten auf Dauer die Einnahmen übersteigen, geht die Firma bankrott.
Den Punkt, ab dem die Einnahmen die Kosten übersteigen, nennt man Nutzenschwelle oder „Break-even-Point".
In dem Schaubild ist der Sachverhalt veranschaulicht.

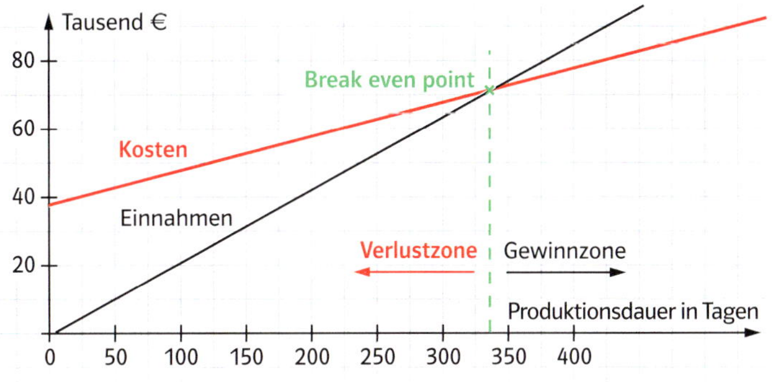

Zur Herstellung von Maschinenteilen werden fixe Kosten von 300 € berechnet. Pro Teil kommen 1,50 € variable Kosten dazu.
Beim Verkauf bringt jedes Teil 3,50 €.

- Stelle den Sachverhalt in einem Schaubild dar.
- Lies aus dem Schaubild ab, bei welcher Stückzahl die Nutzenschwelle liegt.
- Wie groß ist der Verlust bei 125, wie groß ist der Gewinn bei 250 verkauften Teilen?
- Auf welchen Betrag müsste man den festen Kostenanteil senken, um schon bei 100 verkauften Teilen die Nutzenschwelle zu erreichen?
- Wie ändert sich der „break-even-point", wenn die festen Kosten 400 € betragen?
- Löse die Aufgaben auch rechnerisch.

Eine Firma holt zwei Angebote von verschiedenen Herstellern für Mikrochips ein.

Hersteller A
Versandkostenanteil:
10 € pro Lieferung
10 € für jeweils 10 Chips

Hersteller B
Mindestbestellmenge:
40 Chips
keine Versandkosten
40 Chips kosten 30 €
je 10 weitere 20 € mehr

- Stelle den Sachverhalt grafisch dar.
- Bei welchem Hersteller sollte die Firma 100 Chips bestellen?
- Für welche Bestellmenge ist welcher Hersteller am günstigsten?

Eine Autozeitschrift hat folgende monatliche Kosten für das Diesel- und Benzinmodell eines PKW veröffentlicht:

	Festkosten	Kraftstoffkosten/km
Benzin	190,95 €	0,12 €
Diesel	230,90 €	0,08 €

- Stelle Gleichungen für die Berechnung der monatlichen Gesamtkosten in Abhängigkeit von der Anzahl der gefahrenen Kilometer auf.
- Vergleiche die Kosten bei 5000 km, 10 000 km und 20 000 km Fahrleistung im Jahr.
- Stelle die unterschiedlichen Kosten in einem gemeinsamen Schaubild dar.
Was kannst du alles ablesen?
- Wann ist der Kauf eines Dieselfahrzeugs günstiger? Was muss man dabei noch berücksichtigen?
Hol dir die nötigen Informationen bei einem Autohändler.

Zusammenfassung

lineares Gleichungssystem

Zwei lineare Gleichungen mit jeweils zwei Variablen bilden zusammen ein **lineares Gleichungssystem**.

(1) $x - 2y = 2$
(2) $x + y = 5$

grafisches Lösungsverfahren

Die Lösungen der linearen Gleichungen lassen sich als Geraden darstellen.
Die Koordinaten des Schnittpunkts der beiden Geraden erfüllen beide Gleichungen und sind somit die **Lösung des Gleichungssystems**.
Ein Gleichungssystem hat
- **genau eine Lösung**, wenn sich die zugehörigen Geraden **in einem Punkt schneiden**.
- **keine Lösung,** wenn die Geraden parallel verlaufen.
- **unendlich viele Lösungen**, wenn zu den zwei Gleichungen **dieselben Geraden** gehören.

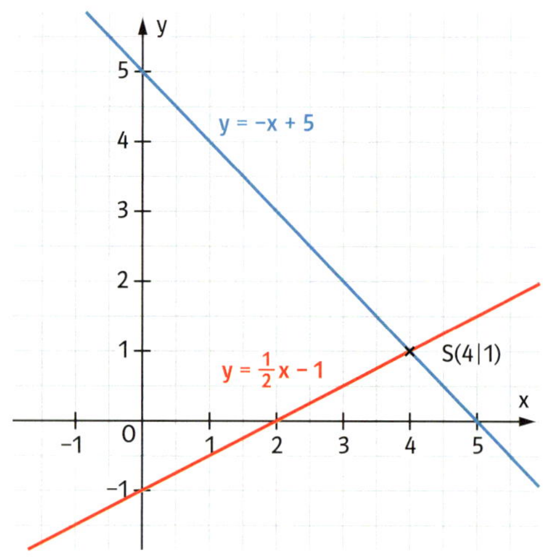

rechnerische Lösungsverfahren

Jedes Zahlenpaar, das beide Gleichungen erfüllt, ist eine Lösung des linearen Gleichungssystems.

$L = \{(4\,;\,1)\}$

Gleichsetzungsverfahren

Man löst beide Gleichungen nach derselben Variablen auf.
Durch Gleichsetzen der Terme erhält man eine Gleichung mit einer Variablen.
Man löst diese Gleichung und setzt die Lösung in eine der Gleichungen ein, um die Lösung für die zweite Variable zu bekommen.

$$\begin{aligned} &(1) & y &= 2x - 1 \\ &\underline{(2)} & \underline{y} &\underline{= -x + 5} \\ &(1) = (2){:} & 2x - 1 &= -x + 5 \\ & & x &= 2 \end{aligned}$$

Einsetzen in (1) ergibt

$$\begin{aligned} y &= 3 \\ L &= \{(2\,;\,3)\} \end{aligned}$$

Additionsverfahren

Man formt beide Gleichungen so um, dass beim Addieren oder **Subtrahieren** beider Gleichungen eine Variable wegfällt. So entsteht eine Gleichung mit einer Variablen.

$$\begin{aligned} &(1) & 3x + 5y &= 10 \\ &\underline{(2)} & \underline{4x - 5y} &\underline{= 4} \\ &(1) + (2){:} & 7x \quad &= 14 \\ & & x &= 2 \\ & & y &= 0{,}8 \\ & & L &= \{(2\,;\,0{,}8)\} \end{aligned}$$

Modellieren mit linearen Gleichungssystemen

Preise und Angebote können in vereinfachter Form mit linearen Gleichungssystemen verglichen und Entscheidungen vorbereitet werden.
Bei diesem Vorgehen spricht man von **mathematischem Modellieren**.

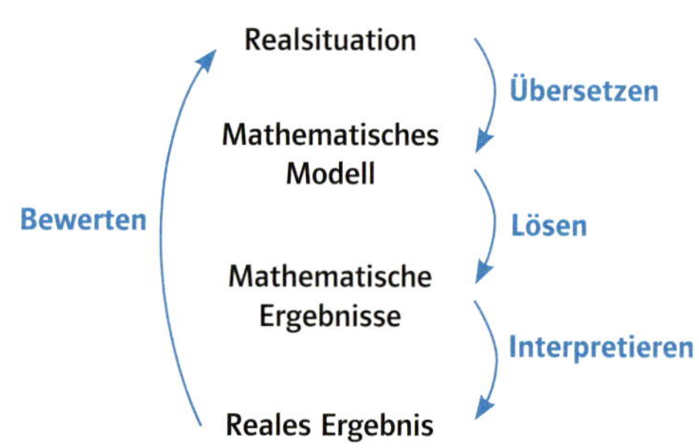

Üben • Anwenden • Nachdenken

1 Löse das Gleichungssystem. Überlege dir vorher, welches Verfahren am besten geeignet ist.

a) $y = 2x + 1$
$y = -x + 10$

b) $2x - y = 4$
$3x + y = 1$

c) $y = 3x - 15$
$2y = x + 10$

d) $3y + x = -1$
$y = x + 3$

e) $y + 3x = 7$
$x = y - 3$

f) $2x - 3 = y$
$3x + 2 = 2y$

g) $13x - 2y = 20$
$2x + y = 7$

h) $2x + 1 = 3y$
$4x - 5y = 0$

i) $2x + 3y = 0$
$x = 4y - 11$

k) $3x + 4y = 21$
$2x + 2y = 13$

l) $3x + 5y = -30$
$5x - 3y = 120$

m) $x + 2y = 2$
$9x + 14y = 64$

2 Löse das Gleichungssystem zeichnerisch und überprüfe deine Lösung durch Rechnung.

a) $y = 2x - 4$
$y = -3x + 6$

b) $y = \frac{1}{2}x - 2$
$y = -2x + 3$

c) $y = -\frac{3}{2}x + 3$
$y = \frac{1}{2}x - 5$

d) $y = -\frac{2}{5}x - \frac{4}{5}$
$y = -\frac{5}{2}x + 5{,}5$

e) $y + 2x + 6 = 0$
$y - x + 3 = 0$

f) $2x - y = 7$
$5x + 2y = 10$

3 Löse rechnerisch. Forme geschickt um.

a) $\frac{1}{2}x - 2 = \frac{1}{4}y$
$\frac{1}{3}x + 6 = 2y$

b) $\frac{1}{3}x + 3y = 29$
$3x - \frac{1}{5}y = -11$

c) $3y + 5x + 57 - 7x = 3x - 11y - 23$
$4y + 9x - y - 20 = 5x - 11 - 8x$

d) $10 + (4x - 3) + (y + 9) = 2x + (3y - 16) + 19$
$6x + 2 + (2y - 20) = (18x - 3) + (18 - y) - 3$

e) $2(y - 2) = 4(x - 3)$
$3(y + 4) = 4(x + 1)$

f) $9(x - y + 1) = 0$
$10x + y = 4(x + y) + 3$

4 Stelle durch Zeichnung und Rechnung fest, ob das Gleichungssystem eine, keine oder unendlich viele Lösungen hat.

a) $y = 3x - 4$
$y = 3x + 1$

b) $y = \frac{1}{2}x - 3$
$y = -\frac{1}{2}x + 3$

c) $2x + 3y = 9$
$y = -\frac{2}{3}x + 3$

d) $y = \frac{2}{5}x + 4$
$y = -\frac{2}{5}x + 4$

e) $2y = 3x - 5$
$y = \frac{3}{2}x + 1$

f) $8x - 6y + 12 = 0$
$-3y + 6 + 4x = 0$

g) $2x + 3y - 4 = 3x + 4y - 5$
$2y - 5x - 2 = -2x + 5y - 5$

5 Arbeite besonders sorgfältig.

a) $3(14 - 5x) - 2y = y + 3$
$2(9 - 2x) - y = y + 4$

b) $34 - 4(x + y) = 10 - x - y$
$41 - 8(y - x) = 5 - x - y$

c) $3(4x - y) - 2(3x - 1) = -13$
$-2(3y - x) - 5(x - 2y) = 10$

d) $(x + 5)(y + 2) = xy + 130$
$(x + 3)(y - 2) = xy + 14$

e) $(2x - 1)(3y - 5) = (2x - 3)(3y - 1)$
$3(5x - 2) = 2(5y - 4) + 2$

f) $(x + 3)(y - 4) + 3 = x(y - 2)$
$(2x + 5)(y - 1) + 10 = 2y(x + 3) - 6$

6 Achte auf die Brüche.

a) $\frac{x}{3} + \frac{y}{5} = 260$
$5x - 3y = 150$

b) $\frac{2x}{7} - \frac{3y}{5} = 5$
$\frac{x}{5} + \frac{2y}{25} = 1$

c) $x - y = 37$
$\frac{x - 1}{y} = 3$

d) $x + y = 45$
$\frac{x}{y} = \frac{2}{3}$

Ein Schnitt – zwei Prismen

Wir bauen einen Quader um

Zwei, drei oder alle vier Quaderteile kannst du zu neuen Körpern zusammensetzen. Beachte dabei als einzige Regel: Nur gleiche Flächen dürfen aneinander gelegt werden. Du wirst ziemlich viele Körper finden. Suche nach gemeinsamen Eigenschaften. Du kannst die Teilkörper aus Netzen herstellen – auch ohne zu sägen.

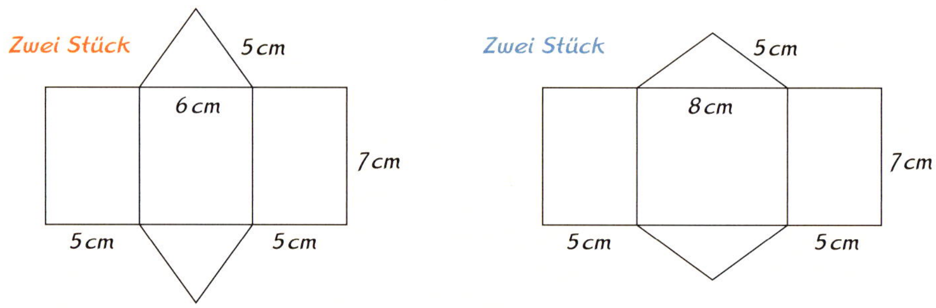

Körper-Puzzle

Die drei abgebildeten Körper lassen sich zu einem einzigen zusammenlegen. Beschreibe ihn.

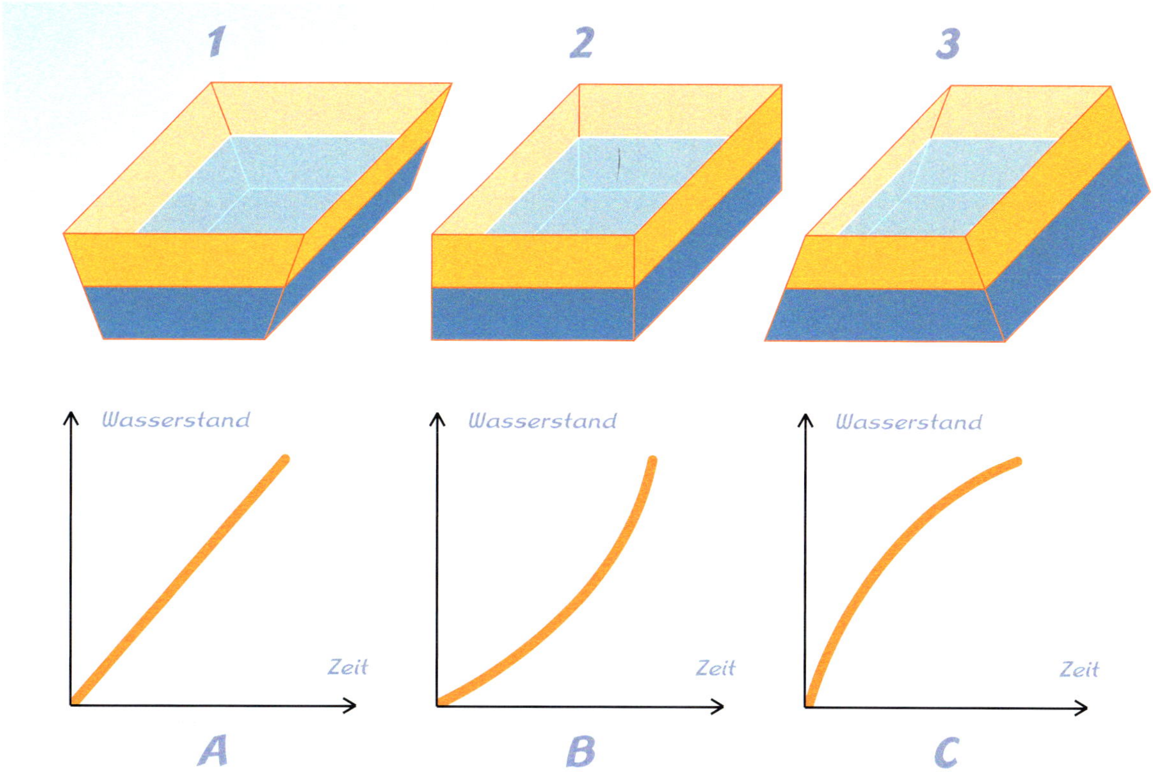

Mehr Wasser!

In allen drei Wannen steht das Wasser halb hoch, und der Wasserspiegel bildet dreimal dasselbe Rechteck. Wanne 1 und Wanne 3 haben dieselben Maße, nur sind Oben und Unten vertauscht.

- In welcher Wanne ist am meisten Wasser? Was passiert, wenn man das Wasser aus der Wanne 2 in die Wanne 3 gießt?
- Passt das Wasser aus Wanne 3 in die Wanne 1?
- Denke dir selbst einige solcher Fragen aus. Es gibt auch noch andere Wasserstände!
- Die drei Wannen werden gefüllt. In jeder Sekunde läuft die gleiche Wassermenge hinein. Welcher Graph gehört zu welcher Wanne?

In diesem Kapitel lernst du,

- wie man Volumen und Oberfläche von Quader und Würfel berechnet,
- wie man Netze und Schrägbilder von Prismen zeichnet,
- wie man Volumen und Oberfläche von Prismen berechnet,
- wie man Körper zusammensetzt und zeichnet und Volumen und Oberfläche berechnet.

1 Quader und Würfel

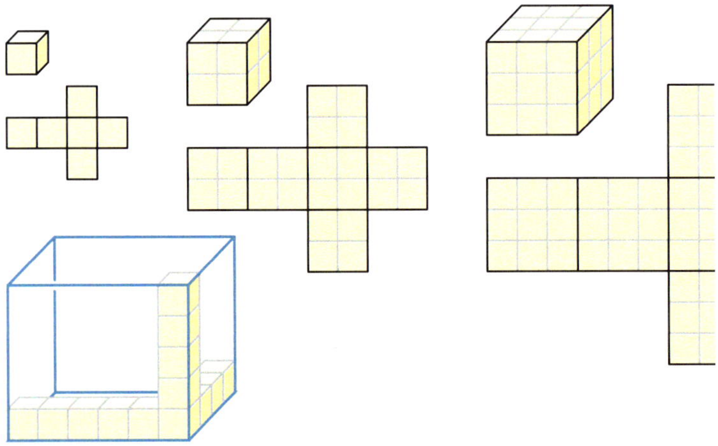

Die Kanten der kleinen Würfel sind 1 cm lang.

→ Aus wie vielen solcher Würfel sind die Würfel mit 2 cm; 3 cm; … 10 cm Kantenlänge aufgebaut?

→ Wie viele 1-cm-Quadrate passen in die Netze der größeren Würfel? Musst du abzählen?

→ Was findest du über den blauen Quader heraus?

Das Volumen des Quaders ist das Produkt aus Länge, Breite und Höhe. Quadernetze bestehen aus sechs Rechtecken. Je zwei davon sind gleich. Daher ist die Oberfläche die verdoppelte Summe von drei Rechtecksflächen. Für den Würfel ist die Rechnung einfacher, weil alle Kanten gleich lang sind.

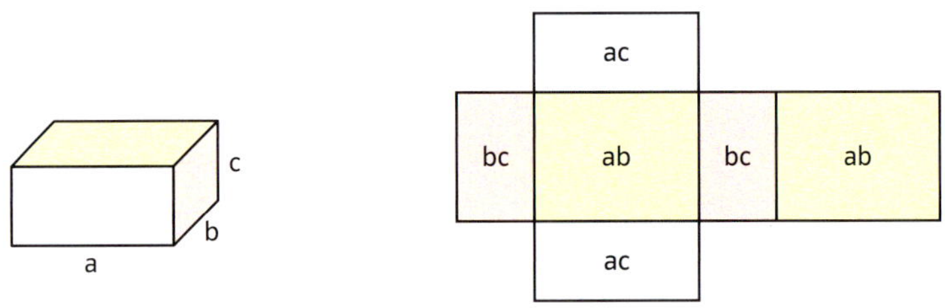

Ein **Quader** mit den Kantenlängen a, b und c hat
das **Volumen** $V = a \cdot b \cdot c$ und die **Oberfläche** $O = 2(a \cdot b + b \cdot c + a \cdot c)$.
Ein **Würfel** mit der Kantenlänge a hat
das **Volumen** $V = a^3$ und die **Oberfläche** $O = 6a^2$.

Beispiele

a) Ein Würfel mit der Kantenlänge
$a = 10\,cm$ hat das Volumen
$V = 10^3\,cm^3 = 1000\,cm^3$.
Seine Oberfläche beträgt
$O = 6 \cdot 10^2\,cm^2$
$O = 600\,cm^2$.

b) Ein Quader mit
$a = 8\,dm$, $b = 12\,dm$ und $c = 7\,dm$
hat das Volumen
$V = 8 \cdot 12 \cdot 7\,dm^3 = 672\,dm^3$.
Seine Oberfläche beträgt
$O = 2 \cdot (8 \cdot 12 + 8 \cdot 7 + 12 \cdot 7)\,dm^2$
$O = 472\,dm^2 = 4{,}72\,m^2$.

c) Jede der sechs Flächen eines Würfels mit der Oberfläche $O = 150\,cm^2$ hat den Flächeninhalt $A = 150 : 6 = 25$. Die Kantenlänge des Würfels beträgt also 5 cm.

d) Ein Quader mit
$V = 600\,cm^3$, $a = 20\,cm$ und $b = 5\,cm$
hat als dritte Kantenlänge
$c = 600 : (20 \cdot 5)\,cm = 6\,cm$.

Aufgaben

1 Berechne das Volumen und die Oberfläche des Würfels mit der Kantenlänge a.
a) a = 4 cm   b) a = 12 cm
c) a = 15 cm   d) a = 6 dm
e) a = 4,5 cm   f) a = 0,5 m

2 Ein Quader hat die Kantenlängen a, b und c.
Berechne Volumen und Oberfläche.

	a	b	c
a)	5 cm	7 cm	9 cm
b)	12 cm	3 cm	4,5 cm
c)	0,5 dm	1,4 dm	6 dm
d)	2,5 m	5 dm	8 dm
e)	1,6 dm	1,5 cm	1,4 cm
f)	22 cm	0,22 m	2,2 dm

3 Bestimme die Kantenlänge des Würfels.
a) $O = 600\,cm^2$ b) $O = 54\,cm^2$
c) $V = 125\,cm^3$ d) $V = 216\,cm^3$

4 Wie lang ist die dritte Quaderkante?
a) $V = 672\,cm^3$;
a = 7 cm; b = 8 cm
b) $V = 243\,dm^3$;
a = 6 dm; c = 4,5 dm
c) $V = 168\,cm^3$;
b = 3,5 cm; c = 4,8 cm

5 Ein Quader hat die Kanten a = 10 cm; b = 5 cm und die Oberfläche $O = 220\,cm^2$.
Für die dritte Kante c gilt dann
$2 \cdot (50 + 5 \cdot c + 10 \cdot c) = 220$
a) Berechne c aus dieser Gleichung.
b) Berechne c für
a = 12 cm; b = 11 cm; $O = 540\,cm^2$.
c) Jetzt ist b gesucht:
a = 11,5 cm; c = 9,0 cm; $O = 350,5\,cm^2$

6 Stell dir eine riesige Kunststofffolie ausgerollt vor:
1 km lang, 1 m breit, 1 mm dick.
Ein 1-cm-Würfel aus demselben Kunststoff wiegt etwa 0,5 g.
Könntest du die Folie tragen?
Gib vor dem Rechnen einen Tipp ab.

7 Ein Würfel hat 10 cm Kantenlänge.
a) Er wird parallel zur Grundfläche halbiert. Berechne die Gesamtoberfläche der zwei Teilquader und vergleiche sie mit der Oberfläche des Würfels.
b) Der Würfel wird durch zwei Schnitte geviertelt. Vergleiche die Gesamtoberfläche der Teilquader mit der Oberfläche des Würfels.
c) Der Würfel wird in Achtel zerlegt.
d) Der Würfel wird durch 10 Schnitte parallel zu seinen Flächen geteilt.

$1\,m^3 = 1000\,dm^3$
$1\,dm^3 = 1000\,cm^3$
$1\,cm^3 = 1000\,mm^3$

zu a)

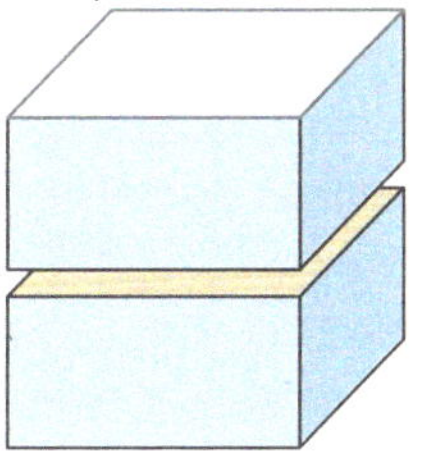

zu b)

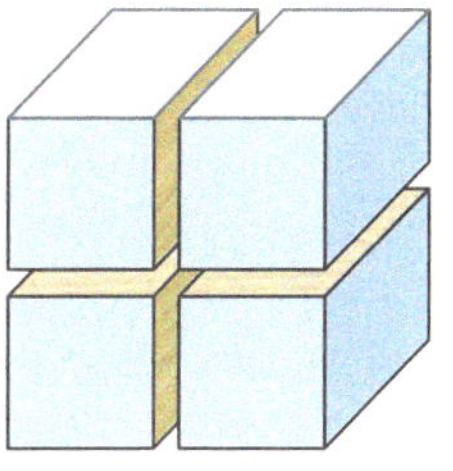

zu c)

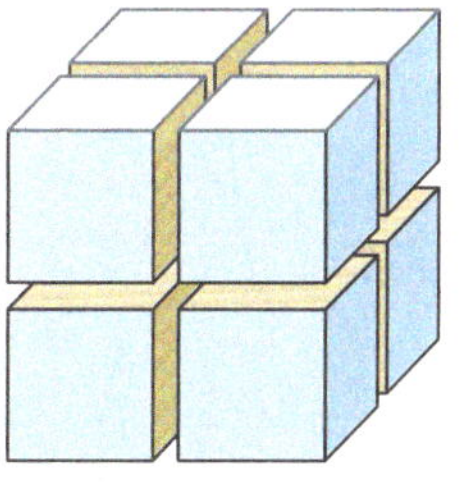

8 a) Zwei Würfel mit der Kantenlänge a werden Fläche auf Fläche aufeinander gesetzt. Gib einen Term für die Oberfläche des so entstandenen Quaders an.
b) Drei, vier, fünf Würfel mit der Kantenlänge a werden aufeinander gesetzt.
Gib Terme für die Oberfläche der Quader an.

9 a) Die Kanten des roten Würfels sind 5-mal so lang wie die des blauen Würfels.
Wievielmal so groß ist seine Oberfläche?
Wievielmal so groß ist sein Volumen?
b) Das Volumen eines großen Würfels ist 8-mal so groß wie das eines kleinen Würfels.
Wievielmal so lang sind seine Kanten?
Wievielmal so groß ist seine Oberfläche?
c) Die Oberfläche eines großen Würfels ist 9-mal so groß wie die eines kleinen Würfels.

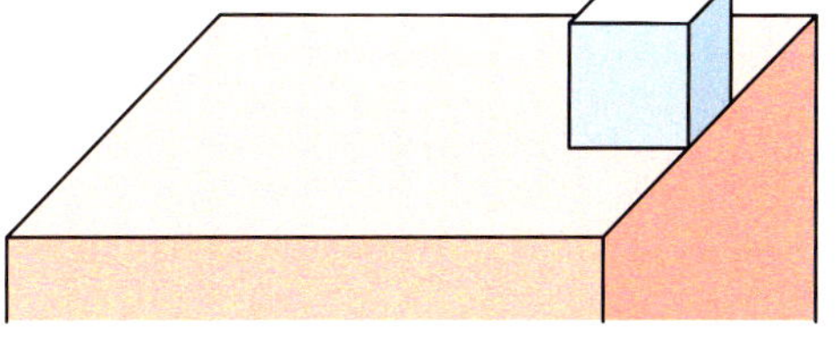

10 Viele Waren werden in annähernd quaderförmigen Packungen geliefert.

	a in cm	b in cm	c in cm
250-g-Packung Butter	9,8	7,4	3,7
500-g-Packung Salz	14,5	6,3	4,5
1-l-Packung Frischmilch	19,8	7,2	7,0
1-kg-Packung Reis	20,0	9,0	7,4
1-kg-Packung loser Zucker	15	10	8
500-g-Packung Würfelzucker	11,6	9,3	5,1
250-g-Packung Kaffee gemahlen	13,9	8,5	4,0

a) Berechne Volumen und Oberfläche. Runde sinnvoll.
b) Ist dir an der Milchpackung etwas aufgefallen? Sind die Angaben falsch?
c) Butter schwimmt. Begründe.
d) Vergleiche die Packungen für losen Zucker und Würfelzucker. Was fällt auf?
e) Die Salzpackung hat doppelten Boden und doppelten Deckel.
f) Welchen Flächeninhalt hat die Hülle des Butterstücks in Wirklichkeit?
g) Es gibt noch viele Packungen, die du selbstständig untersuchen kannst.

? *„Salz ist schwerer als Reis." Was ist mit diesem Satz gemeint?*

11 a) Welches Volumen haben die Umzugskartons?
b) Wie groß sind die Oberflächen der Kartons?
c) Welchen Flächeninhalt hat das Netz, aus dem der Karton zusammengefaltet wird?
Untersuche einen solchen Karton.

Bücherkarton
488 x 315 x 324 mm

Wäschekarton
488 x 488 x 324 mm

Stapelkiste
445 x 270 x 220 mm

1000 Würfel

F6 ▼ fx =2*(B6*D6+D6*E6+B6*E6)

	A	B	C	D	E	F	G	H
1		Die Länge ist mindestens so groß wie die Breite.						
2		Die Breite ist mindestens so groß wie die Höhe.						
3								
4	Volumen V in cm^3	Länge a in cm	V/a in cm^2	Breite b in cm	Höhe c in cm	Oberfläche O in cm^2	a/c	4*(a+b+c)
5								
6	1000	1000	1	1	1	4002	1000	4008
7	1000	500	2	2	1	3004	500	2012
8	1000	250	4	4	1	2508	250	1020
9	1000	250	4	2	2	2008	125	1016
10	1000	200						
11	1000	125						
12								
13	1000	100						
14								
15	1000	50		20	1			
16								
17								
18								
19								
20	1000	25		20	2			
21								
22								
23								
24	1000	10		10	10			

1000 Würfel mit 1 cm Kantenlänge kann man auf viele Arten zu einem Quader zusammensetzen.

- Verena trägt die möglichen Kantenlängen in das Datenblatt ein. Sie ist nach einem System vorgegangen und ist sich sicher: Ich habe alle Möglichkeiten gefunden.

Die Lücken in der Tabelle sollst du nach diesem System ausfüllen.

- Sina findet schnell den Quader mit der kleinsten Oberfläche.
- Karin meint: Je länger und dünner ein Quader ist, desto größer ist seine Oberfläche.
- Alex erwartet, dass zur größeren Oberfläche immer die größere Kantenlänge gehört.

2 Prisma. Netz und Oberfläche

→ Welche Möglichkeiten siehst du, aus den Flächen ein Prismennetz zu legen? Gleich lange Seiten sind gleich gefärbt.
→ Gibt es noch andere Flächen, die als Grundfläche und Deckfläche geeignet wären?
→ Gibt es ein Prismennetz, das die Vierecke 1 und 15 enthält?
→ Warum gibt es kein Prisma mit den Vierecken 9 und 16?

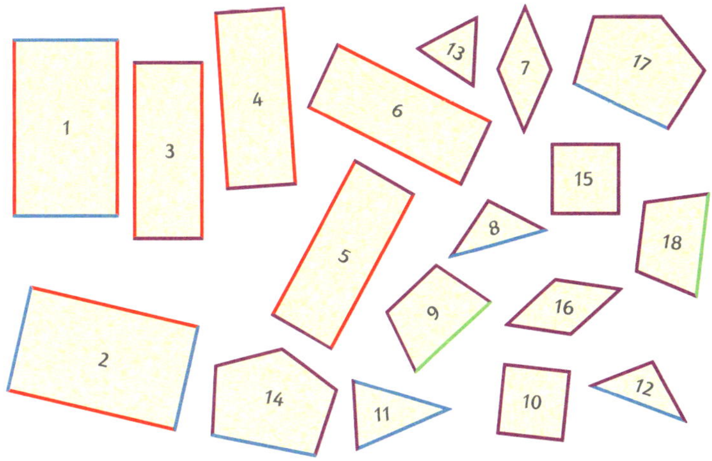

Die **Oberfläche eines Prismas** setzt sich aus der **Grundfläche**, der **Deckfläche** und der **Mantelfläche** zusammen.
Grundfläche und Deckfläche sind deckungsgleiche (kongruente) Vielecke.
Die Mantelfläche M besteht aus Mantelrechtecken, die in der Länge einer Seite übereinstimmen. Diese ist die Höhe h des Prismas.

Die Grundfläche G und die Deckfläche D haben den gleichen Flächeninhalt.
Für die Oberfläche O gilt $O = 2 \cdot G + M$.

Für das abgebildete Vierecksprisma wird die Mantelfläche M aus den Flächeninhalten der vier Mantelrechtecke berechnet:

$$\begin{aligned} M &= M_1 + M_2 + M_3 + M_4 \\ &= a_1 \cdot h + a_2 \cdot h + a_3 \cdot h + a_4 \cdot h \\ &= (a_1 + a_2 + a_3 + a_4) \cdot h \\ &= u \cdot h \end{aligned}$$

Hierbei ist u der Umfang der Grundfläche.

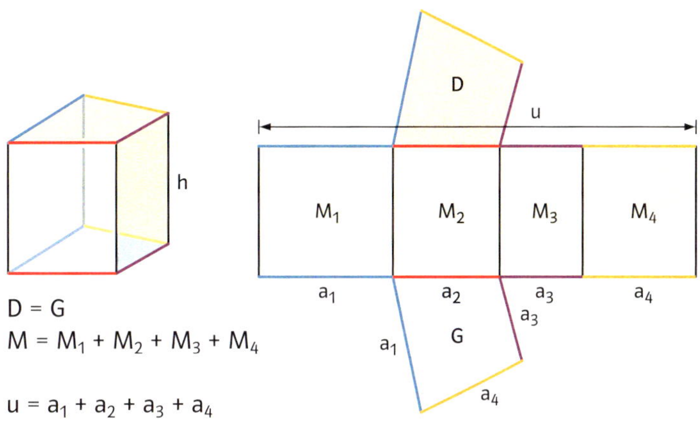

$D = G$
$M = M_1 + M_2 + M_3 + M_4$
$u = a_1 + a_2 + a_3 + a_4$

Die **Oberfläche O** eines Prismas lässt sich berechnen als Summe aus dem Doppelten der **Grundfläche G** und der **Mantelfläche M**. $O = 2 \cdot G + M$
Die **Mantelfläche M** eines Prismas lässt sich berechnen als Produkt aus dem **Umfang u** der Grundfläche und der **Körperhöhe h**. $M = u \cdot h$

Basaltgestein bildet unregelmäßige Prismen. Die meisten sind Sechsecksprismen.

Bemerkung

Prismen werden nach der Eckenzahl ihrer Grundfläche benannt. Man sagt also Dreiecksprisma, Vierecksprisma, Fünfecksprisma usw. Vierecksprismen können genauer nach der Art des Vierecks benannt werden: Rautenprisma, Trapezprisma usw.
Quader und Würfel sind besondere Prismen.

Beispiele

a) Ein Dreiecksprisma hat als Grundfläche ein rechtwinkliges Dreieck mit den Seitenlängen $a = 9\,cm$, $b = 12\,cm$ und $c = 15\,cm$. Seine Höhe ist 7 cm.

Die Grundfläche ist

$G = \frac{1}{2} \cdot a \cdot b = \frac{1}{2} \cdot 9 \cdot 12\,cm^2 = 54\,cm^2$

Die Mantelfläche ist

$M = u \cdot h = (a + b + c) \cdot h$

$= (9 + 12 + 15) \cdot 7\,cm^2 = 252\,cm^2$

Die Oberfläche ist

$O = 2 \cdot G + M$

$= 2 \cdot 54\,cm^2 + 252\,cm^2 = 360\,cm^2$.

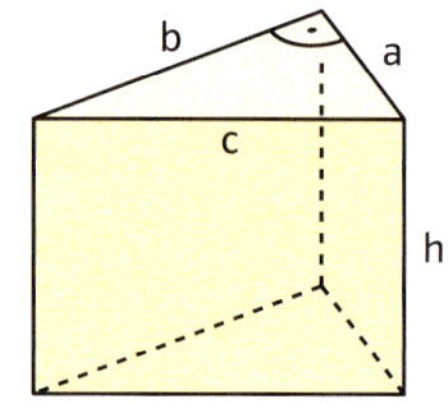

b) Ein Prisma hat die Oberfläche $250\,cm^2$ und die Mantelfläche $70\,cm^2$.

Daraus wird die Grundfläche berechnet:

$O = 2 \cdot G + M$

$2 \cdot G = O - M$

$G = (O - M) : 2$

$= (250\,cm^2 - 70\,cm^2) : 2\,cm^2 = 90\,cm^2$

Aufgaben

1 Übertrage das Netz des Prismas in doppelter Größe ins Heft. Berechne die Oberfläche. Die dazu nötigen Maße entnimmst du deiner Zeichnung.

a)

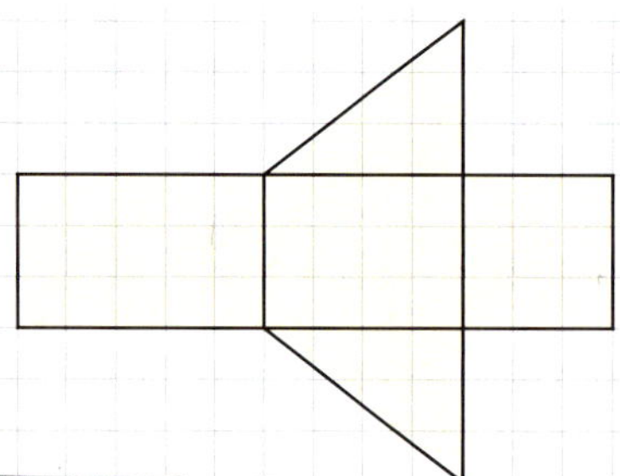

b)

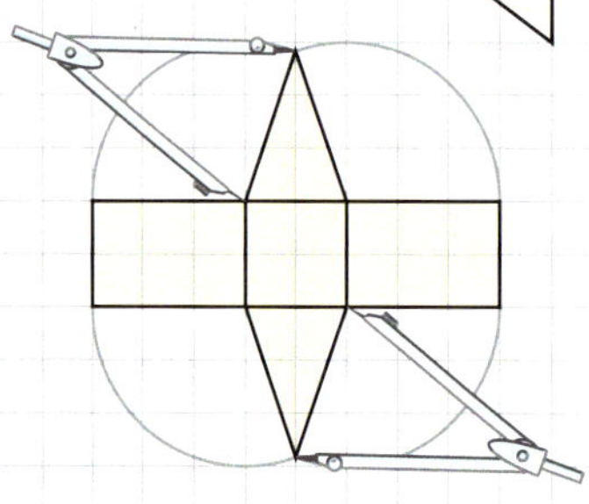

c)

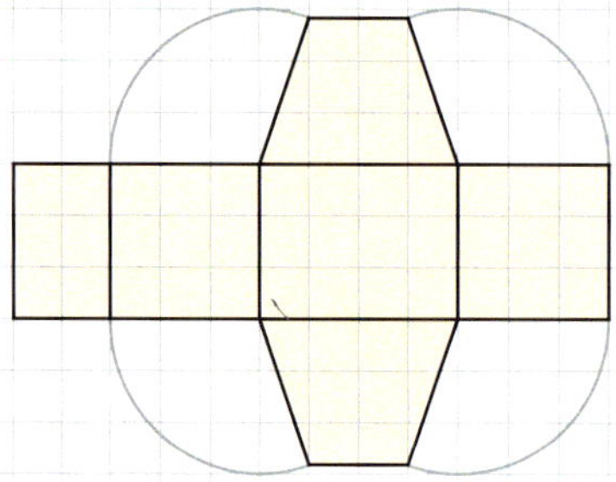

2 Zeichne das Netz des Prismas und berechne die Oberfläche. Die fehlenden Maße entnimmst du deiner Zeichnung.
Beachte: h ist die Höhe des Prismas.

a) Dreiecksprisma mit einem gleichseitigen Dreieck als Grundfläche
$a = b = c = 3\,cm$; $h = 5\,cm$

b) Dreiecksprisma mit einem gleichschenkligen Dreieck als Grundfläche
$a = b = 6\,cm$; $c = 3\,cm$; $h = 4\,cm$

c) Dreiecksprisma mit einem rechtwinkligen Dreieck als Grundfläche
$a = 3\,cm$; $b = 4\,cm$; $h = 5\,cm$; $\gamma = 90°$

d) Dreiecksprisma mit einem allgemeinen Dreieck als Grundfläche
$c = 4\,cm$; $\alpha = 70°$; $\beta = 45°$; $h = 6\,cm$

3 Bestimme die Oberfläche des Prismas mithilfe einer Zeichnung.
Die Höhe des Prismas ist h.

a) Parallelogrammprisma
$a = 6\,cm$; $b = 4\,cm$; $\alpha = 40°$; $h = 5\,cm$

b) Trapezprisma mit einem symmetrischen Trapez als Grundfläche
$a = 6\,cm$; $b = d = 3\,cm$; $c = 4\,cm$; $h = 4\,cm$

c) Rautenprisma
$a = 5\,cm$; $\alpha = 60°$; $h = 4\,cm$

d) Drachenprisma mit
$a = b = 4\,cm$; $c = d = 3\,cm$; $h = 7\,cm$

e) Sechseckprisma mit einem regelmäßigen Sechseck als Grundfläche
$a = 4\,cm$; $h = 6\,cm$

4 Von den fünf Größen u, h, G, M und O eines Prismas sind drei gegeben.
Berechne die fehlenden Größen.

	a)	b)	c)	d)	e)
u	12 cm	28 cm		20 m	
h	8 cm		7 cm		1,4 m
G	30 cm²		40 cm²	50 m²	0,4 m²
M		98 cm²	105 cm²	150 m²	
O		125 cm²			6,96 m²

5 Zeichne in doppelter Größe ab und vervollständige zum Netz eines Prismas.

a)

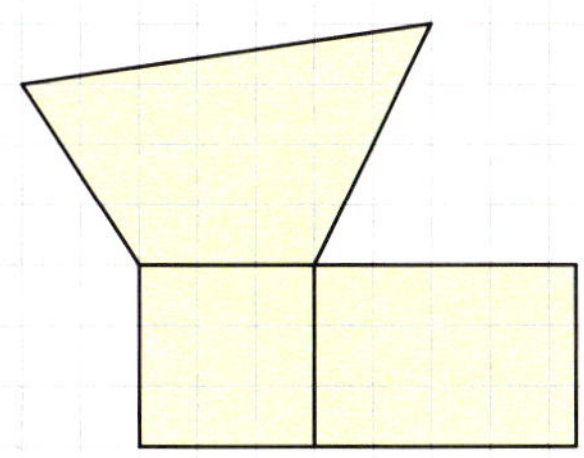

b)

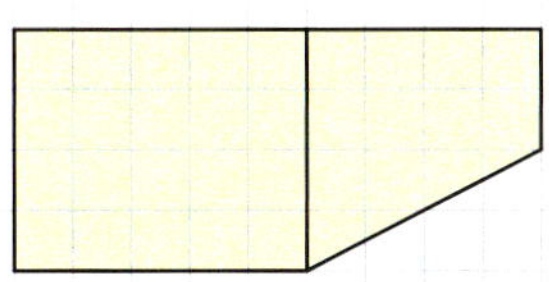

c)

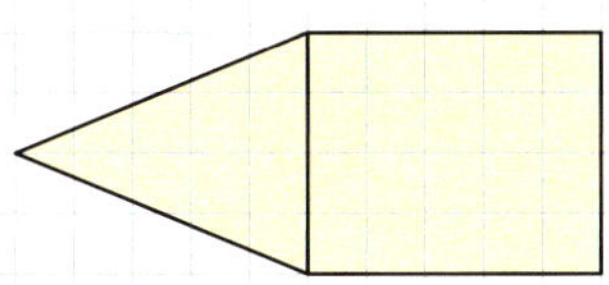

d)

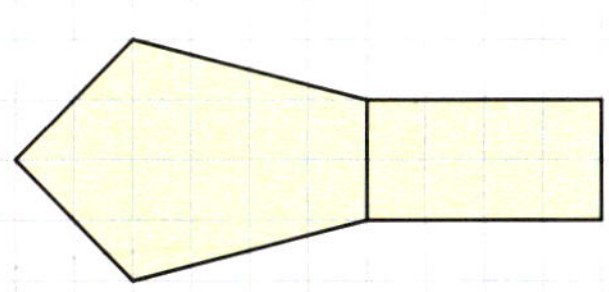

6 Berechne die Oberfläche des Prismas mit der Höhe h = 8 cm und den angegebenen Maßen (in cm) der Grundfläche.

a)

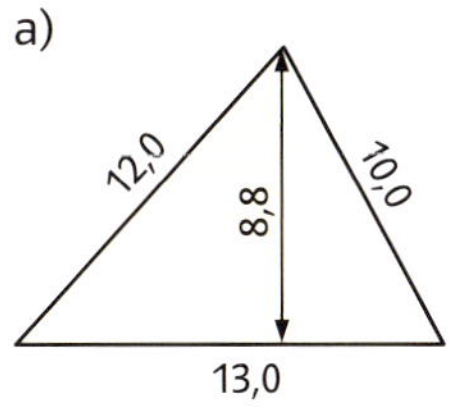

b)

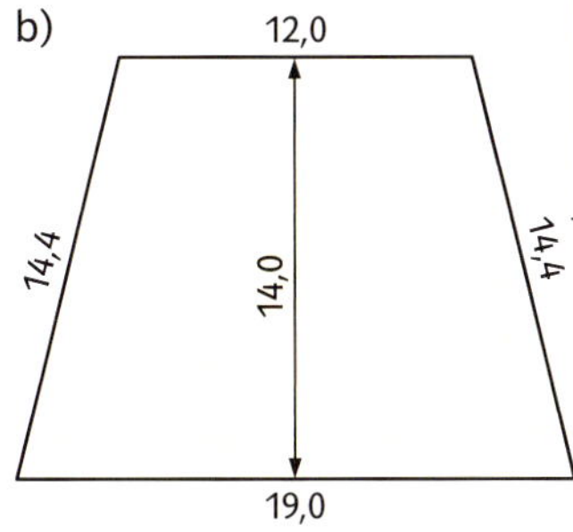

c)

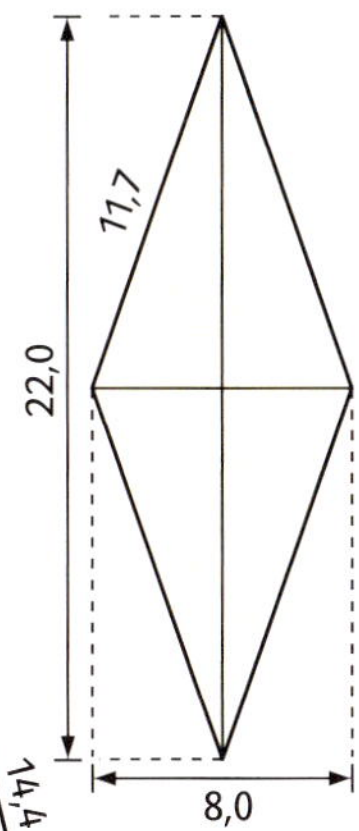

7 Ein Quadratprisma ist 12 cm hoch. Die Seiten der Grundfläche sind 5 cm lang.
a) Halbiert man das Prisma durch einen Schnitt längs einer Diagonalen der Grundfläche, entstehen zwei Dreiecksprismen. Berechne die Oberfläche eines solchen Prismas. Die Länge der Quadratdiagonalen entnimmst du einer Zeichnung.
b) Das Quadratprisma lässt sich auch in zwei gleiche Trapezprismen zerlegen. Berechne die Oberfläche eines solchen Prismas. Benutze Maße aus einer Zeichnung.

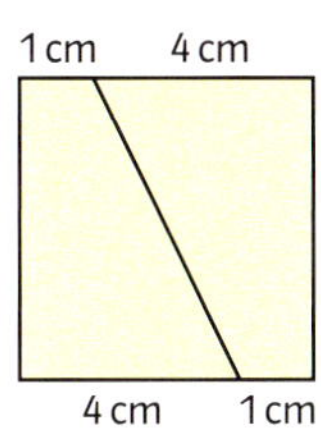

Grundfläche

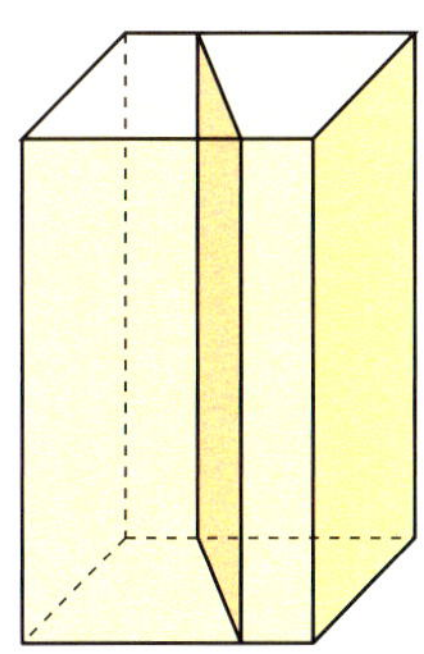

c) Wie muss man das Quadratprisma halbieren, damit beide Hälften möglichst kleine Oberflächen haben?

3 Prisma. Volumen

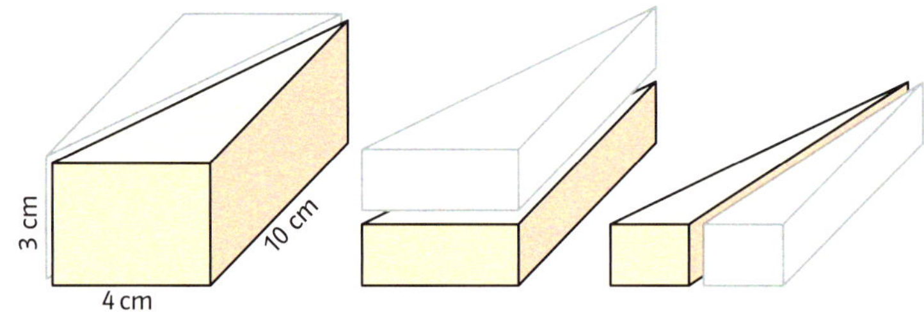

Das Volumen von Prismen ist manchmal gar nicht so einfach zu berechnen.
→ Wenn du aber die Reihe betrachtest, findest du die Volumina der gefärbten Dreiecksprismen bestimmt heraus.

Aus der Formel $V = a \cdot b \cdot c$ für das Quadervolumen lässt sich in drei Schritten eine Formel für das Prismenvolumen entwickeln:

- Der Quader ist ein Prisma mit der Grundfläche $G = a \cdot b$ und der Körperhöhe $h = c$. Statt $V = a \cdot b \cdot c$ kann man damit auch $V = G \cdot h$ schreiben.
- Ein Prisma über einem rechtwinkligen Dreieck ist die Hälfte eines Quaders. Sein Volumen und seine Grundfläche sind halb so groß wie Volumen und Grundfläche des Quaders.
- Jedes Prisma lässt sich in Prismen über rechtwinkligen Dreiecken zerlegen.

Damit kann man die Volumenformel $V = G \cdot h$ auf alle Prismen übertragen.

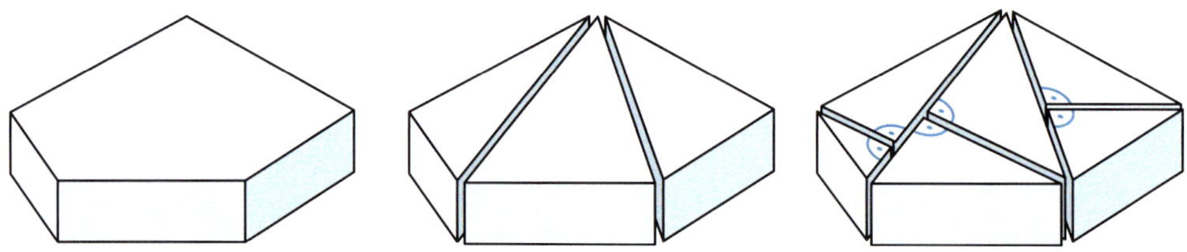

Das **Volumen eines Prismas** lässt sich als Produkt aus Grundfläche und Körperhöhe berechnen: $V = G \cdot h$

Beispiele

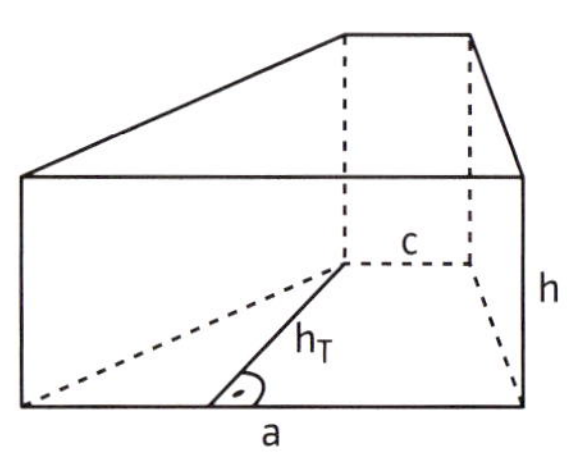

$a = 80\,cm$
$c = 20\,cm$
$h_T = 30\,cm$
$h = 35\,cm$

a) Mit der Formel $V = G \cdot h$ wird das Volumen des Trapezprismas berechnet:

$G = \frac{1}{2}(a + c) \cdot h_T$

$= \frac{1}{2}(80 + 20) \cdot 30\,cm^2 = 1500\,cm^2$

$G = 1500\,cm^2$

$V = 1500 \cdot 35\,cm^3 = 52\,500\,cm^3$

$V = 52\,500\,cm^3 = 52{,}5\,cm^3$

b) Aus dem Volumen $V = 1600\,l$ und der Höhe $h = 80\,cm$ wird die Grundfläche G des Aquariums berechnet.

$V = G \cdot h$

$= 1600\,l = 1600\,dm^3$; $h = 80\,cm = 8\,dm$

$G = \frac{V}{h} = \frac{1600}{8}\,dm^2 = 200\,dm^2$

$G = 200\,dm^2$

Aufgaben

1 Berechne das Volumen des Prismas.

a) $G = 25\,cm^2$; $h = 12\,cm$

b) $G = 35\,dm^2$; $h = 12\,dm$

c) $G = 4{,}2\,cm^2$; $h = 3{,}6\,cm$

d) $G = 15\,m^2$; $h = 4{,}5\,dm$

2 Berechne das Volumen des 14 cm hohen Prismas mit der abgebildeten Grundfläche (Maße in cm).

a)

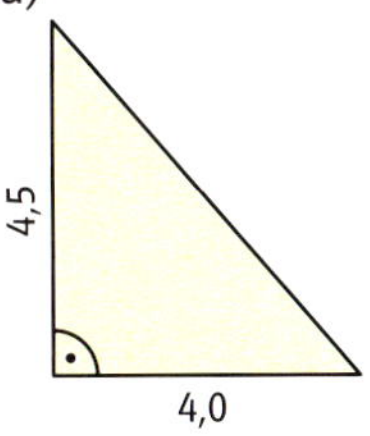

b)

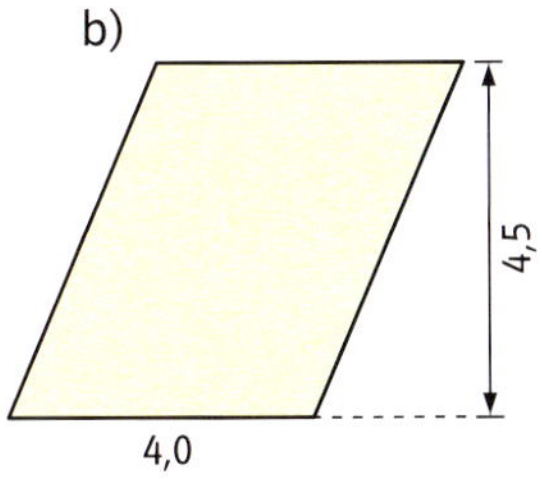

c)

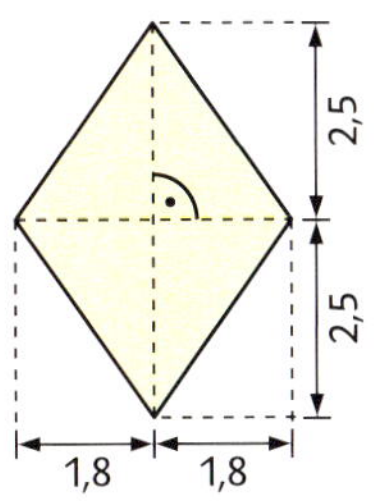

d)

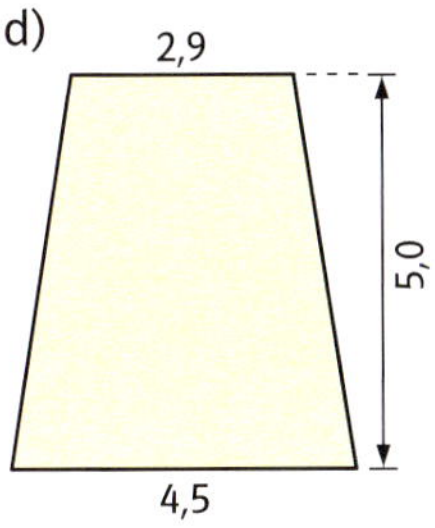

e)

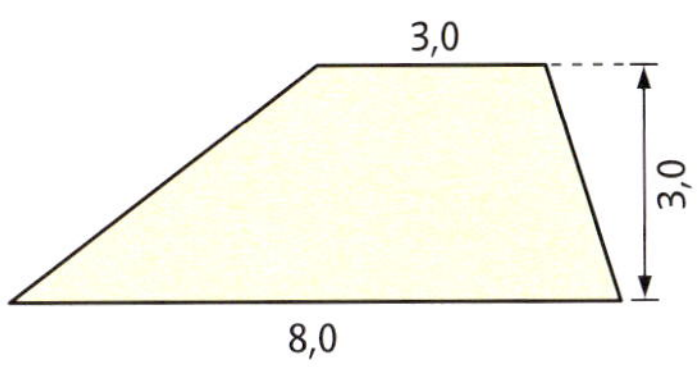

3 Berechne das Volumen des Prismas.

a) Grundfläche: Dreieck mit $c = 8\,cm$ und $h_c = 7\,cm$
Körperhöhe $h = 18\,cm$

b) Grundfläche: rechtwinkliges Dreieck mit $a = 7\,cm$, $b = 5\,cm$, $\gamma = 90°$
Körperhöhe $h = 12\,cm$

c) Grundfläche: Trapez mit $a = 12\,cm$; $c = 8\,cm$; Trapezhöhe $h_T = 6\,cm$
Körperhöhe $h = 25\,cm$

d) Grundfläche: Parallelogramm mit $a = 9\,cm$; Parallelogrammhöhe $h_a = 4{,}5\,cm$
Körperhöhe $h = 12{,}5\,cm$

4 Berechne die fehlende Größe.

	a)	b)	c)	d)
G	$40\,cm^2$	$3\,dm^2$		
h			8,5 m	16 mm
V	$360\,cm^3$	12 l	$510\,m^3$	$720\,mm^3$

5 Berechne das Volumen (Maße in cm).

a)

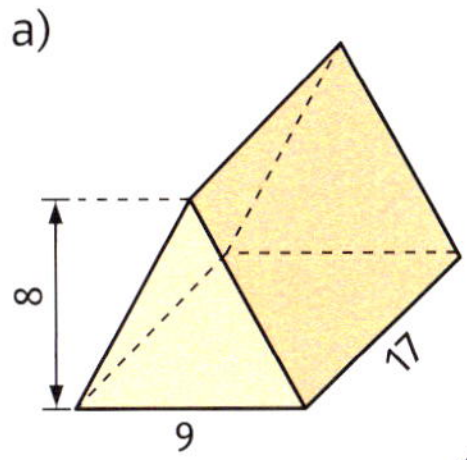

b)

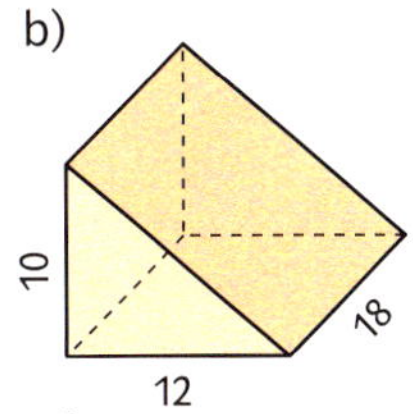

c)

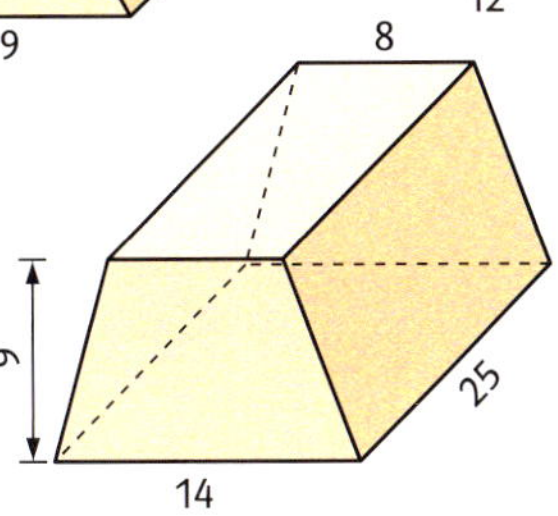

d)

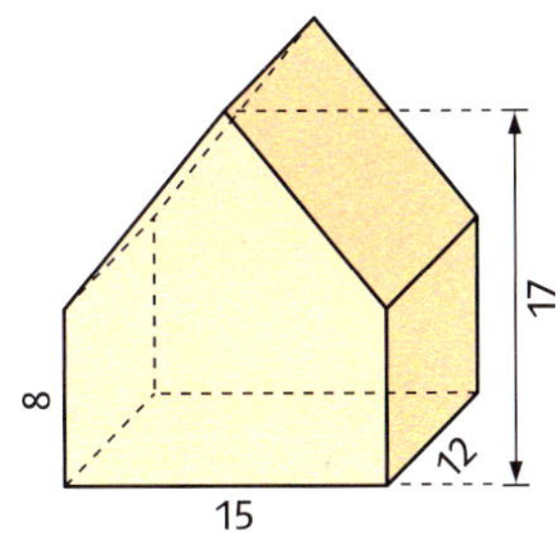

6 Drücke das Volumen V durch e aus.

a)

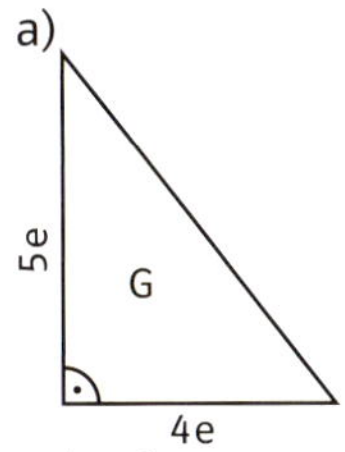

h = 6e

b)

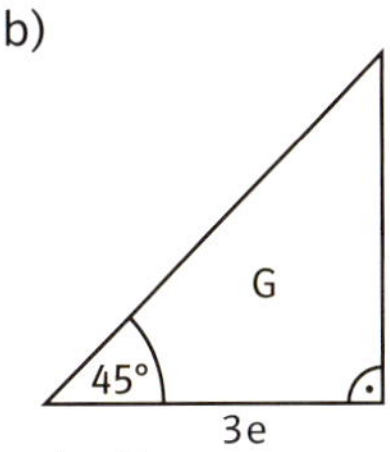

h = 8e

c)

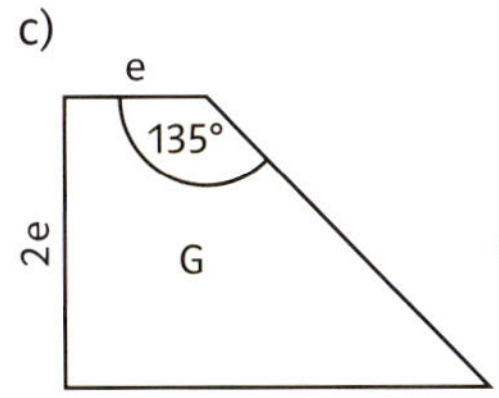

h = 10e

d)

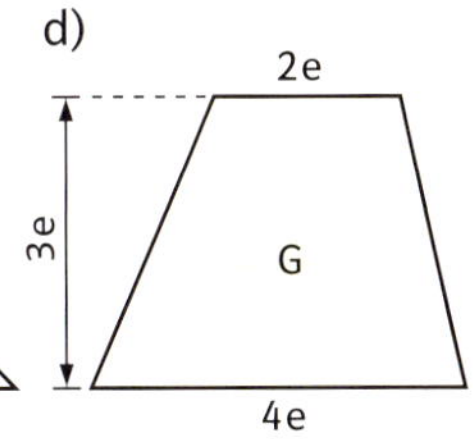

h = 12e

7 Ein Ort an der Ostsee soll durch einen Deich geschützt werden. Der Querschnitt ist abgebildet. Die Länge ist etwa 1,5 km. Welches Volumen ist aufzuschütten?

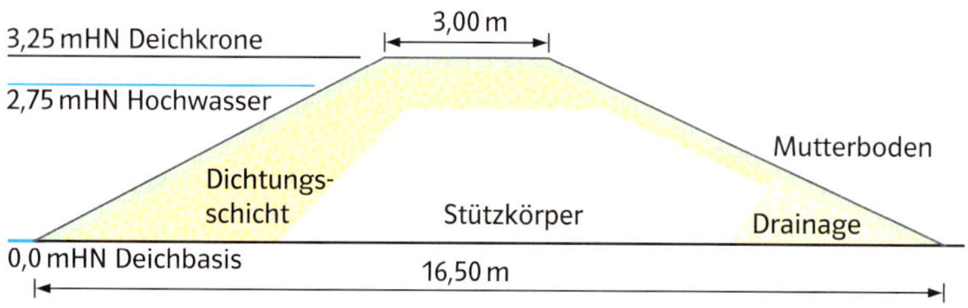

9 Ein 25 m langer Graben wird ausgehoben. Der Querschnitt ist ein Trapez.
a) Wie viel m^3 Erde enthält der Graben?
b) Durch Auflockern wächst das Volumen um 20 %. Wie viel m^3 sind abzufahren?

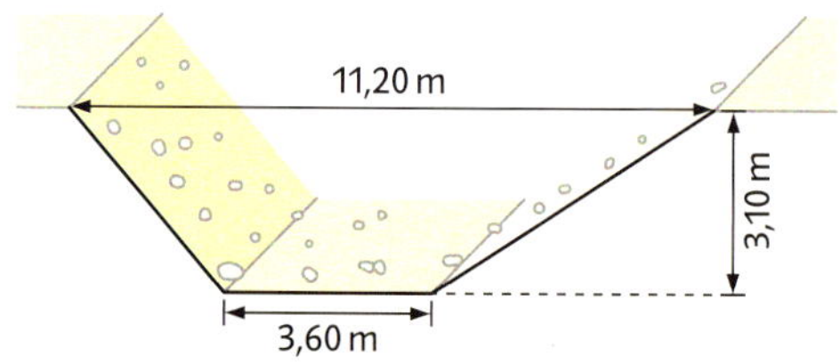

8 a) Welches Volumen hat das Gewächshaus? (Maße in cm)
b) Wie groß ist die verglaste Fläche?

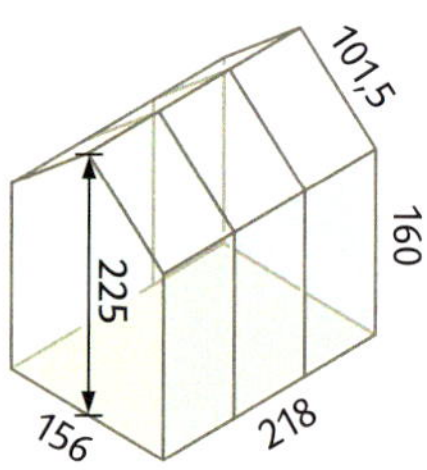

10 Unten sind zwei Sorten von Eisenträgern im Profil zu sehen (Maße in cm).

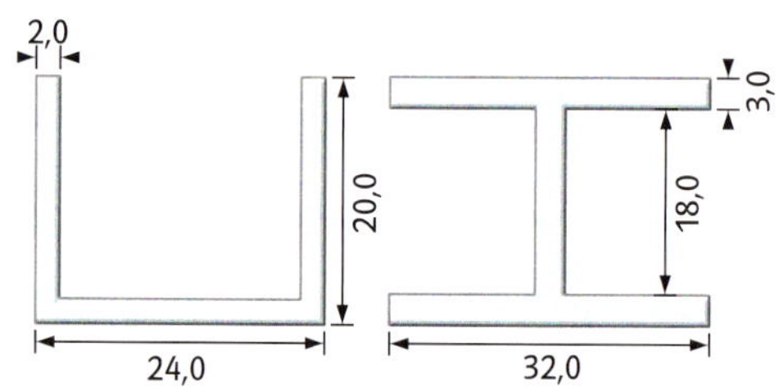

a) Berechne das Volumen von 6 m langen Eisenträgern beider Arten.
b) 1 dm^3 Eisen wiegt etwa 7,8 kg. Wie schwer sind die Träger?

Das Wasser steigt

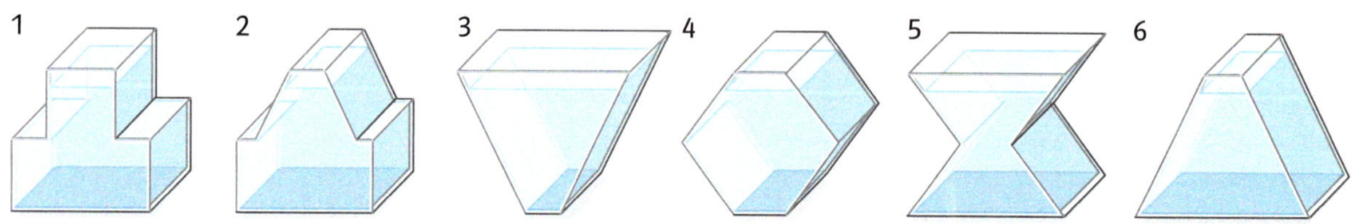

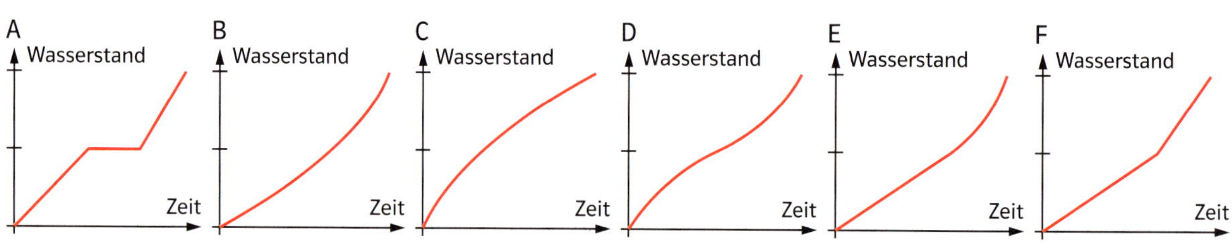

„Zeit-Wasserstandsgraph" ist ein zu langes Wort. „Füllgraph" ist kürzer.

Die sechs Behälter werden mit Wasser gefüllt. Der Zufluss ist gleichmäßig, aber der Wasserstand steigt ungleichmäßig.
- Welcher der Füllgraphen gehört zu welchem Behälter?

Aber Achtung: Für einen Behälter fehlt der Füllgraph. Wie müsste er aussehen?

4 Zylinder. Oberfläche

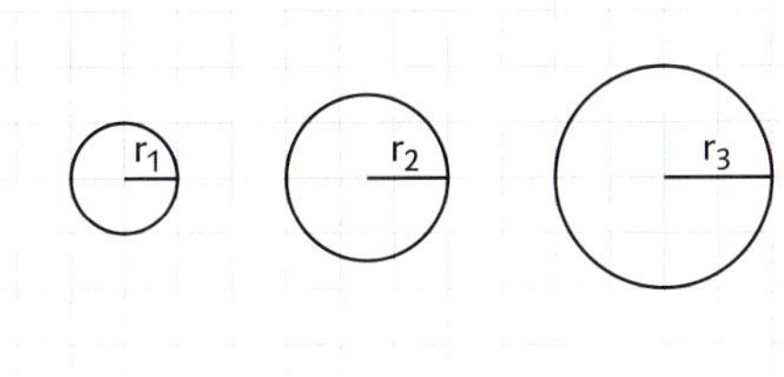

Welcher Grundkreis passt zum Zylindermantel?
→ Vergleicht eure Ergebnisse.
→ Zeichnet weitere passende Mantelrechtecke.

Ein Zylinder wird von zwei kongruenten Kreisflächen als **Grund- und Deckfläche** und einem Rechteck als **Mantel** begrenzt.

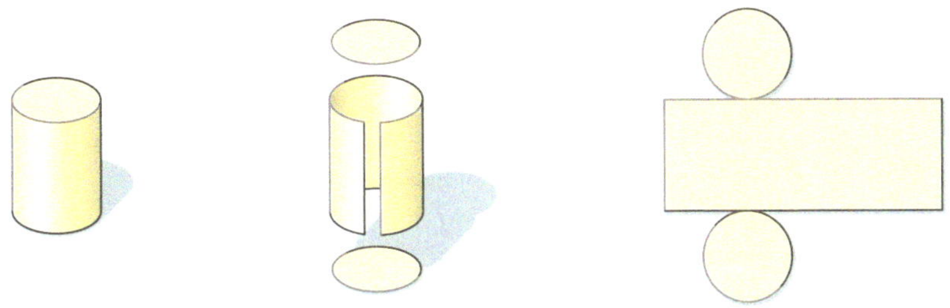

! *Beim Skizzieren eines Zylinders werden die Kreise zu Ellipsen. Zeichne zuerst links und rechts außen kleine Bögen.*

Für den Flächeninhalt des Grundkreises gilt: $G = D = \pi \cdot r^2$
Der Flächeninhalt des Mantelrechtecks beträgt: $M = u \cdot h$ mit $u = 2 \cdot \pi \cdot r$
$M = 2 \cdot \pi \cdot r \cdot h$
Die Zylinderoberfläche berechnet man aus der doppelten Grundfläche und der Mantelfläche.
$O = 2 \cdot G + M$
$O = 2 \cdot \pi \cdot r^2 + 2 \cdot \pi \cdot r \cdot h$

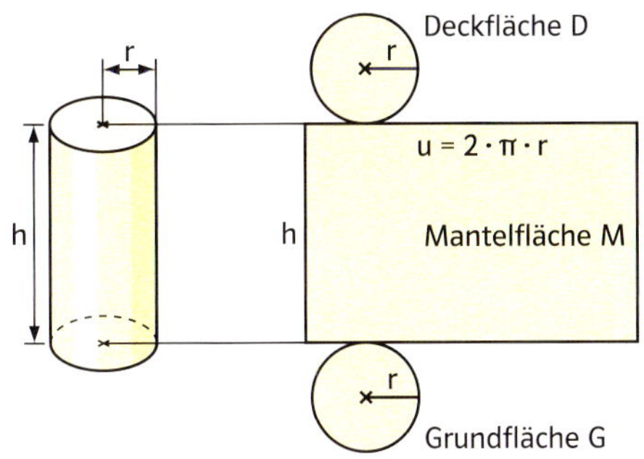

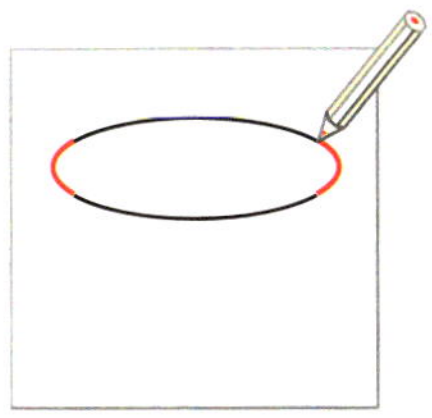

Die **Mantelfläche eines Zylinders** wird als Produkt des Grundkreisumfanges und der Zylinderhöhe berechnet. $\mathbf{M = u\,h}$ $\mathbf{M = 2\pi r h}$
Zur Berechnung der **Oberfläche eines Zylinders** bildet man die Summe aus der doppelten Grundfläche und der Mantelfläche.
$\mathbf{O = 2G + M}$ $\mathbf{O = 2\pi r^2 + 2\pi r h}$

Beispiele

a) Aus dem Radius $r = 3{,}0\,cm$ und der Höhe $h = 5{,}0\,cm$ wird die Oberfläche des Zylinders berechnet.
$O = 2\pi r^2 + 2\pi r h$
$O = 2\pi \cdot 3{,}0^2\,cm^2 + 2\pi \cdot 3{,}0 \cdot 5{,}0\,cm^2$
$O \approx 56{,}6\,cm^2 + 94{,}2\,cm^2$
$O \approx 150{,}8\,cm^2$

b) Aus der Mantelfläche $M = 220{,}0\,cm^2$ und der Höhe $h = 8{,}0\,cm$ wird der Radius des Zylinders berechnet.
$M = 2\pi r h \quad | : (2\pi h)$
$r = \frac{M}{2\pi h}$
$r = \frac{220{,}0}{2\pi \cdot 8{,}0}\,cm$
$r \approx 4{,}4\,cm$

Aufgaben

1 Berechne das Volumen des Zylinders.

a) r = 8 cm, h = 24 cm
b) r = 14 m, h = 9 m
c) r = 4,2 cm, h = 11,9 cm
d) r = 33,5 cm, h = 96 mm
e) d = 68 mm, h = 1,4 dm
f) d = 123,7 cm, h = 0,8 m

2 Wie groß sind die Grundfläche bzw. die Höhe des Zylinders?

a) V = 150 cm^3, h = 10 cm
b) V = 760 dm^3, h = 25 dm
c) V = 201,6 cm^3, h = 4,2 cm
d) V = 1,8 l, h = 7,5 cm
e) V = 35 dm^3, r = 15,6 cm
f) V = 56 cm^3, d = 12 mm

3 Berechne die fehlenden Angaben des Zylinders. (Maße in cm/cm^2/cm^3)

	r	h	M	O	V
a)	4,6	11,7	□	□	□
b)	13,5	□	605,0	□	□
c)	9,8	□	□	□	936,5
d)	4,9	10,1	□	□	□

4 Eine zylinderförmige Regentonne hat einen Innendurchmesser von 80 cm und eine Höhe von 1,2 m.
a) Die Tonne ist zu 80 % gefüllt. Wie viel Liter Wasser enthält sie?
b) In der Tonne sind 450 l Wasser. Wie hoch steht das Wasser?

5 Alle abgebildeten Zylinder haben das gleiche Volumen von $144\pi\,cm^3$.
a) Berechne die Oberflächen.
b) Formuliere deine Beobachtungen anschließend in einer allgemeinen Aussage.

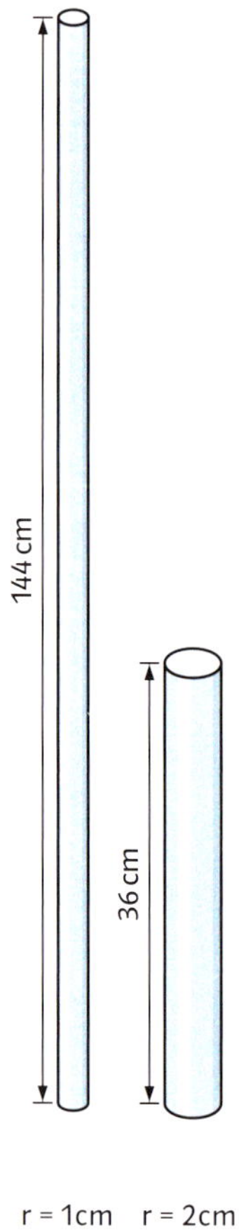

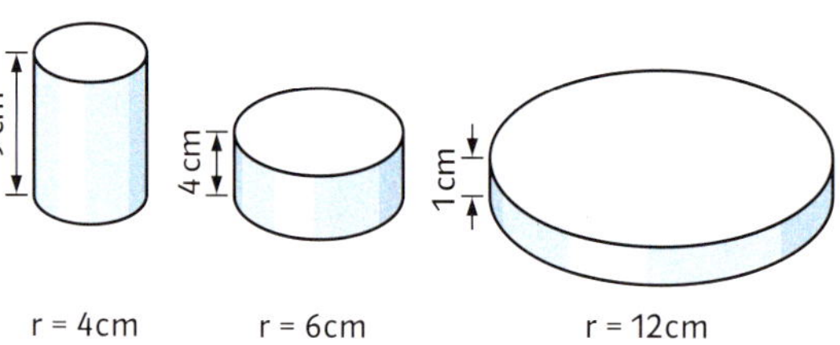

6 a) Berechne das Volumen der Zylinder.
b) Wie muss die Höhe des linken Zylinders verändert werden, damit beide das gleiche Volumen besitzen?

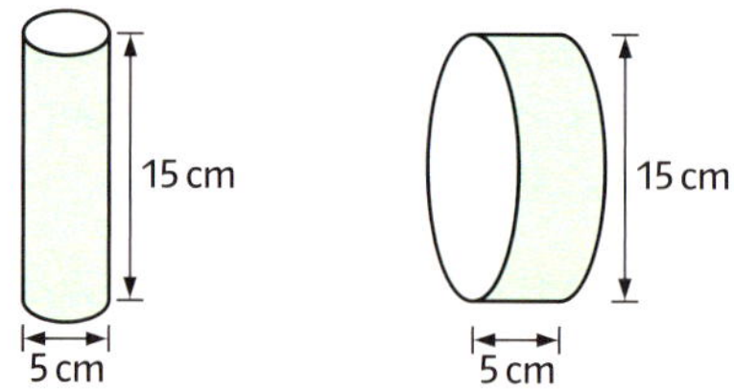

7 Ein Messzylinder hat einen Innendurchmesser von 76 mm.
a) In welcher Höhe befinden sich die Eichstriche für 50 ml; 100 ml; 150 ml, … ?
b) Das Fassungsvermögen soll ein Liter betragen. Wie hoch muss der Messzylinder mindestens sein?

8 Vergleiche die Rauminhalte der Körper. Gib den Unterschied in Prozent an.

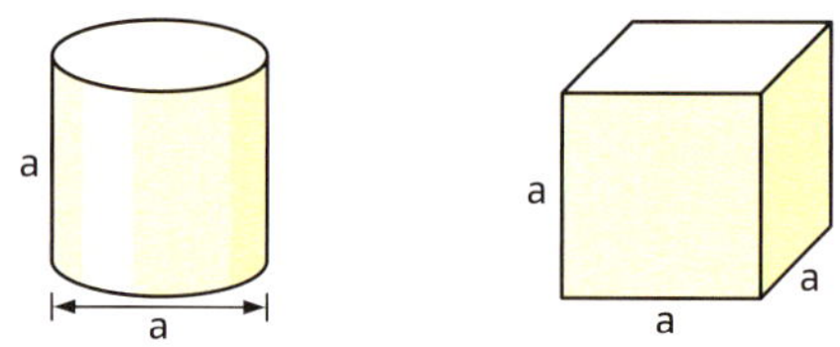

9 Wie verändern sich das Volumen und die Mantelfläche eines Zylinders?
a) Die Körperhöhe wird verdoppelt.
b) Der Radius wird verdoppelt.
c) Der Durchmesser wird verdreifacht.
d) Der Radius wird halbiert.
e) Der Radius wird verdoppelt und die Körperhöhe wird halbiert.

10 Bei der Herstellung integrierter Schaltkreise werden extrem dünne Drähte (d = 0,01 mm) aus Gold (19,3 g/cm^3) verwendet.

a) Wie viel Meter Draht lassen sich aus 1 cm^3 Gold herstellen?
b) Wie viel Gold braucht man für 1000 km Draht?

11 Die Kolben von Verbrennungsmotoren bewegen sich in zylinderförmigen Verbrennungskammern auf und ab. Deren Gesamtvolumen bezeichnet man als Hubraum. Berechne den Hubraum eines Vierzylindermotors mit einem Kolbendurchmesser von 80 mm und einem Kolbenhub von 88 mm. Gib das Ergebnis in Liter an.

12 Deutschlands längste Autoröhre ist der Rennsteigtunnel. Er ist das Herzstück der etwa 20 km langen Kammquerung des Thüringer Waldes für die Autobahn A71 und besteht aus zwei getrennten Röhren von 7,92 km Länge mit einer Breite von 9,50 m.

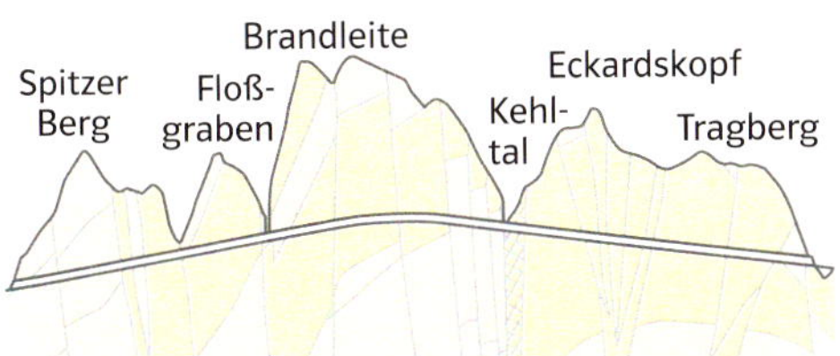

Jörg überprüft die Angabe in der Zeitung zum Abraumvolumen „ca. 1,35 Mio m^3". Er sagt nach seiner Rechnung: „Da stimmt etwas nicht!" Kannst du helfen? Für Abweichungen kann es mehrere Gründe geben.

13 Stellt aus einem DIN-A4-Blatt einen Zylinder her.
a) Wie schafft man das größte Volumen?
b) Jetzt ist die größte Oberfläche das Ziel.

14 Um einen 3,5 m langen Öltank mit einem Durchmesser von 1,20 m soll aus Sicherheitsgründen eine Auffangwanne mit rechteckiger Grundfläche gebaut werden.

Welche Abmessungen muss diese Wanne mindestens besitzen, damit sie das gesamte Öl des Tanks aufnehmen kann?

15 Eine Milchtüte hat die Maße 9 cm × 7 cm × 24 cm. Frau Müller möchte den gesamten Inhalt dieser Milchtüte in ein Glas mit einem Durchmesser von 8 cm und einer Höhe von 20 cm gießen. Wird das Glas reichen?

16 Das Rechteck und das Parallelogramm haben die Seitenlängen a = 21 cm und b = 14 cm. Sie lassen sich zu Zylindermänteln biegen. Dabei können entweder die kurzen oder die langen Seiten aneinandergelegt werden. Vergleiche die vier Zylinder dem Volumen nach.

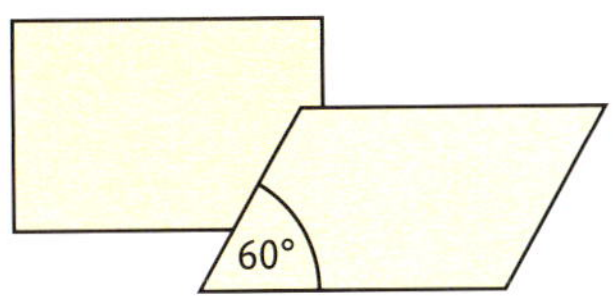

17 Der Wassereimer ist eigentlich gar kein Zylinder.
Wie viel Wasser passt mindestens hinein?
Wenn du geschickt überlegst, kannst du auch einen genaueren Näherungswert berechnen.
Es gibt mehrere Möglichkeiten.
Kennst du weitere Körper, deren Volumen du auf ähnliche Weise angenähert bestimmen könntest?

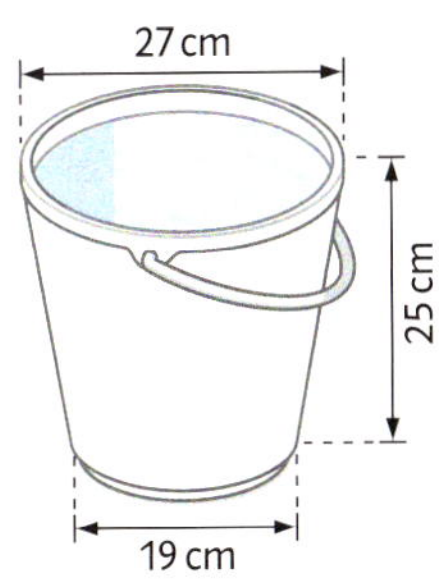

7 Der Nord-Ostsee-Kanal verbindet Nordsee und Ostsee. Er kürzt den Weg um etwa 400 sm ab. (1 Seemeile = 1852 m)

Urquerschnitt und Erweiterungen

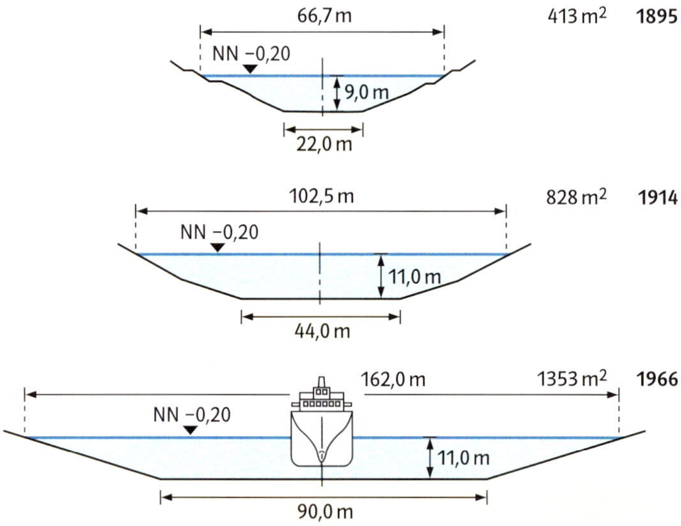

a) In der Grafik sind Längen- und Flächenmaße der Querschnitte angegeben. Prüfe nach, ob die Angaben zueinander passen. Falls Unstimmigkeiten auftauchen, versuche sie zu erklären.
b) Der Kanal ist 98,7 km lang. Du wirst es nicht glauben, aber auch nach dem letzten Ausbau enthält der Kanal weniger als 1 km³ Wasser. Überzeuge dich selbst!
c) Bei Rendsburg überquert die Eisenbahn den Kanal. Der Bahnhof liegt auf 5 m über NN, die Trasse auf der Brücke liegt 45 m über NN hoch. Die Auffahrtrampe ist etwa 3,5 km lang. Gib die Steigung der Strecke in ‰ an.

8 Berechne Volumen und Oberfläche des Zylinders.
a) r = 6,5 cm b) r = 2,4 dm c) d = 72,0 cm
h = 78,0 cm h = 5,3 dm h = 8,9 m

9 a) Skizziere die Zylinder und berechne ihr Volumen. Denke daran: Ellipsen haben weder Ecken noch Spitzen.

Zylinder	(1)	(2)	(3)	(4)
r in cm	1,5	2,4	3	4
h in cm	16	6,25	4	2,25

b) Suche weitere Zylinder, die zu denen aus a) passen.

10 Schätze erst, rechne dann: Welcher Zylinder hat das größere Volumen, welcher die größere Oberfläche?

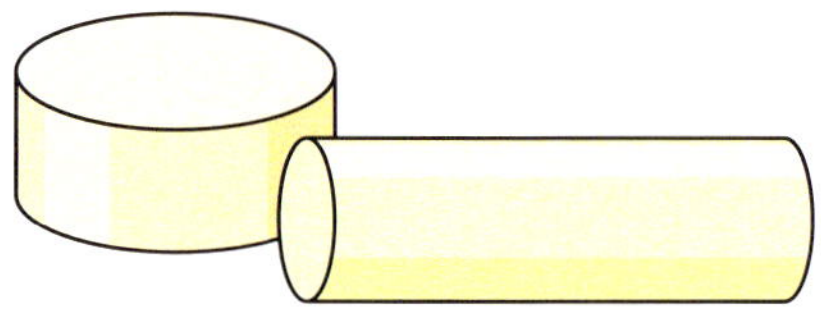

$r_1 = 10$ cm
$h_1 = 7{,}5$ cm

$r_2 = 5{,}0$ cm
$h_2 = 30{,}0$ cm

11 Ein Zylinder mit r = 4,0 cm und h = 10,0 cm wird durch Achsenschnitte zerlegt.

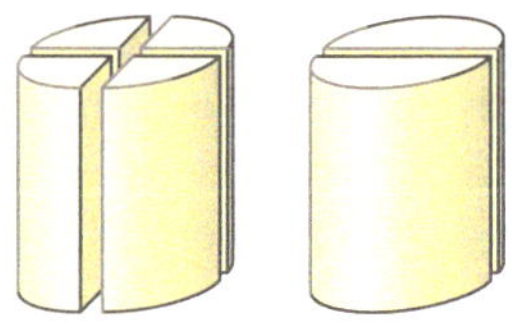

a) Berechne die Oberfläche der Zylinderhälfte und des Zylinderviertels.
b) Um wie viel Prozent ist die Oberfläche der zwei bzw. vier Teilkörper größer als die Oberfläche des Zylinders?

12 Drücke V und O durch e aus.
a)

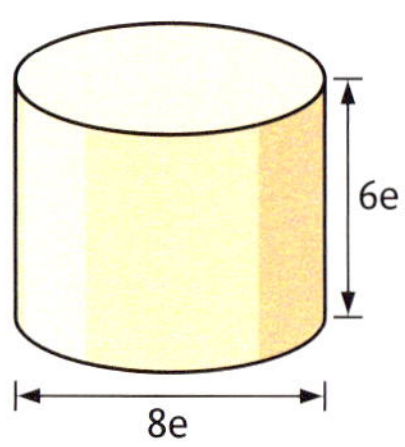

b)

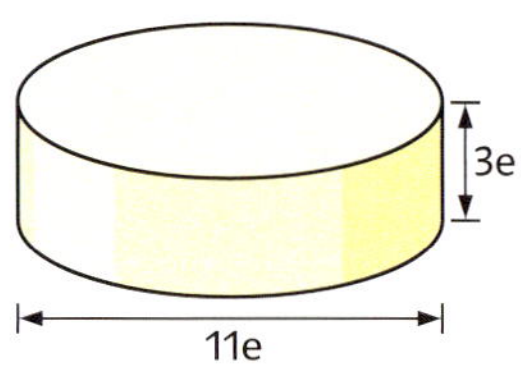

1 Ein Quader hat die Kantenlängen $a = 16\,cm$; $b = 9\,cm$; $c = 7{,}5\,cm$. Berechne sein Volumen V und seine Oberfläche O.

2 Ein Quader hat die Kantenlängen $a = 9\,cm$; $b = 7\,cm$ und das Volumen $V = 315\,cm^3$. Berechne die Kantenlänge c.

3 Berechne die Mantelfläche, die Oberfläche und das Volumen des Zylinders.
a) $r = 6\,cm$; $h = 15\,cm$
b) $r = 37{,}0\,mm$; $h = 25{,}5\,cm$
c) $r = 0{,}62\,m$; $h = 1{,}84\,m$

4 Eine Flugzeughalle hat die Form eines Halbzylinders mit einem Radius von 15 m. Sie ist 120 m lang.

a) Berechne das Volumen der Halle.
b) Die gewölbte Decke soll mit Zinkblech bedeckt werden. Wie viel m^2 Blech müssen bestellt werden?

5 Ein Prisma hat als Grundfläche ein Dreieck mit $a = 15\,cm$; $b = 13\,cm$; $c = 4\,cm$ und der Höhe $h_c = 12\,cm$. Die Höhe des Prismas ist $h = 8\,cm$. Berechne das Volumen V und die Oberfläche O.

6 Berechne das Volumen V und die Oberfläche O des zusammengesetzten Körpers.

Z_1: $r_1 = 2{,}4\,cm$, $h_1 = 3{,}1\,cm$ Z_2: $r_2 = 4{,}5\,cm$, $h_2 = 4{,}0\,cm$

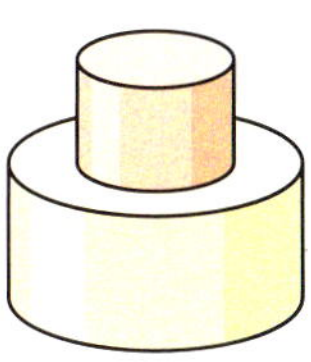

Rückspiegel

1 Alle Kantenlängen eines Quaders werden verdoppelt. Mit welchem Faktor vergrößert sich das Volumen? Mit welchem Faktor vergrößert sich die Oberfläche?

2 Ein Quader hat die Kantenlängen $a = 9\,cm$; $b = 7\,cm$ und die Oberfläche $O = 286\,cm^2$. Berechne die Kantenlänge c.

3 Wie hoch ist der Zylinder?
a) $M = 282{,}7\,cm^2$; $r = 9{,}0\,cm$
b) $O = 37{,}7\,dm^2$; $r = 15{,}0\,cm$
c) $V = 942{,}5\,dm^3$; $r = 0{,}5\,m$

4 Der Eurotunnel unter dem Ärmelkanal zwischen Frankreich und Großbritannien ist 50,5 km lang. Er besteht aus 3 Röhren. Die beiden Fahrröhren haben einen Durchmesser von 7,6 m; die Versorgungsröhre hat einen Durchmesser von 4,8 m.

a) Wie lang wäre ein Güterzug mit dem gesamten Aushub, wenn ein Güterwaggon 12,50 m lang ist und $40\,m^3$ fasst?
b) Stelle dir das Aushubvolumen in Form eines Würfels vor. Wie groß wäre dessen Kantenlänge? Schätze zuerst.

5 Ein Prisma hat als Grundfläche ein Parallelogramm mit $a = 12{,}5\,cm$; $b = 8{,}5\,cm$ und der Höhe $h_a = 6\,cm$. Die Höhe des Prismas ist $h = 12\,cm$. Berechne das Volumen V und die Oberfläche O.

6 Berechne das Volumen und die Oberfläche des Hohlkörpers.

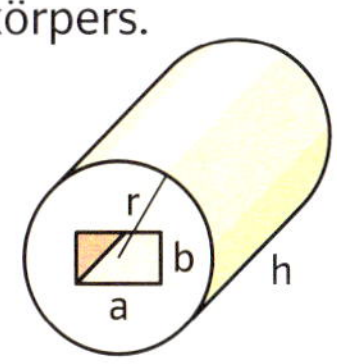

$r = 3{,}2\,cm$
$h = 11{,}4\,cm$
$a = 2{,}9\,cm$
$b = 1{,}7\,cm$

Prozente, Prozente …

Alles Sonderangebote

Vergleiche die Angebote in den beiden Sportgeschäften. Wo kaufst du ein?

Interessantes aus der Zeitung

Was meinst du zu diesen Zeitungsmeldungen? Findet ihr in eurer Tageszeitung noch weitere Artikel mit Prozenten?

ZÜRICHER ZEITUNG

Schnellfahrer
Fuhr vor einigen Jahren noch jeder zehnte Autofahrer zu schnell, so ist es heute nur noch jeder fünfte. Doch auch 5 % sind zu viele, und so wird weiter kontrolliert und die Schnellfahrer müssen zahlen.

Sport
Der Mittelstürmer von 07 Flottbeck sollte in der neuen Saison 12 % der Zuschauereinnahmen bekommen. Er wollte den neuen Vertrag nur unterschreiben, wenn er das Eintrittsgeld von jedem 15. Zuschauer bekommt.

Um die hohen Betriebskosten auffangen zu können, haben die städtischen Verkehrsbetriebe den Preis der Monatskarten für den inneren Ring von 28,– auf 56,– Euro erhöht.

ExtraBlatt

Moskau. Zur Weltmeisterschaft wurden die Zimmerpreise um mehr als 200 % erhöht. Ein halbes Jahr später sanken die Preise aufgrund der geringen Nachfrage um bis zu 100 %.

Der Morgen

Allensbach. Eine Umfrage unter den 18- bis 30-Jährigen ergab folgendes Ergebnis: Jeder 9. (90,2 %) war mit dem erreichten Lebensstandard zufrieden. Dies war das beste Ergebnis in den vergangenen 10 Jahren.

In diesem Kapitel lernst du,

- wie man prozentuale Veränderungen berechnet,
- was man unter Kapital und Zinsen versteht,
- wie man Zinsen für Tage und Monate berechnet,
- wie wichtig die Zinsrechnung im täglichen Leben ist.

1 Grundwert. Prozentwert. Prozentsatz

Flughafen Frankfurt meldet Rekordwerte
Es wurden 51,1 Millionen Passagiere gezählt. Im Jahr zuvor waren es nur 48,3 Millionen Fluggäste. Die Zahl der Starts und Landungen betrug im vergangenen Jahr 458 600. Sie stieg dieses Jahr um 4,1 %. Die Luftfracht legte vergangenes Jahr noch stärker als die Passagierzahl zu und erreichte ebenfalls Rekordwerte. 1,75 Millionen Tonnen wurden umgeschlagen, das bedeutet ein Plus von 13,1 %.

→ Recherchiere die entsprechenden Werte von Stuttgart und vergleiche.

Beim Prozentrechnen werden Größen oder Zahlen miteinander verglichen. Wenn man sagt: „24 € sind 12 % **von** 200 €", ist 200 € der **Grundwert G**, er entspricht 100 %.
Die 24 € bezeichnet man als **Prozentwert**, abgekürzt **P**.
Der Quotient aus Prozentwert und Grundwert ist ein **Anteil**, der **Prozentsatz p %**.

Grundformel der Prozentrechnung:

Prozentwert gleich Grundwert mal Prozentsatz

kurz: $\mathbf{P = G \cdot p\,\%}$ oder $\mathbf{P = G \cdot \frac{p}{100}}$

Beispiele

a) Berechnung des Prozentwerts P
Während einer Grippewelle fehlten an der Gottlieb-Daimler-Realschule 20 % der 640 Schülerinnen und Schüler.

Grundwert: $G = 640$ $\quad P = G \cdot \frac{p}{100}$

Prozentsatz: $p\,\% = 20\,\% = 0{,}20$ $\quad P = 640 \cdot \frac{20}{100} = 640 \cdot 0{,}20$

$P = 128$

Es fehlten an der Gottlieb-Daimler-Realschule 128 Schülerinnen und Schüler.

b) Berechnung des Prozentsatzes p %
Von 168 Schülerinnen und Schülern der 9. und 10. Klassen der Jahn-Realschule nahmen 142 an der Fahrt zum Musical teil.

Grundwert: $G = 168$ $\quad p\,\% = \frac{P}{G}$

Prozentwert: $P = 142$ $\quad p\,\% = \frac{142}{168}$

$p\,\% = 0{,}845 = 84{,}5\,\%$

Es waren 84,5 % der Schülerinnen und Schüler aus den Klassen 9 und 10.

c) Berechnung des Grundwerts
Für den Stadtlauf soll jede Schule 12 % ihrer Schülerinnen und Schüler melden. Die Theodor-Heuss-Realschule meldet 78 Kinder.

Prozentwert: $P = 78$ $\quad G = P : \frac{p}{100}$

Prozentsatz: $p\,\% = 12\,\% = 0{,}12$ $\quad G = 78 : \frac{12}{100} = 78 : 0{,}12$

$G = 650$

Die Schule hat insgesamt 650 Schülerinnen und Schüler.

Aufgaben

1 Berechne den Prozentwert.
a) Grundwert 420 €; Prozentsatz 56 %
b) Grundwert 785 kg; Prozentsatz 36 %
c) Grundwert 5,2 m; Prozentsatz 7,5 %

2 Berechne den Prozentsatz.
a) Grundwert 120 km; Prozentwert 42 km
b) Grundwert 850 l; Prozentwert 272 l
c) Grundwert 400 €; Prozentwert 126 €

3 Berechne den Grundwert.
a) Prozentwert 264 kg; Prozentsatz 55 %
b) Prozentwert 1680 g; Prozentsatz 24 %
c) Prozentwert 42 €; Prozentsatz 3,5 %

4 Der Prozentstreifen zeigt die prozentuale Verteilung der Verkehrsmittel, mit welchen Deutsche in den Urlaub fahren.

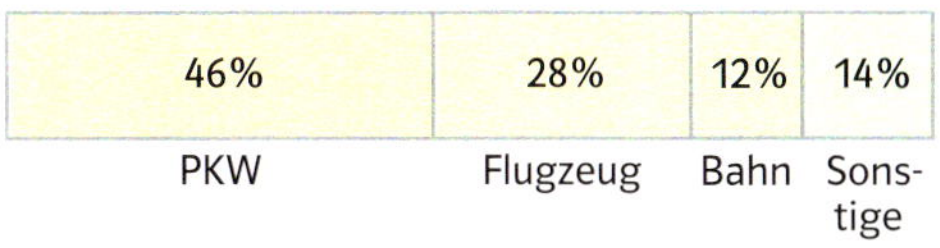

a) Stelle die Verteilung auch in einem Prozentkreis dar und vergleiche.
b) Es waren insgesamt 14 Millionen Reisende.
c) Vergleiche die Zahlen mit einer Umfrage in deiner Klasse.

5 Das Balkendiagramm zeigt die prozentuale Verteilung der Umsätze eines Supermarkts auf die einzelnen Wochentage.

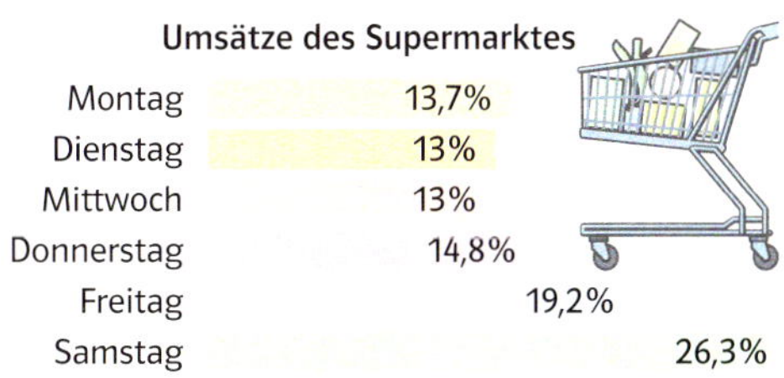

a) Erkläre die Unterschiede für die einzelnen Wochentage.
b) Der Gesamtumsatz von „Kaufgut" beträgt 92,5 Mio. Euro.
c) Stelle die Anteile in einem Prozentkreis dar.

6 Untersucht verschiedene Verteilungen in eurer Klasse wie z. B. Jungen und Mädchen, Konfessionen, Schuhgrößen. Ihr findet bestimmt selbst noch mehr Merkmale.
a) Erfasst die absoluten Zahlen.
b) Berechnet die Anteile in Prozent.
c) Zeichnet unterschiedliche Diagramme zu den verschiedenen Merkmalen.
d) Vergleicht eure Erhebungen mit euren Parallelklassen.

7 Hitliste der Berufsberatung für die männlichen Bewerber.

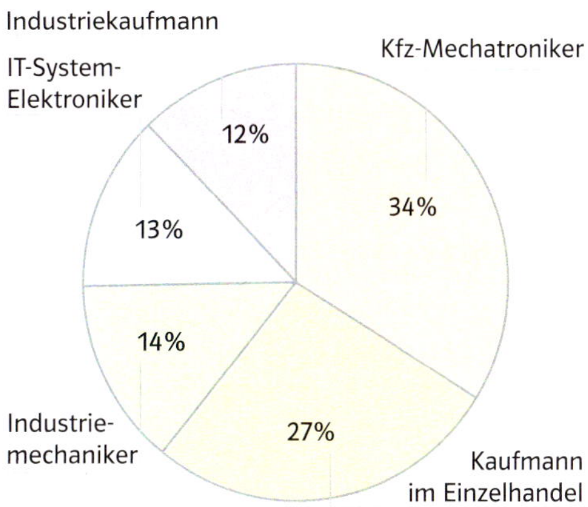

Der Prozentkreis zeigt die Verteilung der fünf beliebtesten Berufe der Hitliste.
a) Übertrage den Prozentkreis mit einem Radius von 5 cm in dein Heft.
b) In einem Jahr wurden insgesamt 320 000 Ausbildungsverträge in diesen Berufen abgeschlossen.
c) Dies ist die Aufstellung eines Berufsberaters für die ersten 5 Berufswünsche der weiblichen Bewerber in absoluten Zahlen:

Berufswunsch	Nennungen
Arzthelferin	208
Kauffrau im Einzelhandel	202
Bürokauffrau	189
Friseurin	148
Mediengestalterin	104

Vergleiche die Berufswünsche mit den Angaben der männlichen Bewerber. Stelle diese Angaben auch in einem Prozentkreis dar und vergleiche die beiden Diagramme.

! *Ein Tabellenkalkulationsprogramm kann dir bei der Auswertung helfen.*

Fahrrad Franze Der Zweiradspezialist	
Citybike XB	598,00
Total EUR	598,00
Bar EUR	600,00
Rückgeld EUR	2,00
Der Betrag enthält 16% MwSt.	

b) Ein Citybike kostet einschließlich 16 % Mehrwertsteuer 598 €.
Wie hoch ist der Nettopreis?

Vermehrter Grundwert $G^+ = 598\,€$
Prozentsatz $p\,\% = 16\,\%$

Der veränderte Prozentsatz $p^+\,\%$ ist dann:
$100\,\% + 16\,\% = 116\,\% = \frac{116}{100} = 1{,}16$

Der Grundwert wird berechnet:

$G = G^+ : p^+\,\%$
$= 598\,€ : 1{,}16$
$= 515{,}52\,€$

Das Citybike kostet ohne Mehrwertsteuer 515,52 €.

c) Eine Snowboardjacke kostet 450 €. Nach Weihnachten wird sie auf 360 € heruntergesetzt. Wie viel Prozent beträgt der Rabatt?

Grundwert $G = 450\,€$
verminderter Grundwert $G^- = 360\,€$

Der veränderte Prozentsatz wird berechnet

$p^-\,\% = \frac{G^-}{G}$
$= \frac{360}{450} = 0{,}8 = 80\,\%$

Der Nachlass beträgt 100 % − 80 % = 20 %.

Aufgaben

1 Wie groß ist der veränderte Prozentsatz $p^+\,\%$ bzw. $p^-\,\%$?
Gib ihn in der Prozent- und in der Dezimalbruchschreibweise an.
a) Vermehrung um 30 %
b) 2 % Skonto
c) mit Mehrwertsteuer 16 %
d) Preisnachlass um 35 %
e) Preiserhöhung um 22 %
f) Preisreduzierung um 5 %
g) Wertsteigerung um 4,5 %
h) 8 % Rabatt
i) Nachlass um ein Viertel des ursprünglichen Preises.
j) Erhöhung um ein Drittel des Preises.

2 Berechne die herabgesetzten Preise.
Der Rabatt beträgt 20 %.

3 Berechne den vermehrten bzw. den verminderten Grundwert.
a) 380 € vermehrt um 5 %
b) 256 hl vermindert um 25 %
c) 70 kg vermehrt um 21 %
d) 125,80 € vermindert um 12,5 %
e) 42 800 km vermehrt um 31,7 %
f) 134 kg vermindert um 4,8 %

4 Wie viel Prozent Rabatt wurde bei den einzelnen Artikeln jeweils gegeben? Schätze zuerst, wo du prozentual am meisten sparst.

5 Ein Großmarkt für Elektrogeräte wirbt mit dem Werbespruch:

Sie sparen 19 %
Keiner bezahlt Mehrwertsteuer!

Was sagst du zu diesem Angebot?
Prüfe es mit einem Beispiel.

6 a) Nach einem Rabatt von 25 % bezahlte Andreas für einen MP3-Player noch 150 €. Wie hoch war der Preis ohne Rabatt?
b) Durch 3 % Skonto sparte Sarah beim Kauf einer Jacke 2,94 €.
Wie teuer war die Jacke vorher und was musste Sarah bezahlen?
c) Nach einer Preiserhöhung kostet ein Drucker, der 59 € gekostet hatte, 69 €. Um wie viel Prozent ist er teurer geworden? Rechne auf ganze Prozent genau.

7 Frau Benedetto kauft sich einen Motorroller für 1499 €. Bei Barzahlung erhält sie 3 % Skonto, bei Bezahlung innerhalb 14 Tagen 2 % Rabatt.
Wie groß ist der Unterschied?

8 Mit 19 % Mehrwertsteuer und 10 % Rabatt kostet ein Flachbildschirm 899,10 €.
a) Wie hoch ist der Preis ohne Mehrwertsteuer und Rabatt?
b) Wie ändert sich der Preis, wenn nur 3 % Skonto und kein Rabatt abgezogen werden?

9 Sinje will sich eine Musikanlage kaufen. Sie vergleicht zwei Angebote: In der Musikhalle muss sie 749 € einschließlich 19 % Mehrwertsteuer bezahlen. Sie kann 3 % Skonto abziehen. Bei Happy music spart sie durch 3 % Skonto 23,49 € auf den Preis mit Mehrwertsteuer.
a) Was kosten die beiden Anlagen bei Barzahlung?
b) Um wie viel Prozent unterscheiden sich die beiden Angebote?
c) Wie hoch ist die Mehrwertsteuer in Euro bei beiden Angeboten?

10 Bei beiden Angeboten spart man 100 €. Gibt es dennoch einen Unterschied?

Alles immer billiger! Fast geschenkt!

Wenn mehrmals hintereinander Prozentwerte berechnet werden, muss man sich vor zu schnellen Schlüssen hüten.

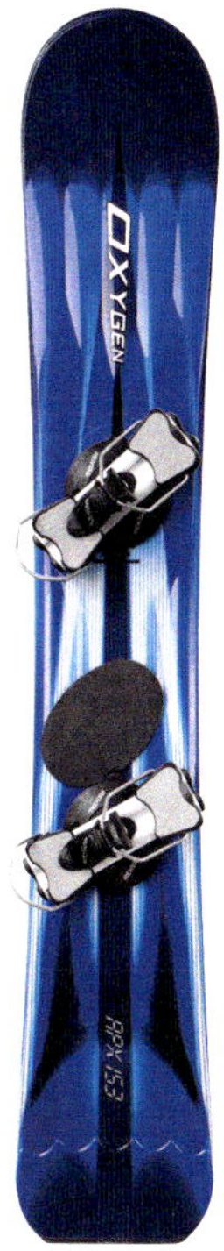

- Ein Snowboard wird am Ende des Winters zweimal hintereinander um 50 % reduziert.
Florian sagt: „Dann bekommt man das Snowboard ja jetzt geschenkt!"
Stimmt das oder hat Florian bei seiner Rechnung etwas übersehen?

- Nach einer Preiserhöhung um 10 % hat ein Computerladen in einer Sonderaktion auf alle Waren 10 % Preisnachlass gewährt.
Sabine sagt. „Da hätten sie die alten Preise auch gleich lassen können."
Was meinst du dazu?
Erkläre an einem Beispiel.

- Wie ändert sich der Preis, wenn er zuerst um x % teurer und dann um denselben Prozentsatz billiger wird?
Versuche es mit 10 %, 20 %, 30 %, …

- Das Sportgeschäft verspricht dem Käufer eine sensationelle Ersparnis.
Prüfe durch Rechnung und erkläre, was mit den 100 % gemeint ist.

- Meine Großmutter sagt: „Heute kostet alles 5-mal so viel wie in meiner Jugendzeit!" Darauf sagt der Großvater:
„Das ist ja eine Preissteigerung um 500 %!"
Stimmt das?

3 Zinsrechnung

Zur Konfirmation hat Bianca insgesamt 950 € geschenkt bekommen. Sie will das Geld noch ein Jahr lang sparen, weil sie sich dann einen Roller kaufen möchte.

→ Hast du eine Idee, was sie mit ihrem Geld machen könnte?

→ Weißt du, was man bekommt, wenn man sein Geld zu einer Bank bringt?

→ Kennst du unterschiedliche Möglichkeiten Geld anzulegen?

Bei Banken und Sparkassen kann man Geld sparen und leihen.
Geld sparen bei der Bank heißt, dass wir für einen bestimmten Zeitraum der Bank unser Geld zur Verfügung stellen. Dafür zahlt die Bank **Zinsen**.
Den Geldbetrag, den man der Bank überlässt, nennt man **Kapital**.
Wenn man sich Geld von der Bank leiht, muss man für dieses Kapital Zinsen bezahlen.
Die Bank legt fest, wie viel Prozent des Kapitals als Zinsen bezahlt werden müssen.
Diese Prozentangabe nennt man **Zinssatz**.
Der Zinssatz bezieht sich auf einen Zeitraum von einem Jahr.
Man nennt diese Zinsen deshalb auch **Jahreszinsen**.
Die Zinsrechnung ist eine Anwendung der Prozentrechnung.

Prozentrechnung			**Zinsrechnung**		
Grundwert	G		Kapital	K	
Prozentwert	P	$P = G \cdot p\%$	Zinsen	Z	$Z = K \cdot p\%$
Prozentsatz	p %		Zinssatz	p %	

Beispiele

a) Berechnung der Zinsen

Sarina hat bei der Bank ein Sparbuch. Zu Beginn des Jahres hat sie ein Guthaben von 800 €. Der Zinssatz für das Sparkonto beträgt 1,5 %. Am Ende des Jahres werden die Zinsen berechnet:

Kapital K = 800 €
Zinssatz p % = 1,5 %

1. Lösung:

Die Prozentwertformel kann für die Berechnung der Zinsen verwendet werden.

$Z = K \cdot \frac{p}{100}$

$Z = 800\,€ \cdot \frac{1,5}{100}$

$Z = 800\,€ \cdot 0,015$

$Z = 12\,€$

2. Lösung:

Anwendung des Dreisatzverfahrens

	100 %	sind	800 €	
: 100				: 100
	1 %	sind	$\frac{800\,€}{100}$	
· 1,5				· 1,5
	1,5 %	sind	$\frac{800\,€}{100} \cdot 1,5$	
	1,5 %	sind	12 €	

Sarina erhält für ein Kapital von 800 € nach einem Jahr 12 € Zinsen.

b) Berechnung des Kapitals

Herr Maurer hat sich von der Bank Geld geliehen. Für ein Jahr muss er 170 € Zinsen bezahlen. Der Zinssatz beträgt 8,5 %. Das Geld, das er sich geliehen hat, ist das Kapital. Die Berechnung entspricht der Berechnung des Grundwerts.

Zinsen $Z = 170$ € Zinssatz $p\,\% = 8{,}5\,\% = 0{,}085$

1. Lösung:

$Z = K \cdot p\,\%$ | : p %

$K = Z : p\,\%$

$K = 170\text{ €} : 0{,}085$

$K = 2000$ €

2. Lösung:

	8,5 %	sind	170 €	
: 8,5				: 8,5
	1 %	sind	170 € : 8,5	
· 100				· 100
	100 %	sind	20 € · 100	

Herr Maurer hat sich für ein Jahr 2000 € geliehen.

c) Berechnung des Zinssatzes

Eleni hat nach einem Jahr für 600 € Guthaben Zinsen in Höhe von 12 € bekommen. Aus diesen beiden Angaben kann man den Zinssatz berechnen.

Kapital $K = 600$ € Zinsen $Z = 12$ €

1. Lösung:

$Z = K \cdot p\,\%$ | : K

$p\,\% = \frac{Z}{K}$

$p\,\% = \frac{12\text{ €}}{600\text{ €}}$

$p\,\% = 0{,}02 = 2{,}0\,\%$

Der Zinssatz auf diesem Konto beträgt 2,0 %.

2. Lösung:

	600 €	sind	100 %	
: 100				: 100
	6 €	sind	1 %	
· 2				· 2
	12 €	sind	2 %	

Aufgaben

1 a) Wie viel Zinsen erhält man nach einem Jahr bei einem Zinssatz von 2,5 % für 400 €; 650 €; 275 €?
Berechne auch den neuen Kontostand mit den gutgeschriebenen Zinsen.
b) Wie viel Zinsen muss man in einem Jahr bei einem Zinssatz von 10,5 % für 756 €; 1345 €; 992,40 € bezahlen? Welcher Betrag ist insgesamt zurückzuzahlen?

2 a) Vergleiche die Zinsen, die man nach einem Jahr für 500 € erhält bei 1,5 %; 1,75 %; 2 %; $2\frac{1}{4}$ %; 2,5 %?
b) Berechne die Differenz der Zinsen, die man für 5000 € in einem Jahr zahlen muss, für die Zinssätze 8,5 % und $10\frac{3}{4}$ %.

3 Klaus, Miriam, Heike und Thomas vergleichen am Ende des Jahres ihre Zinseinnahmen. Alle hatten denselben Zinssatz von 2,5 %. Dennoch hat Klaus 5 €, Miriam 4,50 €, Heike 7,50 € und Thomas 11,38 € Zinsen bekommen.

4 Herr Paulsen hat bei drei verschiedenen Banken jeweils 5000 € angelegt. Am Ende des Jahres erhält er 212,50 €; 235 € bzw. 250 € Zinsen.

5 Am Ende des Jahres möchte Frau Nagel 2000 € zur Verfügung haben. Die Bank bietet einen Zinssatz von 2,75 % an. Welchen Betrag muss sie am Anfang des Jahres anlegen?

6 Frau Berger muss sich Geld leihen. Sie möchte aber nicht mehr als 100 € Zinsen im Jahr bezahlen. Die eine Bank hat einen Zinssatz von 8 %, die andere sogar 8,75 %.

7 Herr Beck bekommt in einem Jahr für 2500 € bei seiner Bank 50 € Zinsen. Seine Frau hat auf ihrer Bank doppelt so viel Geld angelegt, bekommt aber dreimal so viel Zinsen wie ihr Mann. Kannst du das erklären? Wie viel Zinsen würde Herr Beck bei der Bank seiner Frau bekommen?

Sparen und Leihen

Es gibt bei der Bank verschiedene Arten von Konten.
Jugendliche unter 18 Jahren können ein eigenes Jugendkonto einrichten.

Hallo! Dein ***SuperGiro***-Konto wartet auf dich!
- eigene Geldkarte für den Geldautomat
- Kontoauszüge drucken
- Guthabenzinsen
- Überweisungen tätigen
- Online-Banking
- kostenlos bis zum 23. Lebensjahr
- und Mitgliedschaft im ***SuperGiro***-Club!

SuperGiro
Jugendkonto

Das Konto für Schüler, Studenten, Auszubildende, Wehr- und Zivildienstleistende
- kostenlos leistungsstark
- 2% Guthabenverzinsung

Grundpreis	~~X~~ kostenlos
Buchungen	~~X~~ kostenlos
Chipkarte mit Geldkartenfunktion und Geheimzahl	~~X~~ kostenlos
ec-Karte (ab 18 Jahren) mit Geldkartenfunktion und Geheimzahl	~~X~~ kostenlos
Daueraufträge einrichten, ändern, löschen	~~X~~ kostenlos
Kontoauszug per Drucker	~~X~~ kostenlos
per Post	Porto
EUROCARD	Preis auf Anfrage

Unser Team ist von Montag bis Freitag zwischen 8 und 22 Uhr am Telefon für Sie da.

Bei einem **Girokonto** wird häufig Geld eingezahlt oder abgehoben. Das Jugendgirokonto ist ein „Guthabenkonto" und kann deshalb nicht überzogen werden, das heißt, man kann nicht mehr abheben als das Guthaben.
Wenn eure Eltern zugestimmt haben, könnt ihr über das Geld frei verfügen.

- Erkundige dich bei den Banken über die aktuellen Bedingungen für ein Jugendgirokonto.
- Welche Zinssätze gelten zurzeit für Sparbücher?

Erwachsene können sich bei der Bank für einen bestimmten Zeitraum Geld leihen. Man spricht dabei von einem **Kredit**. Mit der Bank wird der Zinssatz und die Rückzahlung vereinbart.
Die Bank leiht also das Geld im Vertrauen darauf, dass sie es mit Zinsen zurückerhält.

! *Das Wort „Credo" ist lateinisch und heißt „ich vertraue".*

- Warum kannst du dir bei der Bank noch kein Geld leihen?
- Erkundige dich bei der Bank nach den Bedingungen, die erfüllt werden müssen, wenn man Geld leiht.
- Warum sind die Zinssätze für Sparbücher niedriger als die Zinssätze für geliehenes Geld?
- Warum bekommt man einen höheren Zinssatz, wenn man Geld längerfristig anlegt?

8 Zwei Banken werben in der Zeitung mit Anzeigen für einen Kleinkredit.

ein eld ck. den am for- den be-

10000 Euro
zu einem Zinssatz von
nur 8,5%
Rückzahlung nach 1 Jahr
(einmalige Bearbeitungsgebühr 400 €)

Sie bekommen 10000 Euro
Zinssatz 9%
Bearbeitungsgebühr 2% bezogen auf den Kreditbetrag

a) Vergleiche die beiden Angebote und erkläre den Unterschied.
b) Berechne den Betrag, den du nach einem Jahr zurückzahlen musst.

9 Frau Mahle möchte Geld leihen, um sich ein neues Auto zu kaufen.
Ihre Nachbarin hat bei der Eurobank für 15000 € bei einer Dauer von 1 Jahr 1275 € Zinsen bezahlt.
Ihr Geschäftskollege hat sich ebenfalls für ein Jahr bei der Stadtbank 20000 € geliehen und musste dafür 1800 € Zinsen bezahlen.
Bei ihrer Firma könnte sie 10000 € ein Jahr lang für 875 € Zinsen leihen.
a) Vergleiche die drei Angebote.
b) Für welches Angebot soll sie sich entscheiden? Begründe deine Antwort.
c) Berechne beim günstigsten Angebot die Zinsen für 10000 € in einem Jahr.

10 Familie Hartmann zahlt nach dem Umbau ihrer Wohnung für drei Kredite im 1. Jahr folgende Zinsen:

1000 € Zinsen für den 20000-€-Kredit
550 € Zinsen für den 10000-€-Kredit
900 € Zinsen für den 15000-€-Kredit.

a) Vergleiche die Zinssätze.
b) Die Bank schlägt vor, den gesamten Kreditbetrag zu einem Zinssatz von 5,5% zu verzinsen.
c) Neben den Zinsen zahlt die Familie noch 2% der jeweiligen Kreditsumme zurück. Wie hoch ist die Gesamtbelastung im ersten Jahr?
d) Wie ändert sich die jährliche Belastung in den folgenden fünf Jahren, wenn die 2% Rückzahlung sich immer auf den ursprünglichen Kreditbetrag beziehen sollen?

4 Monatszinsen. Tageszinsen

Natalie hat 800 € auf ihrem Sparbuch. Die Sparkasse verzinst das Geld mit 2 %. Nach einem halben Jahr möchte sie wissen, wie hoch ihr Kontostand ist. Weil sie nur 8 € Zinsen bekommt, glaubt sie, dass der Zinssatz auf 1 % geändert wurde.
→ Kannst du Natalie erklären, wie die Bank ihre Zinsen berechnet hat?

Nr. 01.123.3 Natalie … ptstraße 10, Dingsdorf

Datum, Unterschrift	Erläuterungen	Auszahlung S = Soll	Einzahlung H = Haben	Guthaben Euro
25.05.05	Einlage		***800,00H	***800,00
25.11.05	Zinsen		*****8,00H	***808,00

Die Höhe der Zinsen, die man erhält oder an die Bank zahlen muss, richtet sich nicht nur nach dem Zinssatz und dem Kapital, sondern auch nach der Zeitdauer. Im Allgemeinen wird der Zinssatz für die Zeitdauer von einem Jahr angegeben. Ist der zu verzinsende Zeitraum nur ein Teil des Jahres, so werden die Zinsen auch nur für diesen Bruchteil berechnet.
So werden z. B. für die Hälfte eines Jahres auch nur die Hälfte, für einen Monat nur ein Zwölftel der Jahreszinsen gezahlt.
Deshalb müssen die Jahreszinsen mit einem **Zeitfaktor** multipliziert werden.

Im Bankwesen wird üblicherweise mit folgenden Werten gerechnet:
1 Jahr = 12 Monate = 360 Tage   1 Monat = 30 Tage
Der Zeitfaktor ist ein Vielfaches von $\frac{1}{12}$ bei Berechnung von Monatszinsen bzw. $\frac{1}{360}$ bei Berechnung der Tageszinsen.

Beim Zinsrechnen muss man auch die Zeit berücksichtigen. Die Jahreszinsen werden mit dem Zeitfaktor multipliziert.

Zinsen = Jahreszinsen · Zeitfaktor

$Z = K \cdot \frac{p}{100} \cdot i$ $Z = K \cdot \frac{p}{100} \cdot \frac{m}{12}$ $Z = K \cdot \frac{p}{100} \cdot \frac{t}{360}$

i Bruchteil eines Jahres   m Anzahl der Monate   t Anzahl der Tage

! *Die Formeln gelten nicht für einen Zeitraum, der länger als ein Jahr dauert.*

Bemerkung
Bei Rechnungen mit Geldbeträgen wird in der Regel auf zwei Dezimalen gerundet.

? *Warum spricht man von der „Kip-Regel"?*

Beispiele
a) Berechnung der Zinsen
Dora hat 135 Tage lang 1300 € auf ihrem Sparbuch. Der Zinssatz beträgt 1,5 %.

Kapital:	K = 1300 €	$Z = K \cdot \frac{p}{100} \cdot \frac{t}{360}$
Zinssatz: 1,5 %	p = 1,5	$Z = 1300\,€ \cdot \frac{1{,}5}{100} \cdot \frac{135}{360}$
Zeit: 135 Tage	t = 135	$Z = 7{,}31\,€$

In 135 Tagen ergibt ein Kapital von 1300 € bei einem Zinssatz von 1,5 % einen Zinsbetrag von 7,31 €.

b) Berechnung des Kapitals
Für das Überziehen eines Kontos werden bei einem Zinssatz von 10,5% nach 5 Monaten 66,50 € berechnet.

Zinssatz: 10,5%	$p = 10{,}5$	$Z = K \cdot \frac{p}{100} \cdot \frac{m}{12}$	$\mid \cdot 1200 \quad \mid : p \quad \mid : m$
Zinsen	$Z = 66{,}50\,€$	$K = \frac{Z \cdot 1200}{p \cdot m}$	
Zeit 5 Monate	$m = 5$	$K = \frac{66{,}50\,€ \cdot 1200}{10{,}5 \cdot 5}$	
		$K = 1520\,€$	

Bei einem Zinssatz von 10,5% müssen für 1520 € in 5 Monaten 66,50 € Zinsen bezahlt werden.

c) Berechnung des Zinssatzes
Mit einem Kapital von 8200 € wurde in einem Dreivierteljahr ein Zinsertrag von 276,75 € erzielt.

Kapital	$K = 8200\,€$	$Z = K \cdot \frac{p}{100} \cdot i$	$\mid : (K \cdot i)$
Zinsen	$Z = 276{,}75\,€$	$\frac{p}{100} = \frac{Z}{K \cdot i}$	
Zeit $\frac{3}{4}$ Jahr	$i = \frac{3}{4}$	$\frac{p}{100} = \frac{276{,}75\,€ \cdot 4}{8200\,€ \cdot 3} = 0{,}045 = 4{,}5\%$	

Bei einem Zinssatz von 4,5% ergeben 8200 € in einem Dreivierteljahr 276,75 € Zinsen.

! Die Bank berechnet 9 Monate mit 270 Tagen.

d) Berechnung der Zeit
Bei einem Zinssatz von 3,5% gibt ein Kapital von 4000 € nach einer bestimmten Zeit 98 € Zinsen.

Kapital	$K = 4000\,€$	$Z = K \cdot \frac{p}{100} \cdot \frac{t}{360}$	$\mid \cdot 36\,000 \quad \mid : K \mid : p$
Zinsen	$Z = 98\,€$	$t = \frac{Z \cdot 36\,000}{K \cdot p}$	
Zinssatz: 3,5%	$p = 3{,}5$	$t = \frac{98\,€ \cdot 36\,000}{4000\,€ \cdot 3{,}5} = 252$	

Bei einem Zinssatz von 3,5% bringen 4000 € in 252 Tagen 98 € Zinsen.

Aufgaben

1 Berechne die Zinsen von
a) 820 € zu 5% für 7 Monate.
b) 1325 € zu 3,5% für 295 Tage.
c) 2400 € zu 6,25% für ein halbes Jahr.

2 Welches Kapital bringt in
a) 8 Monaten 24 € Zinsen bei 6%?
b) 220 Tagen 15 € Zinsen bei 8%?

3 Bei welchem Zinssatz ergeben
a) 4300 € in 7 Monaten 150,50 € Zinsen?
b) 18 660 € in $\frac{1}{2}$ Jahr 1010,75 € Zinsen?
c) 1975 € in 80 Tagen 19,75 € Zinsen?

4 In welchem Zeitraum ergibt das Kapital
a) 6000 € Zinsen von 112,50 € bei 2,5%?
b) 589,90 € Zinsen von 32,69 € bei 9,5%?
c) 1565 € Zinsen von 67 € bei 11,25%?

5 Mit den Formeln zur Berechnung der Zinsen kann man schnell rechnen, wenn man sie nach allen Größen auflöst.
Löse die verschiedenen Formeln nach K, p, i, m bzw. t auf.

6 Berechne die fehlenden Größen.

Kapital	1500 €	750 €		3780 €
Zinssatz	$2\frac{3}{4}$%		10,5%	18%
Zinsen		10 €	9,33 €	43,47 €
Zeit	112 Tage	5 Monate	$\frac{1}{4}$ Jahr	

7 Die Eltern von Andreas und Marion haben bei ihrer Bank für jeden 1500 € zu gleichen Bedingungen angelegt. Andreas bekommt für 7 Monate 24,06 € Zinsen. Wie viel Zinsen bekommt Marion nach 310 Tagen?

Rechnen mit dem Computer

Beim Zinsrechnen treten bestimmte Rechenvorgänge in immer gleicher Weise auf.

Mit einem Tabellenkalkulationsprogramm kannst du ein Rechenblatt anlegen, mit dem du die Tageszinsen für einen vorgegebenen Zeitraum berechnen kannst. Dabei musst du beachten, dass die Bank alle Monate mit 30 Tagen berechnet. Es ist sinnvoll, die Zinsen in drei Zeitabschnitten zu berechnen.

F9 ▾ fx =C9*D9*E9/360

	A	B	C	D	E	F	G	H
1	Berechnung von Tageszinsen							
2				Tag	Monat		Tag	Monat
3		für die Zeit vom		19	4	bis	5	7
4		Kapital	1.500 €					
5		Zinssatz	11,5%					
6				Kapital	Zinssatz	Zinsen		
7	1. Monat	von Tag	19	1.500 €	11,5%	5,27 €		
8	volle Monate	(Anzahl)	2	1.500 €	11,5%	28,75 €		
9	letzter Monat	bis Tag	5	1.500 €	11,5%	2,40 €		
10					Gesamtzinsen	36,42 €		
11								
12								

Im Beispiel muss für den April die Anzahl der Tage als Differenz zu 30 errechnet werden.

- Erstelle selbst dieses Rechenblatt und berechne für unterschiedliche Zeiträume, Zinssätze und Geldbeträge die Zinsen. Vergleiche, indem du jeweils nur eine Eingabegröße veränderst.

- Erwachsene können von ihrem Girokonto mehr Geld abheben als Guthaben vorhanden ist. Für dieses Überziehen des Kontos müssen sie aber hohe Zinsen bezahlen. In der Regel wird vierteljährlich abgerechnet. Berechne die Überziehungszinsen für das Konto mit den angegebenen Kontoständen und einem Zinssatz von 11,5%. Ermittle auch die jeweiligen Kontobewegungen.

1.7.	*1356,00*	*Haben*
20.7.	*256,50*	*Soll*
3.8.	*1100,25*	*Haben*
26.8.	*1367,20*	*Soll*
5.9.	*146,90*	*Soll*
15.9.	*678,45*	*Haben*
30.9.	*112,70*	*Haben*

8 Wenn auf einem Konto im Laufe des Jahres immer wieder Geld ein- oder ausgezahlt wird, müssen die zu verzinsenden Tage für die Berechnung der Zinsen berechnet werden.

Beispiel: Zu verzinsende Tage für den Zeitraum vom 16.2. bis zum 8.6. des Jahres. Im Februar werden 14, im März, April und Mai jeweils 30 und im Juni 8 Tage gerechnet. Es ergeben sich also 112 Zinstage.

Berechne die Zahl der Zinstage
a) vom 4. März bis zum 27. Juni.
b) vom 17. Mai bis zum 8. Oktober.
c) vom 3. Januar bis zum 1. Dezember.

9 Am 12. Mai nimmt Herr Thelen einen Kredit über 14 300 € zu 9,5% auf. Er kann ihn am 28. Oktober zurückzahlen. Wie viel Geld hätte Herr Thelen gespart, wenn er den Kredit schon am 1. Oktober zurückgezahlt hätte?

10 Eine Rechnung beläuft sich auf 12 850 €. Wenn sie innerhalb von 10 Tagen bezahlt wird, können 2% Rabatt abgezogen werden. Nach Ablauf von zwei Monaten muss sie ohne Abzug bezahlt werden.
a) Was ist günstiger
nach 10 Tagen abzüglich 2% Rabatt zu zahlen
oder das Geld für weitere 50 Tage zu einem Zinssatz von 6% auf der Bank zu belassen und dann ohne Abzug zu bezahlen?
b) Bei welchem Zinssatz wäre es günstiger, auf den Rabatt von 2% zu verzichten?

11 Am 11. Juni muss Herr Lux eine Rechnung über 2743 € bezahlen. Bei Barzahlung können 3% Skonto abgezogen werden. Der Zinssatz für das Überziehen des Girokontos liegt bei 11%. Lohnt es sich, das Konto bis zum 1. Juli um 1245 € zu überziehen?

Sparen – Jahr für Jahr

Patrick bringt zu Beginn eines jeden Jahres 300 € zur Bank und erhält jährlich 2,5 % Zinsen.
Am Ende des Jahres lässt er die Zinsen gutschreiben und zahlt wieder 300 € ein. So wächst nicht nur sein gespartes Kapital, sondern es wachsen auch seine Zinsen.
Die Entwicklung seines Kontostandes lässt sich gut in einer Tabelle darstellen. Dabei hilft ein Tabellenkalkulationsprogramm.

D9 ▾ f_x =C9*C$3

	A	B	C	D	E
1	Patricks Sparplan				
2					
3		**Zinssatz**	2,5 %		
4		**Jährliche Rate**	300,00 €		
5					
6	**Datum**	**Einzahlung**	**Kontostand am 1.1.**	**Zinsen**	**Kontostand am 31.12.**
7	01.01.2006	300,00 €	300,00 €	7,50 €	307,50 €
8	01.01.2007	300,00 €	607,50 €	15,19 €	622,69 €
9	01.01.2008	300,00 €	922,69 €	23,07 €	945,75 €
10	01.01.2009	300,00 €	1.245,75 €	31,14 €	1.276,90 €

- Erstelle selbst ein Rechenblatt zur Berechnung eines Sparplans.
- Wie viel Geld kann Patrick im angegebenen Beispiel nach sechs Jahren abheben?
- Wann hat Patrick erstmals mehr als 2500 € auf seinem Konto?
- Wie viel Zinsen hat er nach zehn Jahren insgesamt bekommen?
Gib eine Formel zur Berechnung der Zinsen an.

- Stelle die Entwicklung des Kapitals in einem geeigneten Diagramm dar.
- Erstelle solch ein Diagramm auch für die Entwicklung der Zinsen. Was fällt dir auf?

- Verändere in dem Programm den Zinssatz und beobachte die Veränderungen des Kontostandes.
- Was beobachtest du, wenn du die Höhe der Einzahlungen verdoppelst?
Wie wirkt sich eine Verdopplung des Zinssatzes aus? Erkläre den Unterschied.

21 Die Kinder von Familie Topcu haben Sparbücher mit unterschiedlichen Zinssätzen.

Fatih:	Stand am 1.1.	700 € zu 1,00 %
Serpil:	Stand am 1.1.	650 € zu 1,75 %
Merve:	Stand am 1.1.	575 € zu 2,25 %

Vergleiche die Kontostände nach einem Jahr.

22 Eine Privatbank wirbt mit dieser Anzeige:

> **Billiges Geld für 1 Monat!**
> Leihen Sie sich 5000 €
> und zahlen Sie nach
> 1 Monat 5100 € zurück.

a) Wie viel Prozent Zinsen sind für einen Monat zu zahlen?
b) Berechne die Jahreszinsen und bestimme den dazugehörigen Zinssatz.
c) Banken müssen bei Krediten immer den Jahreszinssatz angeben.
Kannst du erklären, warum?

23 Marlene hat zu Jahresbeginn ein Guthaben von 765 €. Es wird mit 1,5 % verzinst. Sie zahlt am 13. März 250 € ein und hebt am 17. Oktober 500 € ab.
Wie hoch ist ihr Guthaben am Ende des Jahres?

24 Alfred Nobel (1833–1896), der Erfinder des Dynamits, stellte sein ganzes Vermögen für eine Stiftung zur Verfügung.
Aus den Zinsen werden jährlich 5 Nobelpreise finanziert.
Das Preisgeld betrug 2005 insgesamt 4 Mio. Euro.
a) Wie hoch müsste das Vermögen sein, wenn man von einem Zinssatz von 6,5 % ausgeht?
b) Im Jahr 1999 betrug das Vermögen 463 Millionen US-$. Die Bank zahlte 39 Millionen US-$ Zinsen.
Wie hoch war der Zinssatz?
c) Informiere dich über Alfred Nobel, über die unterschiedlichen Nobelpreise und wer sie zuletzt bekommen hat. Vielleicht bekommst du ja selbst mal einen.

1 Berechne die fehlenden Werte.

	Grundwert	Veränderung in Prozent	Veränderter Grundwert
a)	315 €	+16 %	
b)		−5 %	779 km
c)	20 km		26 km

2 Herr Stark kauft einen Fernsehapparat. Auf den Preis von 998 € kommen noch 19 % Mehrwertsteuer, es dürfen dann noch 2 % Skonto abgezogen werden.

3 Nach einem Preisaufschlag von 10 % kostete das Mountainbike 746,90 Euro.
a) Wie viel kostete das Mountainbike vor der Erhöhung?
b) Was muss bezahlt werden, wenn jetzt 10 % Rabatt gegeben werden?

4 a) Felix hat auf seinem Sparbuch 680 €. Der Zinssatz beträgt 1,5 %.
Wie viel Zinsen erhält er nach 1 Jahr und wie hoch ist dann sein Kontostand?
b) Laura wurden nach 1 Jahr auf ihrem Sparbuch 9,18 € Zinsen gutgeschrieben.
Wie groß war ihr Guthaben bei einem Zinssatz von 2 %?

5 Berechne die fehlenden Werte.

	Kapital	Zinssatz	Zinsen	Zeit
a)	600 €	5 %		4 Mon.
b)	1200 €		18 €	$\frac{1}{4}$ Jahr
c)		6 %	4,20 €	14 Tage
d)	2400 €	11 %	198 €	

6 Frau Abele hat eine Rechnung von 1256,50 € zu bezahlen.
Bei sofortiger Bezahlung kann sie 2 % Skonto vom Rechnungsbetrag abziehen.
Sonst muss sie innerhalb von 4 Wochen bezahlen.
Sie müsste ihr Girokonto 21 Tage lang überziehen, um gleich bezahlen zu können.
Der Zinssatz beträgt 11 %.
Wie viel Euro kann Frau Abele sparen?

Rückspiegel

1 Berechne die fehlenden Werte.

	Grundwert	Veränderung in Prozent	Veränderter Grundwert
a)	23,56 €	+10,5 %	
b)		$-3\frac{1}{4}$ %	119,97 m
c)	125,50 €		122,99 €

2 Frau Stark hat beim Kauf eines Heimtrainers durch einen Nachlass von 15 % einen Betrag von 134,85 € gespart.
Was kostete der Heimtrainer ohne die 19 % Mehrwertsteuer?

3 Zweimal wurde der Preis eines Bildschirms um jeweils 10 % ermäßigt.
Der aktuelle Preis beträgt 243 Euro.
a) Wie hoch war der ursprüngliche Preis?
b) Um wie viel Prozent muss der Preis wieder erhöht werden, um auf den alten Preis zu kommen?

4 a) Simone wurden am Ende des Jahres 33,25 € Zinsen gutgeschrieben.
Wie groß war das Guthaben am Jahresanfang bei einem Zinssatz von 2,5 %?
b) Für 897 € bekam Marion 15,70 €, für 1245 € erhielt Jan 18,68 € Zinsen.
Wer hatte den höheren Zinssatz?

5 Berechne die fehlenden Werte.

	Kapital	Zinssatz	Zinsen	Zeit
a)	564 €	4,5 %		7 Mon.
b)	678,50 €		53,39 €	$\frac{3}{4}$ Jahr
c)		$3\frac{1}{4}$ %	8,85 €	80 Tage
d)	826,75 €	10,5 %	32,07 €	

6 Frau Hahn kauft ein Auto für 22 000 €.
Sie zahlt 13 000 € bar.
Den Restbetrag möchte sie 8 Monate später bezahlen.
Der Händler schlägt vor, in 8 Monaten noch 9630 € zu zahlen.
Bei der Bank bekommt Frau Hahn das Geld zu einem Zinssatz von 9,5 % geliehen.
Wie soll sie sich entscheiden?

Glück gehabt

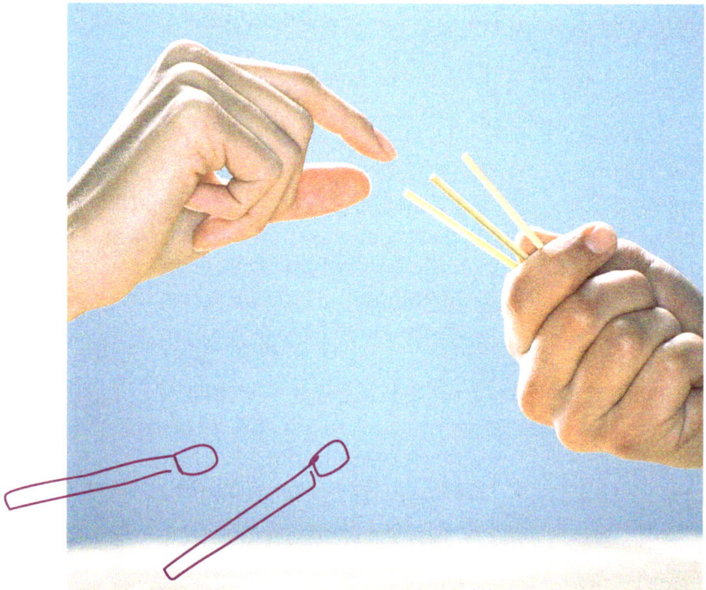

Hölzchen ziehen

Eine unangenehme Aufgabe übernimmt niemand gerne. Häufig soll dann das Los entscheiden, wer diese Aufgabe übernimmt.

Ein beliebtes Losverfahren ist das „Hölzchen ziehen". Soll z. B. unter drei Kindern gelost werden, so werden drei Streichhölzer mit den Enden verdeckt in der Hand gehalten. Eines der Streichhölzer ist kürzer als die anderen zwei. Wer das kürzere zieht, hat verloren.

Ist es günstiger, als Erster oder als Letzter zu ziehen? Ist es vielleicht sogar egal, wann man zieht? Stellt Vermutungen auf und begründet sie.

Um zu prüfen, ob die Chance zu verlieren für alle gleich ist, wird ein Versuch durchgeführt. In der Tabelle siehst du die Anzahl der Versuche. Du kannst auch erkennen, ob das kurze Streichholz als erstes, zweites oder drittes Streichholz gezogen wurde.

Anzahl der Versuche	Das kurze Streichholz wurde als … gezogen.		
	1.	2.	3.
30	7	12	11
60	18	19	23
90	31	28	31
120	40	38	42
…	…	…	…

Bildet Dreiergruppen und führt das „Hölzchen ziehen" 30-mal durch.
Fasst die Ergebnisse wie im Beispiel oben dargestellt zusammen.
Drückt die Häufigkeit in Prozent aus. Hat beim „Hölzchen ziehen" wirklich jeder die gleiche Chance?

Spiele

Spiele haben die Menschen seit jeher begeistert. Um als Sieger aus dem Spiel hervorzugehen, braucht man entweder Geschick, Wissen, eine gute Strategie, Übung oder einfach nur Glück.
Bei manchen Spielen braucht man auch von jedem etwas. Untersucht die abgebildeten Spiele daraufhin und beschreibt, wie die Sieger ermittelt werden.
Beschreibt, aus welchen Karten sich ein Skat-Spiel, ein Rommee-Spiel, ein Elferraus-Spiel zusammensetzt. Nennt weitere Kartenspiele. Nennt Brettspiele, bei denen Würfel zum Einsatz kommen. Beschreibt die Spielregeln für das Roulette-Spiel. Sucht weitere Spiele und beschreibt sie.

In diesem Kapitel lernst du,

- was Zufall bedeutet und was Zufallsgeräte sind,
- dass Gewinnchancen durch Brüche beschrieben werden können,
- wie groß die Wahrscheinlichkeit ist, in einem Spiel zu gewinnen oder zu verlieren,
- wie man Wahrscheinlichkeiten schätzen kann.

1 Zufallsversuche

Sechs Kinder spielen „Bleistiftdrehen“. Nachdem der Bleistift gedreht wurde, erhält derjenige, auf den die Bleistiftspitze zeigt, einen Punkt. Wer als Erster fünf Punkte erzielt, hat gewonnen.

→ Spielt das Bleistiftdrehen in Kleingruppen nach.

→ Marco meint, dass es Zufall sei, ob man gewinnt oder nicht. Was meint er damit? Erkläre.

→ Nenne weitere Glücksspiele. Mit welchen Spielgeräten wird bei diesen Glücksspielen ermittelt, wer gewinnt?

Mögliche Ergebnisse eines Münzwurfs:

Zahl

Wappen

Wenn eine Münze geworfen wird, so sind die möglichen **Ergebnisse** Wappen oder Zahl. Es kann nicht vorhergesagt werden, ob Wappen oder Zahl oben liegt.
Das Ergebnis des Münzwurfs ist **zufällig**.
Deshalb heißt ein solcher Versuch auch **Zufallsversuch** oder **Zufallsexperiment**. Die Münze, mit der das Ergebnis des Zufallsversuchs ermittelt wird, heißt **Zufallsgerät**.

Um ein zufälliges **Ergebnis** zu erzeugen, führt man einen **Zufallsversuch** mit einem geeigneten **Zufallsgerät** durch.

Beispiel

Das Ziehen eines Loses ist ein Zufallsversuch. Das Ergebnis Gewinn oder Niete ist nicht vorhersagbar, also zufällig. Die Lostrommel ist das Zufallsgerät.

Aufgaben

1 Beschreibe die möglichen Ergebnisse. Welche sind zufällig, welche nicht?
a) Ein Würfel wird geworfen.
b) Eine Kerze wird ausgeblasen.
c) Ein Wasserhahn wird aufgedreht.
d) Aus einem Skatspiel wird eine Karte gezogen.
e) Zwei Münzen werden geworfen.

2 Welche möglichen Ergebnisse haben folgende Zufallsversuche?
a) Unter vier Streichhölzern befindet sich eines, das kürzer ist. Ein Streichholz wird gezogen.
b) Das abgebildete Glücksrad wird gedreht.
c) Es werden zwei Würfel geworfen.

3 Vier Kinder möchten Verstecken spielen. Welche der abgebildeten Zufallsgeräte würdest du nehmen, um zu ermitteln, wer als Erster suchen muss? Begründe deine Entscheidung.

4 Suche geeignete Zufallsgeräte, um in folgenden Situationen entscheiden zu können.
a) Welche Fußballmannschaft hat den Anstoß?
b) Sieben Mannschaften starten zur Stadtrallye. Welche Mannschaft startet als erste, welche als zweite usw.?
c) Auf welcher Bahn starten die sechs Schwimmer?

5 Glücksspiel oder nicht?
Welches Zufallsgerät entscheidet?
a) Mensch ärgere dich nicht
b) Schach
c) Halma
d) Skat
e) Roulette
f) Mikado
g) Domino
h) schwarzer Peter

Glücksräder

Glücksräder kannst du auch selbst herstellen. Nachfolgend siehst du die Bastelanleitung zur Herstellung eines achteckigen Glücksrads.

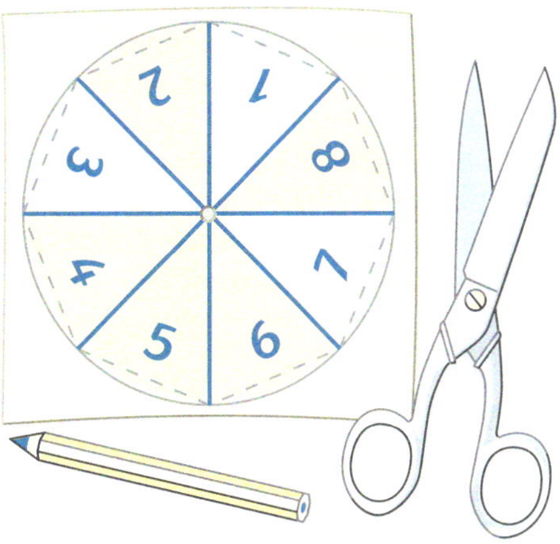

- Zeichne einen Kreis mit einem Radius von 4 cm und unterteile ihn in acht gleich große Ausschnitte.
- Färbe die Felder wie abgebildet und nummeriere sie von 1 bis 8.
- Um ein regelmäßiges Achteck zu erhalten, musst du entlang der gestrichelten Linie die Kreisabschnitte abschneiden.
- Stecke durch den Mittelpunkt des Achtecks einen abgebrochenen Schaschlikspieß (oder Ähnliches) mit der Spitze nach unten.

■ Ihr könnt nun zu zweit euer Glück versuchen. Jeder hat zu Beginn des Spiels drei Spielmarken. Der Gewinner erhält vom Verlierer jeweils eine Spielmarke. Spielt so lange, bis einer von euch keine Spielmarken mehr hat.

1. Spielvariante
Ein Spieler gewinnt bei einer geraden, der andere bei einer ungeraden Zahl.

2. Spielvariante
Ein Spieler gewinnt bei Rot, der andere bei Blau. Bei Grün ist das Spiel unentschieden.

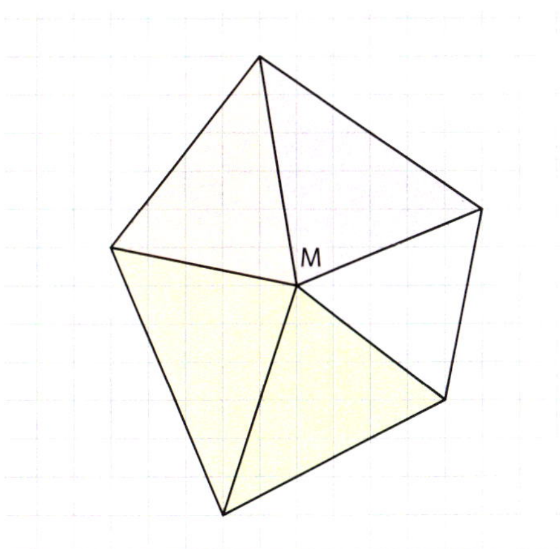

■ Beurteilt die beiden Spiele. Bei welcher Variante möchtest du welcher Spieler sein?

Bei einem regelmäßigen Achteck kann man schnell erkennen, wer die besseren Gewinnaussichten hat. Ist das Glücksrad aber ein unregelmäßiges Vieleck, so gelingt dies nicht mehr.
■ Zeichne das abgebildete Fünfeck und schneide es aus. Stecke durch den Punkt M einen abgebrochenen Schaschlikspieß oder Ähnliches. Auf welche Farbe würdest du setzen? Begründe deine Entscheidung.
■ Wie könnte man herausfinden, bei welcher Farbe die Gewinnaussichten am besten sind?
■ Hast du eine Idee, wie man das obere Glücksrad manipulieren könnte?

3 Ereignisse

Angelika spielt mit den grünen, Dirk mit den roten Spielsteinen.
→ Wer hat die größere Chance, beim nächsten Wurf einen Spielstein sicher ins Haus zu bringen?
Begründe deine Entscheidung.

Bei vielen Zufallsversuchen werden verschiedene Ergebnisse zu einem **Ereignis** zusammengefasst. So bilden zum Beispiel beim Würfeln die drei Ergebnisse 2; 4 und 6 das Ereignis „eine gerade Zahl werfen".

Alle Ergebnisse, die zu einem **Ereignis** gehören, heißen **günstige Ergebnisse**. Sind alle Ergebnisse gleich wahrscheinlich, so gilt:

$$\textbf{Wahrscheinlichkeit eines Ereignisses} = \frac{\text{Anzahl der günstigen Ergebnisse}}{\text{Anzahl der möglichen Ergebnisse}}$$

Ist m die Anzahl der günstigen und n die Anzahl der möglichen Ergebnisse, so schreibt man kurz: $P(E) = \frac{m}{n}$.

Probability englisch: Wahrscheinlichkeit

Bemerkung

Sind für ein Ereignis alle Ergebnisse günstig, so ist dessen Wahrscheinlichkeit gleich 1. Man spricht dann von einem **sicheren Ereignis**. Gibt es für ein Ereignis kein günstiges Ergebnis, so ist dessen Wahrscheinlichkeit gleich 0. Man spricht dann von einem **unmöglichen Ereignis**. Die Wahrscheinlichkeit kann also nie kleiner als 0 und nie größer als 1 sein.

Beispiele

Ereignisse	Anzahl der möglichen Ergebnisse	Anzahl der günstigen Ergebnisse	Wahrscheinlichkeit für das Ereignis
a) aus einem Skatspiel eine Herz-Karte ziehen	32	8	$\frac{8}{32} = \frac{1}{4}$
b) aus einer Lostrommel mit 70 Nieten und 10 Gewinnen einen Gewinn ziehen	80	10	$\frac{10}{80} = \frac{1}{8}$
c) aus einem Skatspiel einen Joker ziehen (unmögliches Ereignis)	32	0	$\frac{0}{32} = 0$
d) mit einem Würfel eine Augenzahl kleiner als 17 werfen (sicheres Ereignis)	6	6	$\frac{6}{6} = 1$

Aufgaben

Ein Ikosaeder hat 20 Flächen.

1 Sarah würfelt mit dem Ikosaeder.
Bestimme die Wahrscheinlichkeit.
a) P(eine gerade Zahl werfen)
b) P(eine durch 5 teilbare Zahl werfen)
c) P(eine zweistellige Zahl werfen)
d) P(eine Null werfen)

2 Bei einem Schulfest fand eine Verlosung statt. Dabei wurde eine Kugel aus einem Eimer mit 65 schwarzen, 18 roten und 3 weißen Kugeln gezogen. Ina zieht eine schwarze Kugel. Anschließend möchte Laura eine rote Kugel ziehen.

3 Aus einem Behälter mit 8 blauen, 12 roten und 5 weißen Kugeln wird eine Kugel gezogen. Gib die Wahrscheinlichkeit P(E) in Prozent an.
a) eine rote Kugel ziehen
b) eine weiße Kugel ziehen
c) eine blaue Kugel ziehen
d) Wie groß ist die Summe der drei Wahrscheinlichkeiten aus den Aufgaben a) bis c)? Was fällt dir auf?

4 Mit dem im Netz angegebenen Würfel bestimmen Jochen und Nina, wer beim Abtrocknen hilft.
a) Wie groß ist die Wahrscheinlichkeit, dass Jochen helfen muss, wenn er würfelt?
b) Mit welcher Wahrscheinlichkeit muss Jochen helfen, wenn Nina würfelt?
c) Mit welcher Wahrscheinlichkeit müssen beide helfen?

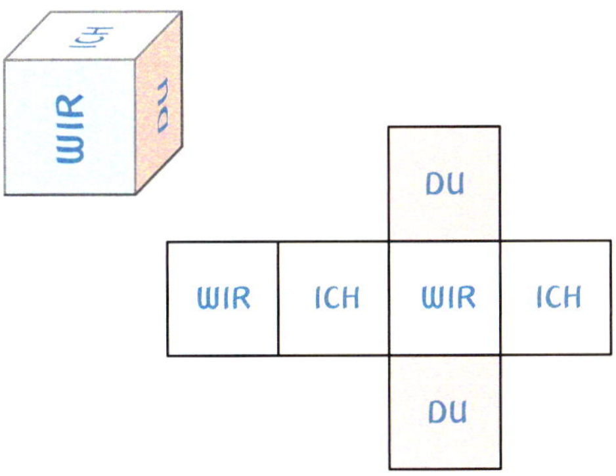

5 Eine Münze wird dreimal hintereinander geworfen. Dabei haben alle acht möglichen Ergebnisse (WWW), (WWZ), (WZW), (ZWW), (WZZ), (ZWZ), (ZZW) und (ZZZ) die gleiche Wahrscheinlichkeit. Bestimme die Wahrscheinlichkeit.
a) P(genau zwei Wappen werfen)
b) P(mindestens zwei Wappen werfen)
c) P(höchstens zwei Wappen werfen)
d) P(kein Wappen werfen)
e) P(nur Wappen werfen)

6 Zeichne ein Glücksrad, bei dem sich die Farben so verteilen, dass sie mit folgender Wahrscheinlichkeit ausgewählt werden: P(Rot) = 30 %; P(Gelb) = 20 %; P(Schwarz) = 10 %.

7 In einem Musikgeschäft werden zum Jubiläum CDs verlost. Dazu kann man an Fäden ziehen. An einigen hängt eine CD, an den anderen hängen Attrappen.
Die Gewinnwahrscheinlichkeit soll 20 % betragen.
a) Wie viele Fäden werden mindestens benötigt?
b) Es sollen insgesamt 75 Fäden sein.
c) An 10 Fäden soll ein Gewinn hängen.

8 Die Wahrscheinlichkeit, mit dem Farbwürfel Rot zu werfen, beträgt $\frac{1}{2}$, Blau $\frac{1}{3}$ und Gelb $\frac{1}{6}$.
Welche Farben haben die nicht sichtbaren Flächen?

9 Die Wahrscheinlichkeit, ein Gewinnlos zu ziehen, beträgt $\frac{5}{12}$.
a) Wie viele Lose insgesamt und wie viele Gewinnlose befinden sich mindestens in der Lostrommel?
b) Gib fünf Möglichkeiten an, für die Anzahl der Lose insgesamt und der Gewinnlose in der Lostrommel.

10 Überlege dir Spielsituationen im „Mensch-ärgere-dich-nicht-Spiel", bei denen deine Spielfigur mit der Wahrscheinlichkeit $\frac{1}{3}$ ins Haus kommt.
Gib für jede Situation an, welche Augenzahl gewürfelt werden muss.

Wahrscheinlichkeiten im Alltag

Erkläre folgende Redewendungen.
Nicht alle sind mathematisch korrekt.

- Die Chancen stehen fifty-fifty.
- Das ist 1000 % sicher.
- Er hat null Chance.
- mit hundertprozentiger Sicherheit
- Die Chancen stehen pari.
- Das ist wie ein Sechser im Lotto.
- mit 99,9%iger Sicherheit
- absolut unwahrscheinlich
- Das ist so sicher wie die Bank von England.

100 % Kostendeckung bei Unfall oder Krankheit

BINGO

BINGO ist ein Glücksspiel, das vor allem in den USA und Großbritannien gerne gespielt wird. Dabei hat jede Mitspielerin und jeder Mitspieler Bingokarten vor sich liegen, auf denen Zahlen in beliebiger Folge aufgedruckt sind. Ein Ausrufer zieht nacheinander aus einer Lostrommel Zahlen und gibt sie bekannt. Wer zuerst alle Zahlen seiner Karte abstreichen konnte, ruft BINGO und gewinnt

Es gibt auch Spiele, bei denen ein bestimmtes Muster wie etwa ein X, ein T, ein U usw. zum BINGO führt.

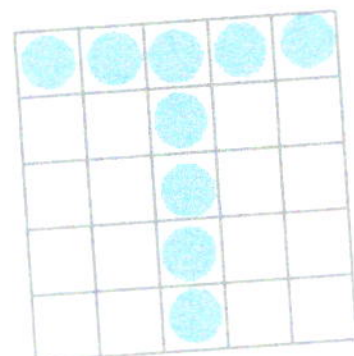

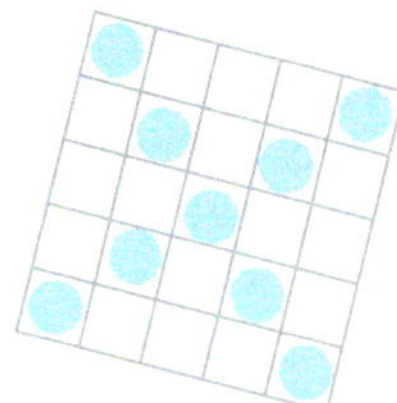

- Stellt ein vereinfachtes Bingospiel her. Zeichnet dazu Bingokarten wie rechts abgebildet. Schreibt in die Kärtchen beliebige Zahlen von 1 bis 20. Dabei darf keine Zahl doppelt vorkommen. Für den Ausrufer stellt ihr 20 Karten mit den Nummern 1 bis 20 her oder benutzt einfach die 20 roten Karten des Elfer-raus-Spiels. Zum Abdecken der ausgerufenen Zahlen verwendet ihr Spielchips, Centstücke oder Ähnliches.

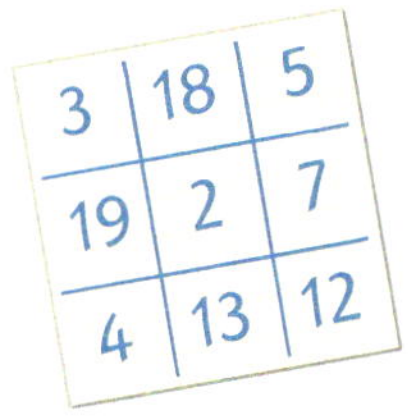

- Spielt in Gruppen von 5 bis 8 Schülerinnen und Schülern. Gewonnen hat, wer zuerst eine Zeile, eine Spalte oder eine Diagonale belegt hat. Ihr könnt auch andere Gewinnbilder festlegen.

- Bei dem vereinfachten Bingospiel sind in einer Gruppe schon die acht Zahlen 1; 3; 4; 5; 9; 13; 14 und 18 gezogen worden. Wer hat die größte, wer die kleinste und wer gar keine Chance, bei der nächsten gezogenen Zahl zu gewinnen?
- Gib die Wahrscheinlichkeit an, mit der die einzelnen Spielerinnen und Spieler beim nächsten Zug BINGO haben werden.
- Als nächste Zahl wird die Zahl 12 aufgerufen. Wie groß ist danach für die Spielerinnen und Spieler die Wahrscheinlichkeit, beim nächsten Zug zu gewinnen?
- Welche Zahlen dürfen als Nächstes aufgerufen werden, damit keiner gewinnt? Wie groß ist die Wahrscheinlichkeit dafür?

4 Schätzen von Wahrscheinlichkeiten

Hier siehst du vier Zufallsgeräte zum Würfeln.
→ Für welche Zufallsgeräte lässt sich die Wahrscheinlichkeit, eine Sechs zu werfen, leicht bestimmen? Für welche nicht?
→ Schätze für den Lego-Stein und die Streichholzschachtel die Wahrscheinlichkeit, mit der die Sechs geworfen wird.

Es gibt Zufallsversuche, bei denen die Wahrscheinlichkeit eines Ergebnisses nicht gleich erkennbar ist. Die Wahrscheinlichkeit eines solchen Ergebnisses kann näherungsweise bestimmt werden. Die nachfolgende Messreihe verdeutlicht dies: Mit welcher Wahrscheinlichkeit liegt die rote Fläche nach dem Wurf mit dem Holzquader oben? Da die rote Fläche etwa 20 % der Oberfläche beträgt, wird die Wahrscheinlichkeit für Rot auf 20 % = 0,2 geschätzt. Um die Schätzung zu überprüfen, wird mit dem Holzquader mehrfach gewürfelt. Je mehr Würfe durchgeführt werden, desto zuverlässiger wird die Schätzung.

Anzahl der Versuche	absolute Häufigkeit	relative Häufigkeit
100	30	0,300
200	54	0,270
300	77	0,257
400	105	0,263
500	126	0,252
600	159	0,265
700	182	0,260
800	203	0,254
900	228	0,253
1000	251	0,251

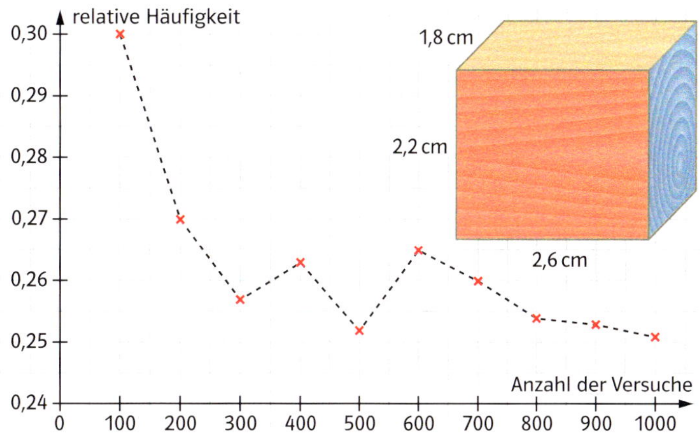

Es stellt sich heraus, dass die Wahrscheinlichkeit, mit dem Holzquader Rot zu werfen, besser mit 25 % angenommen werden sollte.
Mit wachsender Zahl der Versuche stabilisiert sich die relative Häufigkeit. Deswegen eignet sie sich gut als Schätzwert für Wahrscheinlichkeiten.

Die relativen Häufigkeiten eines häufig durchgeführten Zufallsversuchs sind gute **Schätzwerte** für die **Wahrscheinlichkeiten** der Ergebnisse.

Bemerkung
Da die Summe der Wahrscheinlichkeiten aller möglichen Ergebnisse immer 1 ist, muss auch die Summe aller geschätzten Wahrscheinlichkeiten 1 sein.

Beispiel
Beim Werfen von Reißnägeln sind zwei Ergebnisse möglich. In einem Versuch wird ein Reißnagel 1000-mal geworfen. Die Wahrscheinlichkeit für das Ergebnis Kopf kann mit 66 %, die für das Ergebnis Seite mit 34 % angenommen werden.

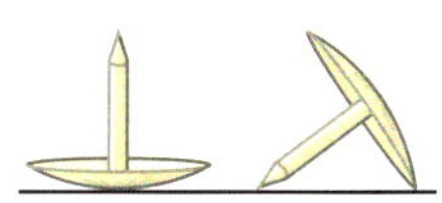

Kopf	Seite
659	341

Aufgaben

1 Suche aus einem Telefonbuch 50 beliebige Telefonnummern heraus und notiere, wie oft die Zahl 7 als Endziffer vorkommt.
a) Welche relative Häufigkeit erwartest du?
b) Fasst eure Ergebnisse wie im Beispiel zusammen. Was beobachtet ihr?

	Einzelwertung		Summenwertung		
Name	abs. H.	rel. H	abs. H.	von	rel. H.
Ali	4	8%	4	50	8,0%
Beate	7	14%	11	100	11,0%
Dora	5	10%	16	150	10,7%
Eva	3	6%	19	200	9,5%
...	...	...	...	...	...

2 Für die drei Zufallsgeräte werden die Wahrscheinlichkeiten geschätzt.

	1	2	3	4	5	6
Schätzung A	$\frac{9}{100}$	$\frac{4}{25}$	$\frac{1}{4}$	$\frac{1}{4}$	$\frac{4}{25}$	$\frac{9}{100}$
Schätzung B	$\frac{1}{6}$	$\frac{1}{6}$	$\frac{1}{6}$	$\frac{1}{6}$	$\frac{1}{6}$	$\frac{1}{6}$
Schätzung C	$\frac{1}{10}$	$\frac{1}{5}$	$\frac{1}{5}$	$\frac{1}{5}$	$\frac{1}{5}$	$\frac{1}{10}$

Welche Schätzung gehört zu welchem Zufallsgerät? Begründe.

3 Entscheide, ob es sich um die Wahrscheinlichkeit oder um die absolute bzw. relative Häufigkeit handelt.
a) In einer Schule fehlen 31 Kinder.
b) Die Fehlerquote bei einem Vokabeltest liegt bei 8,3%.
c) 17% aller Jugendlichen leiden unter Karies.
d) In einer Lostrommel sind 220 Nieten.
e) Die Gewinnchance bei einer Lotterie beträgt 42%.
f) Jeder sechste Mensch ist ein Chinese.

4 Es soll getestet werden, ob ein Würfel korrekt ist oder ob er manipuliert wurde. Beschreibe, wie man vorgehen muss.

5 Jan wirft einen Würfel 600-mal und erhält folgende absolute Häufigkeiten.

Augenzahl	1	2	3	4	5	6
Häufigkeit	0	284	0	115	0	201

Ist dieses Ergebnis möglich? Begründe.

6 Lehrer Stahl hat sich die Ergebnisse vom Training im Elfmeter-Schießen in einer Tabelle notiert.

Name	Tore	verschossene Elfmeter
Jochen	17	12
Philipp	20	16
Soufian	12	5
Rico	23	17
Daniel	19	11

Wen soll Lehrer Stahl im entscheidenden Endspiel für einen Elfmeter-Schuss vorsehen?

7 Um festzustellen, mit welcher Wahrscheinlichkeit ein neu produzierter Fernseher einen Defekt hat, werden 2000 Geräte getestet.
a) Im Test werden 11 defekte Geräte entdeckt.
b) Die Wahrscheinlichkeit für ein defektes Gerät beträgt 0,5%.
c) Unter 5000 Geräten befinden sich 35 defekte.

8 Eine Versicherung ermittelt, dass die Wahrscheinlichkeit bei einer 14-tägigen Fernreise zu erkranken, 2% beträgt.
a) Herr Schnock macht seine erste Fernreise.
b) Frau Theobald hat Angst. Sie macht ihre 50. Fernreise und war bisher noch nie erkrankt.
c) Ein Reisebüro verkauft jährlich 2000 Fernreisen.

Zusammenfassung

Zufallsversuch
Zufallsgerät

Mithilfe von **Zufallsgeräten** wie Glücksrädern, Würfeln, Losen, Karten usw. werden **Zufallsversuche** durchgeführt.

Der Münzwurf mit zwei Münzen stellt einen Zufallsversuch dar. Die beiden Münzen sind das Zufallsgerät.

mögliche
Ergebnisse

Jedes denkbare Ergebnis eines Zufallsversuchs heißt **mögliches Ergebnis**.

Es gibt vier mögliche Ergebnisse.
(WW); (WZ); (ZW); (ZZ)

Wahrscheinlichkeit
eines Ergebnisses

Sind alle möglichen Ergebnisse eines Zufallsversuchs **gleich wahrscheinlich**, so gibt der Bruch

$$\frac{1}{\text{Anzahl der möglichen Ergebnisse}} = \frac{1}{n}$$

die Wahrscheinlichkeit eines jeden Ergebnisses an.

Jedes Ergebnis ist gleich wahrscheinlich und hat die Wahrscheinlichkeit $\frac{1}{4} = 25\,\%$.

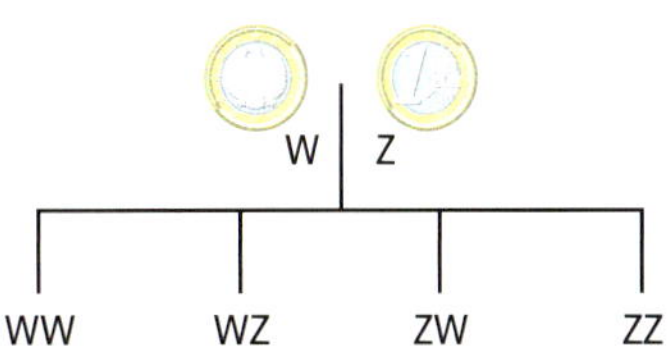

günstige
Ergebnisse

Führen mehrere gleich wahrscheinliche Ergebnisse eines Zufallsversuchs zum Ziel, so nennt man diese Ergebnisse **günstige Ergebnisse**.

Hat man den Wunsch, mindestens ein Wappen zu werfen, so gibt es die drei günstigen Ergebnisse (WW), (WZ) und (ZW).

Ereignis

Alle günstigen Ergebnisse eines Zufallsversuchs bilden ein **Ereignis**.

Die drei Ergebnisse (WW), (WZ) und (ZW) bilden das Ereignis „mindestens ein Wappen werfen".

Wahrscheinlichkeit
eines Ereignisses

Der Bruch $\frac{\text{Anzahl der günstigen Ergebnisse}}{\text{Anzahl der möglichen Ergebnisse}} = \frac{m}{n}$ gibt die Wahrscheinlichkeit eines Ereignisses bei gleich wahrscheinlichen Ergebnissen an.

Die Wahrscheinlichkeit für das Ereignis „mindestens ein Wappen werfen" beträgt $\frac{3}{4} = 75\,\%$.

Schätzen von Wahrscheinlichkeiten

Es gibt Zufallsversuche, bei denen die Wahrscheinlichkeiten der möglichen Ergebnisse geschätzt werden müssen. Dazu führt man den Versuch möglichst oft durch und berechnet die relative Häufigkeit. Sie kann als **Schätzwert für die Wahrscheinlichkeit** des entsprechenden Ergebnisses genommen werden.

Wie groß ist die Wahrscheinlichkeit, dass eine neue Glühbirne defekt ist?
Man testet dazu 10 000 Glühbirnen und findet darunter 12 defekte Glühbirnen.
Damit kann die Wahrscheinlichkeit für eine defekte Birne auf $\frac{12}{10\,000} = 0{,}0012 = 0{,}12\,\%$ geschätzt werden.

Üben • Anwenden • Nachdenken

Ein Dodekaeder hat 12 Flächen.

1 Du würfelst mit dem abgebildeten Dodekaeder. Gib die Wahrscheinlichkeit an.
a) eine zweistellige Zahl würfeln
b) eine ungerade Zahl würfeln
c) eine durch drei oder fünf teilbare Zahl würfeln
d) eine durch 14 teilbare Zahl würfeln

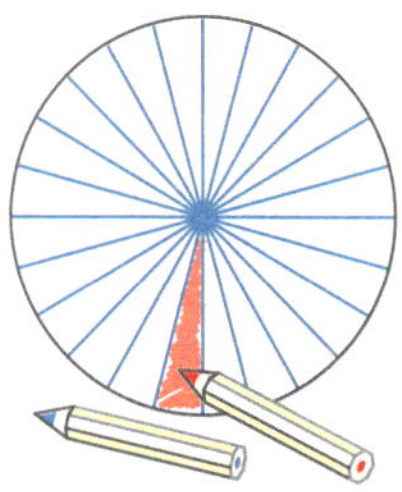

2 Wie viele Felder müssen auf dem Glücksrad rot gefärbt werden, wenn das Ereignis „Rot“ mit der angegebenen Wahrscheinlichkeit eintreten soll? Gib je zwei Lösungen an. Zeichne im Heft.

a) $\frac{1}{2}$ b) $\frac{1}{4}$ c) $\frac{1}{3}$ d) $\frac{3}{8}$ e) $\frac{5}{12}$

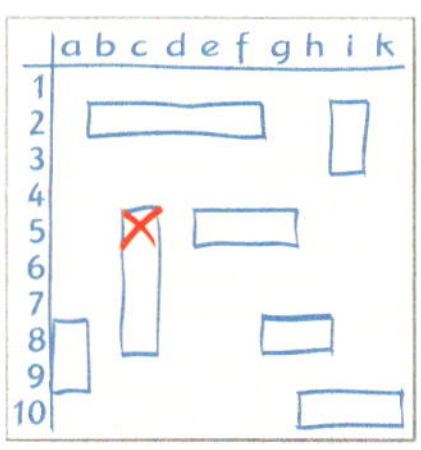

3 Beim Spiel „Schiffe versenken“ gibt Peter den ersten Schuss ab. Bestimme die Trefferwahrscheinlichkeit.
a) das „Fünferschiff“ treffen
b) ein „Zweierschiff“ treffen
c) irgendein Schiff treffen
d) kein Schiff treffen
e) Wie ändern sich die Wahrscheinlichkeiten aus a) bis d), wenn Peter bereits fünf Schüsse ins Wasser abgegeben hat?

4 In einem Glas liegen 12 Kugeln, die von 1 bis 12 nummeriert sind. Die Kugeln mit den Nummern 1; 2; 10 und 12 sind rot, alle anderen sind weiß. Beschreibe drei verschiedene Ereignisse, zu denen genau vier Ergebnisse gehören.

5 Auf der Kirmes stehen drei Losverkäufer. Der erste hat unter 120 Losen drei, der zweite unter 180 Losen vier und der dritte unter 60 Losen zwei Hauptgewinne.
a) Wo sollte man seine Lose kaufen?
b) Michael hat beim dritten Verkäufer 5 Lose gekauft und hat einen Hauptgewinn. Wo sollte er das nächste Los kaufen?

6 Eine Bauernweisheit besagt: „Wenn der Hahn kräht auf dem Mist, dann ändert sich das Wetter oder es bleibt wie es ist.“

7 Wie groß ist die Wahrscheinlichkeit, dass Heiligabend und Silvester auf den gleichen Wochentag fallen?

8 Mit welcher Wahrscheinlichkeit fällt ein Sonntag auf den 31. April?

Ungünstige Ergebnisse

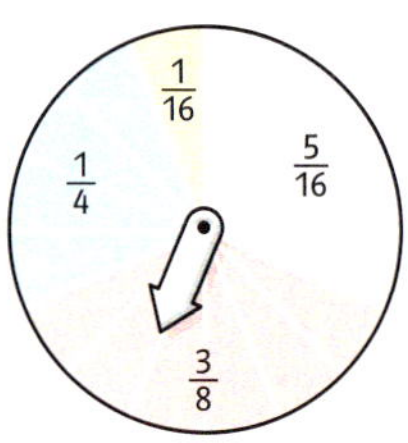

Frau Kruse stellt der Klasse folgende Aufgabe: „Wie groß ist die Wahrscheinlichkeit, beim Drehen des Glücksrades ein blaues, ein graues oder ein rotes Feld zu erhalten?“ Während alle rechnen, hat Vera schon die Lösung.

- Hast du eine Idee wie sie so schnell zur Lösung gelangte? Wie lautet sie?

Manchmal ist es einfacher, statt der günstigen die ungünstigen Ergebnisse zu betrachten. Man berechnet dann die Wahrscheinlichkeit für das entgegengesetzte Ereignis, das **Gegenereignis**. Die Wahrscheinlichkeit des gesuchten Ereignisses ist dann
1 – Wahrscheinlichkeit des Gegenereignisses.

- Zwei Würfel werden geworfen und die beiden Augenzahlen multipliziert. In der Tabelle findest du die Wahrscheinlichkeiten, mit denen die möglichen Produkte vorkommen.

Produkt	1	2	3	4	5	6	8	9	10	12	15	16	18	20	24	25	30	36
Wahrscheinlichkeit	$\frac{1}{36}$	$\frac{1}{18}$	$\frac{1}{18}$	$\frac{1}{12}$	$\frac{1}{18}$	$\frac{1}{9}$	$\frac{1}{18}$	$\frac{1}{36}$	$\frac{1}{18}$	$\frac{1}{9}$	$\frac{1}{18}$	$\frac{1}{36}$	$\frac{1}{18}$	$\frac{1}{18}$	$\frac{1}{18}$	$\frac{1}{36}$	$\frac{1}{18}$	$\frac{1}{36}$

Berechne die Wahrscheinlichkeit. Rechne vorteilhaft.
- Das Produkt ist kleiner als 32.
- Das Produkt ist gerade.
- Das Produkt ist nicht durch 10 teilbar.
- Das Produkt ist größer als 5.

9 Beim Spiel „17 und 4“ hat man unter anderem mit zwei Assen oder mit einer 10 und einem Ass gewonnen.

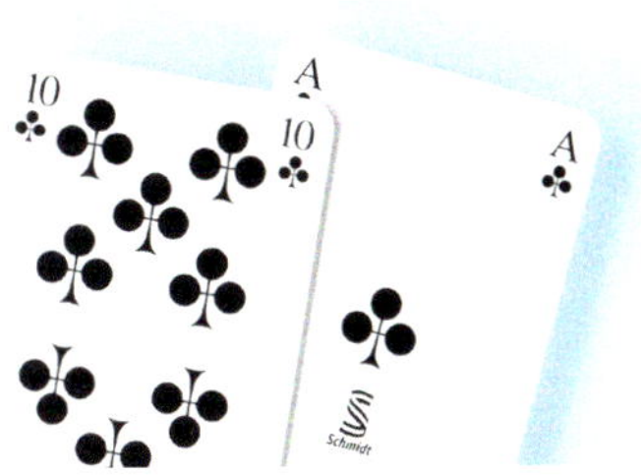

Hannes hat bereits ein Ass. Mit welcher Wahrscheinlichkeit gewinnt er mit der zweiten Karte, wenn er weiß, dass noch kein Ass bzw. keine 10 gezogen wurde?
a) Es sind noch 25 Karten im Spiel.
b) Es sind noch 20 Karten im Spiel.
c) Wie ändern sich die Wahrscheinlichkeiten in den Aufgaben a) und b), wenn bereits zwei Zehnen ausgespielt wurden?

10 Arno fährt mit dem Zug zur Schule. An 190 Schultagen hatte der Zug 42-mal Verspätung. Wie groß ist die Wahrscheinlichkeit für die Verspätung eines Zuges auf dieser Strecke?

11 Benutze den abgebildeten Lego-Stein als Würfel.

a) Welche möglichen Ergebnisse hat das Werfen mit dem Lego-Stein?
b) Schätze die Wahrscheinlichkeit, mit der der Lego-Stein wie abgebildet auf den Tisch fällt. Überprüfe deine Schätzung. Wirf dazu den Lego-Stein mindestens 100-mal.

12 In der Tabelle siehst du das Resultat von 100; 1000 und 10 000 Versuchen.

Feld	Anzahl der Versuche		
	100	1000	10 000
A	6	121	1244
B	13	110	1253
C	15	126	1255
D	8	140	1241
E	12	134	1250
F	14	115	1230
G	22	125	1273
H	10	129	1254

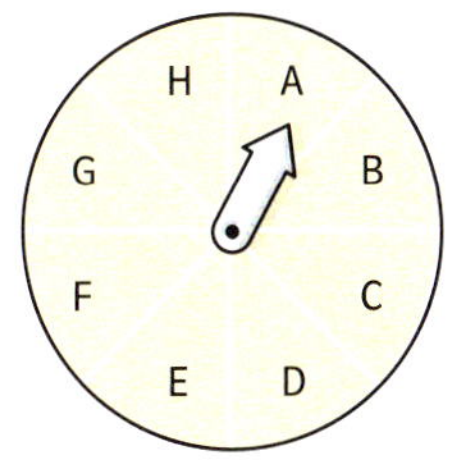

a) Erläutere die Tabelle.
b) Welche Vermutung kannst du über die Aufteilung der Felder des Glücksrades aufstellen?

Regenwahrscheinlichkeit

„Die Regenwahrscheinlichkeit für das Hockenheim-Rennen beträgt 30 %“, sagt der Rundfunksprecher.

- Was könnte diese Angabe bedeuten? Diskutiert dies in Gruppen und einigt euch auf eine Bedeutung. Begründet eure Entscheidung. Was heißt dann 0 % oder 100 % Regenwahrscheinlichkeit?

- Recherchiert mithilfe von Lexika, Schulbüchern oder dem Internet die Bedeutung der Regenwahrscheinlichkeit. Beantwortet auf der Grundlage eurer recherchierten Definition die folgende Frage:
Mit wie vielen Regentagen muss ein Urlauber bei einer Regenwahrscheinlichkeit von 20 % rechnen, wenn er 14 Tage in das entsprechende Gebiet reist?

- Nennt Gebiete, in denen es zu bestimmten Zeiten eine Regenwahrscheinlichkeit von 100 % oder von 0 % gibt. Zu welchen Zeiten ist das der Fall?

Zufallsversuche mit dem Computer

Statt selbst zu würfeln, kann man dies dem Computer überlassen. Dadurch spart man viel Zeit und erhält in Bruchteilen von Sekunden das Ergebnis hunderter Würfe. Da man in diesem Fall nicht wirklich würfelt, spricht man von einer **Simulation**.

Da jeder Zufallsversuch, bei dem alle Ergebnisse gleich wahrscheinlich sind, durch einen „Fantasiewürfel" mit entsprechend vielen Flächen simuliert werden kann, eignet sich der Computer für alle solchen Zufallsversuche, also auch zur Simulation von Glücksrädern, Lose ziehen, Karten ziehen usw.

Mit dem Befehl =**Zufallszahl()** wird ein Dezimalbruch kleiner als 1 erzeugt. Mit der Taste F9 wird die Liste neu erstellt. Auf diese Weise erhältst du blitzschnell viele neue Zufallszahlen.

A5 ▾ fx =ZUFALLSZAHL()

	A	B	C	D
1				
2	Erzeugen von Zufallszahlen			
3				
4	0,17195214	0,55238373	0,24400174	0,60238598
5	0,38839131	0,81072977	0,40287134	0,08178307
6	0,73657168	0,91391154	0,88735389	0,77402261
7	0,87848108	0,44055261	0,43154763	0,01142656
8	0,11595562	0,27297675	0,4695104	0,82478955

■ Teste folgende Befehle und beschreibe, welche Zahlen zufällig erzeugt werden.

=**Zufallszahl() · 6**
=**Zufallszahl()**
=**Ganzzahl(Zufallszahl() · 6)**
=**Ganzzahl(Zufallszahl() · 6 + 1)**

Der Bildschirmausdruck unten zeigt das „Hölzchen ziehen" in der Simulation. Die Werte geben an, ob das kurze Hölzchen als 1., 2., 3. oder 4. gezogen wurde. Anschließend zählt der Computer für dich aus, wie oft jede der Zahlen 1 bis 4 vorkommt. Entspricht das in etwa deiner Erwartung?

C13 ▾ fx =ZÄHLENWENN(A5:O12;1)

	A	B	C	D	E	F	G	H	I	J	K	L	M	N	O
1	**Hölzchen ziehen**														
3	Das kurze Hölzchen unter den vier Hölzchen wird als 1. bis 4. gezogen.														
5	1	1	3	1	3	2	3	2	3	2	1	4	2	4	3
6	1	4	3	2	4	1	3	1	1	4	1	4	3	4	1
7	4	1	2	2	4	1	4	2	3	3	4	2	2	2	1
8	1	3	1	4	1	3	3	1	1	2	2	1	3	4	4
9	2	2	3	4	3	1	4	3	2	3	1	1	3	4	1
10	4	3	2	2	3	4	1	4	2	2	4	2	4	4	4
11	4	1	1	3	2	4	3	1	2	4	1	2	4	3	1
12	4	1	3	4	1	4	2	4	3	2	4	2	4	1	4
13	Häufigkeit 1:		32		Häufigkeit 2:		27		Häufigkeit 3:		26		Häufigkeit 4:		35

■ Simuliere einen Würfel.
■ Simuliere ein Roulettespiel.
■ Simuliere ein Glücksrad mit neun gleich großen Feldern.

Mit dem Befehl =**Ganzzahl(Zufallszahl() · (12 − 4) + 4)** erhält man ganzzahlige Zufallszahlen von 4 bis 11.

■ Ein Medikament spricht nach 3 bis 6 Tagen an. Die Wahrscheinlichkeit, dass das Medikament an einem dieser Tage anspricht, ist für alle möglichen Fälle gleich groß. Simuliere diesen Vorgang.
■ Gib den Befehl an, mit der ganzzahlige Zufallszahlen von m bis n erzeugt werden.

Rückspiegel

1 Welche Zufallsgeräte werden bei den folgenden Spielen benutzt?
- Kniffel
- Schach
- Quartett
- Domino
- Roulette
- Bingo

2 Nenne alle möglichen Ergebnisse.
a) Es wird mit einer Münze geworfen.
b) Beim Lotto wird die erste Kugel gezogen.
c) Aus den Kreuz-Karten eines Skat-Spiels wird eine Karte gezogen.

3 Bestimme die Wahrscheinlichkeit.
a) Unter acht Schlüsseln auf Anhieb den richtigen finden.
b) Bei einer Auswahlfrage unter fünf möglichen Antworten die richtige raten.
c) Aus einem Dominospiel mit 55 Steinen den Stein 6/6 ziehen.

4 In einem Becher liegen 16 Kugeln. Sie sind von 1 bis 16 gekennzeichnet. Berechne die Wahrscheinlichkeit.
a) eine durch vier teilbare Zahl ziehen
b) eine Zahl größer als 13 ziehen
c) eine zweistellige Zahl ziehen
d) eine dreistellige Zahl ziehen

5 Die Wahrscheinlichkeit, dass ein neugeborenes Kind ein Junge ist, beträgt 51%. In einem Krankenhaus wurden im letzten Jahr 2100 Kinder geboren.

6 In einer Klasse soll geschätzt werden, mit welcher Wahrscheinlichkeit ein Reißnagel beim Werfen auf den Kopf bzw. auf die Seite fällt.

Name	Schätzung	
	Kopf	Seite
Helga	25%	75%
Peter	23%	82%
Sarah	32%	66%
Timo	36%	64%

Welche Schätzungen sind sicher falsch? Begründe.

1 Gib geeignete Zufallsgeräte an und nenne ein passendes Ergebnis.
a) Wer gibt beim Skatspiel als Erster?
b) Wer hat beim Schach die weißen Figuren?
c) Wer beginnt beim Knobeln?

2 Nenne alle möglichen Ergebnisse.
a) Auf eine Torwand mit zwei Löchern wird mit dem Fußball geschossen.
b) Auf eine Scheibe mit 12 Ringen wird ein Pfeil geworfen.

3 Bestimme die Wahrscheinlichkeit.
a) Eine Ampel, die 40 s grün und 60 s rot zeigt, genau bei Grün erreichen.
b) Aus einer Schublade mit fünf Paar weißen und drei Paar schwarzen Socken eine weiße Socke ziehen, nachdem eine weiße Socke bereits gezogen wurde.

4 In einer Lostrommel befinden sich 60% Nieten, 26% Trostpreise, 13% große Gewinne und 3 Hauptgewinne.
a) Wie viele Lose befinden sich in der Lostrommel?
b) Nachdem 120 Lose verkauft wurden, befinden sich noch zwei Hauptgewinne in der Lostrommel. Mit welcher Wahrscheinlichkeit kann als Nächstes ein Hauptgewinn gezogen werden?

5 Auf ihrem Schulweg überquert Kelly eine Eisenbahnlinie. An den 190 Schultagen im Jahr war die Schranke 23-mal geschlossen. Wie groß ist für Kelly die Wahrscheinlichkeit, eine offene Schranke vorzufinden?

6 Die Deck- und Grundfläche des abgebildeten Körpers sind gleichseitige Dreiecke.
a) Welche Augenzahlen treten mit der gleichen Wahrscheinlichkeit auf?
b) Bei einem Experiment wurde die Wahrscheinlichkeit für die Augenzahl 3 mit 14% ermittelt.

Alles in allem

In den letzten beiden Jahren sind dir im Mathematikunterricht manche Themen immer wieder begegnet. Viele Ideen und Herangehensweisen konntest du wieder aufgreifen und weiterentwickeln. Auch in den nächsten Jahren werden dich einige dieser Leitideen wie rote Fäden durch die Mathematik begleiten:

Daten und Zufall – Um bestimmte Fragen beantworten zu können, werden Daten gesammelt, erfasst, übersichtlich dargestellt und ausgewertet.

Zahl – An Zahlen denken viele Menschen als Erstes, wenn sie Mathematik hören. Zählen und Rechnen mit natürlichen Zahlen, aber auch der Umgang mit Brüchen, Dezimalbrüchen … sind unter dieser Leitidee zusammengefasst.

Messen – Geld, Zeit, Gewicht, Länge, Volumen – vieles wird gemessen und verglichen. Dafür werden Maßeinheiten festgelegt und mit den gemessenen Größen gerechnet. Manche Berechnungen werden immer nach dem gleichen Schema durchgeführt, für solche Berechnungen stellt man Formeln auf.

Raum und Form – Bestimmte Figuren, Muster und Formen begegnen uns überall: Vierecke, Kreise, Würfel, Prismen … Wir untersuchen und beschreiben ihre Eigenschaften und Besonderheiten und lernen, womit wir rechnen können.

Modellieren – Alltägliche Erscheinungen müssen wir manchmal erst in die Sprache der Mathematik übersetzen, um sie untersuchen zu können und Fragen dazu zu beantworten. Die Mathematik dient uns als Werkzeug, Antworten zu finden, die wir dann aber wieder in die Alltagssprache übersetzen und überprüfen müssen, ob unsere Antwort auch alltagstauglich ist.

Funktionaler Zusammenhang – Oft gibt es im Alltag Abhängigkeiten zwischen Größen wie Temperatur und Wasserstand. Für die Beschreibung solcher Zusammenhänge verwendet man Funktionen, um Aussagen über nicht gemessene Werte machen zu können und um ähnliche Situationen vergleichen zu können.

Auf den nächsten Seiten

findest du Aufgaben zu allen Bereichen, die du in den letzten beiden Jahren kennen gelernt hast. Dabei kannst du testen, wie schnell du den roten Faden siehst und an welchen Stellen er schnell reißt.
(Die Lösungen stehen im Anhang.)

12 a) Welche Figur gehört zum Text?
Das Viereck ABCD hat in D einen rechten Winkel. Die Diagonalen $\overline{AC}$ und $\overline{BD}$ stehen senkrecht aufeinander. Die Strecke $\overline{AE}$ ist kürzer als die Strecke $\overline{EC}$.

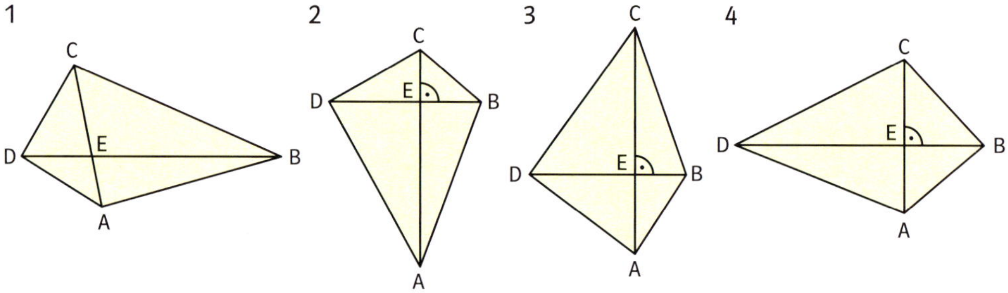

b) Welche der Beschreibungen gehört zur abgebildeten Figur?

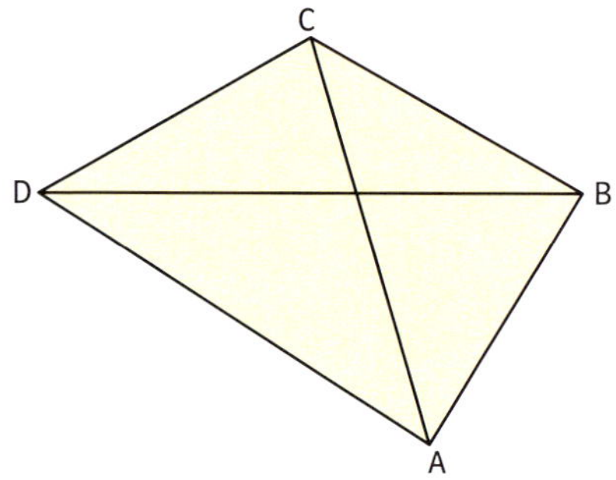

A Das Viereck ABCD hat bei D einen rechten Winkel. Die Diagonalen halbieren sich. Die Strecken $\overline{BC}$ und $\overline{CD}$ sind gleich lang.

B Das Viereck ABCD hat bei A einen rechten Winkel. Die Diagonalen halbieren sich nicht. Die Strecken $\overline{BC}$ und $\overline{CD}$ sind gleich lang.

C Das Viereck ABCD hat bei C einen rechten Winkel. Die Diagonalen halbieren sich. Die Strecken $\overline{AD}$ und $\overline{AB}$ sind gleich lang.

c) Welche Formel gehört zu welchem Körper? Begründe deine Entscheidung.

A $V = a^3 + 3a^2 + 2a$

B $V = 2a^3 - 2a$

C $V = a^3 + 2a^2$

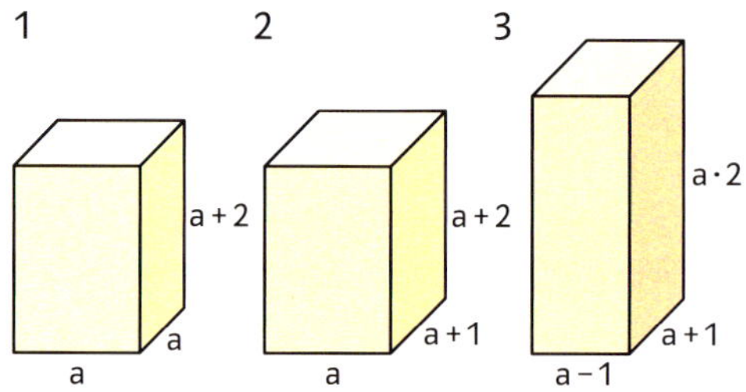

13 a) Konstruiere ein Dreieck aus $a = 6{,}8\,\text{cm}$; $\beta = 43°$ und $\gamma = 64°$.
b) Konstruiere den Umkreis eines Dreiecks mit $a = 4{,}5\,\text{cm}$; $b = 7{,}2\,\text{cm}$ und $\gamma = 72°$.
c) Konstruiere das Dreieck $\triangle ABC$ mit folgenden Maßen:
$a = 10{,}0\,\text{cm}$; $b = 8{,}0\,\text{cm}$; $c = 12{,}0\,\text{cm}$.
Kennzeichne den Teil des Dreiecks, für dessen Punkte P folgende Bedingungen gleichzeitig erfüllt sind:

- P ist höchstens 4 cm von C entfernt.
- P liegt näher bei A als bei B.
- P liegt näher an a als an b.

14 a) Konstruiere ein Dreieck aus $a = 5{,}2\,\text{cm}$; $b = 3{,}5\,\text{cm}$ und $c = 7{,}8\,\text{cm}$. Miss die Innenwinkel.
b) Von einem Dreieck sind zwei Seitenlängen und zwei Winkel bekannt:
$a = 7\,\text{cm}$; $c = 8{,}6\,\text{cm}$; $\alpha = 42{,}5°$; $\beta = 67{,}2°$
Timo zeichnet mit den Bestimmungsstücken a, c und β und behauptet:
„In meinem Dreieck misst die Seite $b = 12{,}0\,\text{cm}$."
c) Laurin will ein Dreieck mit den Maßen $a = 7{,}5\,\text{cm}$; $b = 11{,}0\,\text{cm}$ und $c = 18{,}8\,\text{cm}$ konstruieren.

Funktionaler Zusammenhang

15 a) Alle Behälter sind gleich hoch. Sie werden mit Wasser gefüllt. Das Wasser fließt gleichmäßig zu. Welcher Behälter gehört zu welchem Schaubild? Erkläre.

A

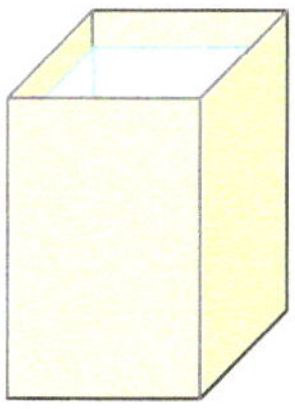

B

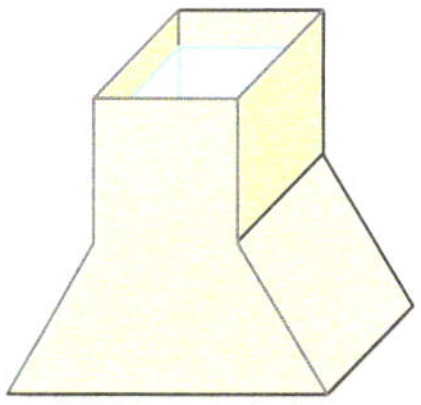

C

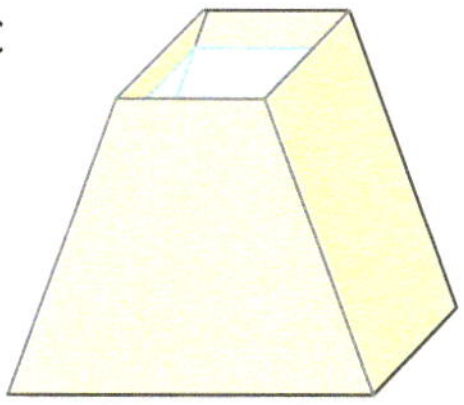

D

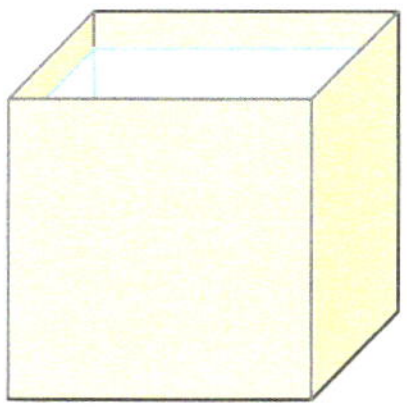

1

2

3

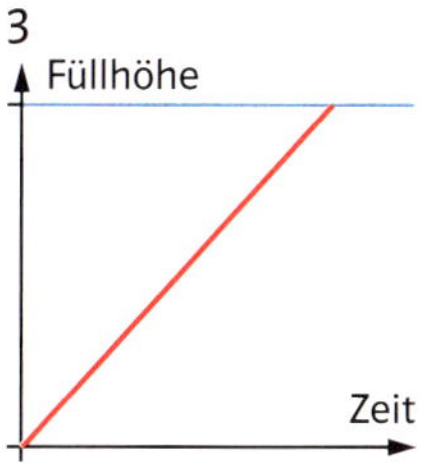

4

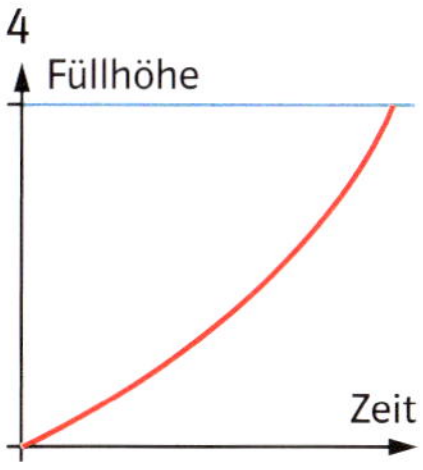

b) Zeichne zu der Geschichte ein passendes Schaubild. Trage die Zeit auf der Waagerechten und die zurückgelegte Wegstrecke auf der Senkrechten ab.
„Jana trainiert ihre Ausdauer durch einen Tempowechsellauf. Nach dem Start läuft sie langsam los. Nach 5 Minuten steigert sie ihr Tempo für die Dauer von 3 Minuten. Anschließend läuft sie 10 Minuten lang wieder das Anfangstempo. Nun sprintet sie 2 Minuten, läuft danach 3 Minuten langsam aus, sprintet erneut über die vorherige Zeitdauer und bleibt 5 Minuten lang stehen und macht Gymnastik."

c) Der aus Würfeln zusammengesetzte Körper wird durch einen gleichmäßigen Wasserzufluss von oben befüllt.
Was wurde im Schaubild falsch gemacht? Welche Fehler findest du? Erkläre sie und korrigiere das Schaubild.

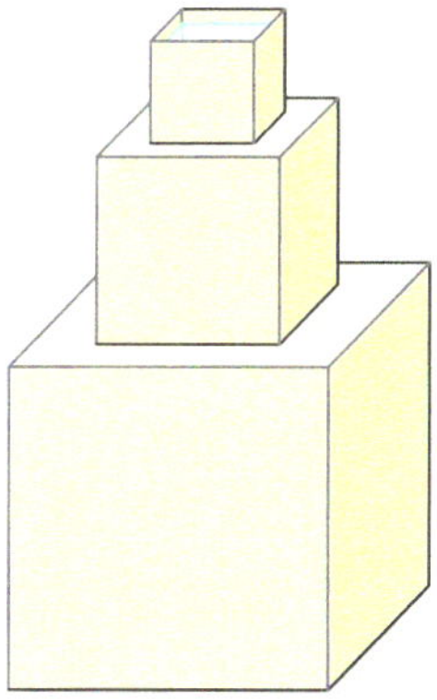

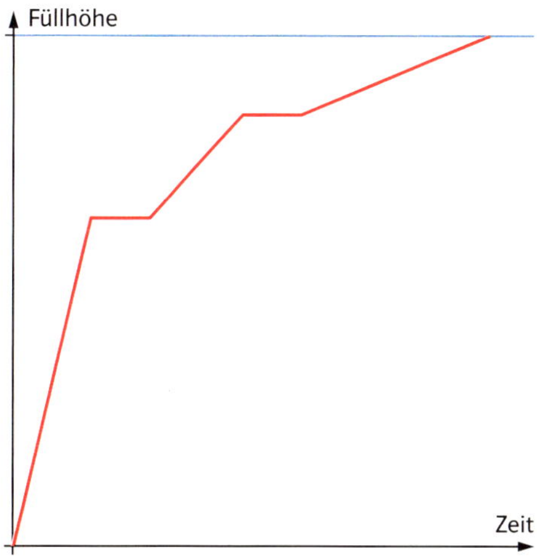

Funktionaler Zusammenhang

37 a) Leon zahlt bei einem Zinssatz von 13,5 % für eine Zeitdauer von 80 Tagen einen Zinsbetrag von 75 €.
b) Marie zahlt für 1 Jahr und 9 Monate einen Betrag von 5000 € auf einen Sparvertrag ein. Der Zinssatz beträgt 3,8 %.
c) Frau Berg bekommt für eine Spareinlage von ihrer Bank 3,0 % Zinsen.
Wenn der Zinssatz sich auf 5,0 % erhöhen würde, bekäme sie 150 € mehr Zinsen.
Wie hoch ist die Spareinlage?

38 a) Frau Grün überzieht ihr Girokonto 12 Tage lang um 1800 €. Die Bank verrechnet einen Zinssatz von 14,75 %.
b) Familie Bauer möchte ihre Wohnung neu einrichten. Der Gesamtpreis beträgt 18 000 €. Sie zahlt 9500 € an. Für den Restbetrag muss sich Familie Bauer zwischen zwei Angeboten entscheiden.

Stadtsparkasse	Möbelhaus Gigant
Kleinkredit für 6 Monate. Jahreszinssatz: 9,5 %	Rückzahlung in 6 Monatsraten zu je 1500 €

c) Familie Roth liegen zwei Darlehensangebote vor.

Bank A: Zinssatz 12 %; Laufzeit 1 Jahr; keine Bearbeitungsgebühr
Bank B: Zinssatz 9 %; Laufzeit 1 Jahr; 200 € Bearbeitungsgebühr

Ab welchem Betrag ist die Bank B günstiger?

39 Frau Schwarz vergleicht die Angebote zweier Banken.

Bank A: Darlehen 18 000 €
600 € Zinsen für 5 Monate
Bank B: Darlehen 18 000 €
960 € Zinsen für 8 Monate

a) Wie soll sie sich entscheiden?
b) Frau Schwarz entscheidet sich ganz anders und leiht bei Bank C. Dort zahlt sie nach einem Jahr 1350 € Zinsen.
c) Frau Schwarz überlegt, ihr Guthaben von 3000 € bei Bank D aufzulösen, wo sie 2,25 % Zinsen pro Jahr erhält. Den Rest will sie bei einer der Banken A–C leihen. Bewerte die Situation nach einem Jahr.

40 Vom Quader wurden zwei Teilwürfel entfernt. Die Teilwürfel haben eine Kantenlänge von 8 cm.
a) Berechne das Volumen des neu entstandenen Körpers.
b) Wie groß ist die Oberfläche des neu entstandenen Körpers?
c) Wenn man bestimmte Teilwürfel vom Quader entfernt, vergrößert sich die Oberfläche. Wie viele davon müssen mindestens herausgebrochen werden, damit die Oberfläche des ursprünglichen Quaders um mindestens 10 % zunimmt?

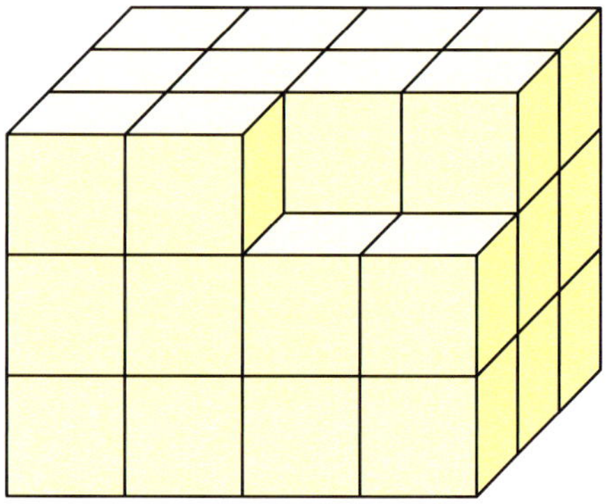

41 Auf dem Würfelnetz sind Linien eingezeichnet.

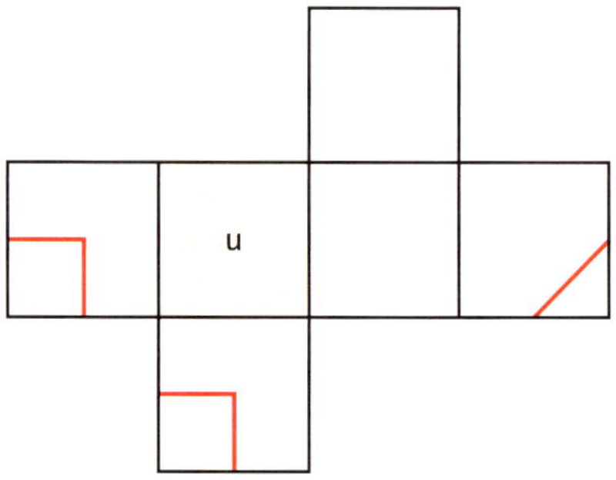

a) Zerschneidet man den Würfel längs der Linien, entstehen zwei Schnittflächen. Von welcher Art sind sie? Begründe.
b) Durch die zwei Schnitte wird der Würfel in zwei Teilkörper zerlegt. Das Volumen des kleinen Körpers verhält sich zum gesamten Würfelvolumen wie
1:8 1:10 1:15 1:16.
Das Volumenverhältnis der Teilkörper ist
2:8 1:14 1:15 1:16 1:17.

42 a) Wie oft passt der Arbeiter in das Auge? Wie groß ist der Flächeninhalt des gesamten Werbeplakats?
b) Wie viele der 4 mal 6 Zentimeter großen Einzelfotos waren zur Herstellung des Plakats notwendig?
c) Wie groß wäre ein Mensch mit solch einem Auge?

Vor dem riesigen Bild eines Auges steht ein Arbeiter. Das Bild ist auf eine Kunststoffplatte aufgebracht und besteht aus mehreren hunderttausend einzelnen, jeweils 4 mal 6 Zentimeter großen Fotos, die mit Computerhilfe zusammengefügt wurden.

Weser Kurier, 1. 12. 2000

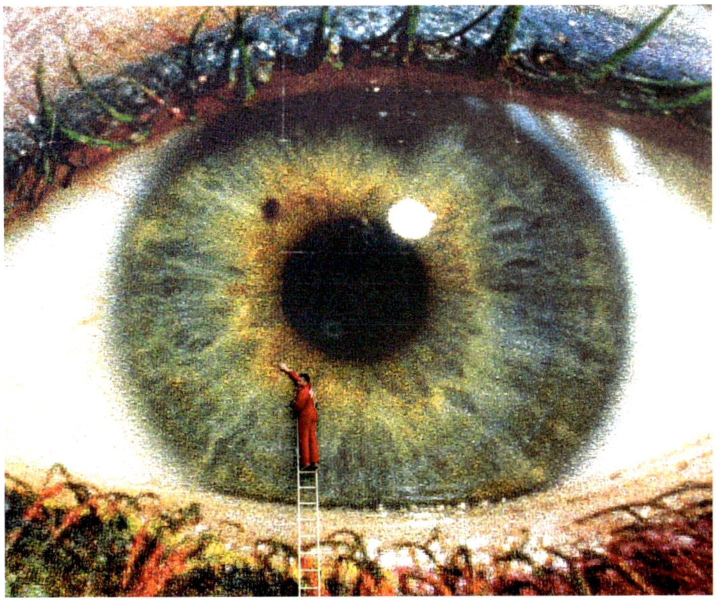

43 a) Bestimme die Größe des in Bronze gegossenen Fußes von Uwe Seeler.
b) Wie viele „normale" Fußballschuhe müssten hintereinander gestellt werden, damit die Größe des Bronzefußes erreicht wird?
c) Wie groß wäre ein komplett in Bronze gegossener Uwe Seeler?

Fuß des ehemaligen HSV-Idols und Ehrenspielführers der Nationalmannschaft Uwe Seeler in Bronze gegossen.
Die 3,9 Tonnen schwere Bronzeskulptur wird am 24. August 2005 in Hamburg enthüllt.

Stuttgarter Zeitung, 15.7.2005

Lösungen zu den Basiswissen-Seiten

Basiswissen | Rechnen mit Brüchen, Seite 6

1

a) 1 b) $\frac{3}{7}$ c) 2
d) $\frac{11}{12}$ e) $\frac{4}{5}$ f) $1\frac{1}{15}$
g) $1\frac{1}{3}$ h) $\frac{3}{8}$ i) $\frac{1}{2}$

2

a) $1\frac{5}{24}$ b) $1\frac{11}{20}$ c) $\frac{7}{36}$
d) $1\frac{27}{40}$ e) $\frac{11}{35}$ f) $\frac{4}{15}$
g) $\frac{13}{56}$ h) $\frac{59}{63}$ i) $\frac{11}{72}$

3

a) $1\frac{1}{4}$ b) $4\frac{1}{6}$ c) $4\frac{13}{24}$
d) $\frac{27}{40}$ e) $1\frac{5}{18}$ f) $2\frac{1}{3}$

4

a) $2\frac{1}{3}$ b) $1\frac{1}{4}$ c) $1\frac{23}{28}$
d) $2\frac{3}{8}$ e) $1\frac{27}{28}$ f) $2\frac{35}{36}$

5

a) $\frac{3}{10}$ b) $\frac{9}{10}$ c) $\frac{1}{3}$
d) $\frac{3}{8}$ e) $\frac{9}{28}$ f) $\frac{5}{7}$
g) $\frac{6}{5}$ h) $\frac{1}{2}$ i) $\frac{8}{9}$

6

a) $\frac{21}{30} = \frac{7}{10}$ b) $\frac{15}{56}$ c) $\frac{16}{45}$
d) $\frac{7}{36}$ e) $\frac{35}{36}$ f) $\frac{16}{63}$
g) $1\frac{1}{54}$ h) $\frac{35}{72}$ i) $\frac{21}{64}$

7

a) $\frac{2}{3}$ b) $\frac{2}{15}$ c) $\frac{1}{6}$
d) 2 e) $3\frac{3}{4}$ f) $2\frac{1}{2}$

8

a) $\frac{1}{2}$ b) $\frac{5}{14}$ c) 1
d) $\frac{4}{5}$ e) $\frac{3}{20}$ f) $\frac{1}{18}$

Basiswissen | Rechnen mit rationalen Zahlen, Seite 7

1

a) 59 b) −60 c) −58
d) 11 e) −2,4 f) $-\frac{1}{4}$

2

a) 16 b) 8 c) 59
d) −220 e) −2,6 f) $-\frac{3}{8}$

3

a) 108 b) 242 c) 125
d) 6,4 e) $\frac{1}{6}$ f) $-\frac{1}{6}$

4

a) −330 b) −171 c) −147
d) −12 e) −2 f) −16

5

a) 9 b) 12,5 c) 7
d) 30 e) $\frac{1}{40}$ f) −3

6

a) −8 b) −16 c) −20
d) −30 e) $-\frac{3}{2}$ f) −52

7

a) −68 b) −340 c) −36,1 d) 0
e) −60 f) 71 g) $-\frac{1}{3}$

8

a) 5,6 b) 4 c) 1 d) 250
e) −11,5 f) −0,5 g) −0,25

Basiswissen | Rechnen mit Termen, Seite 8

1

a) 3 b) −9 c) −18 d) −2

2

	x	−3	−2	−1	0	1	2	3
a)	$4 + 2x$	−2	0	2	4	6	8	10
b)	$-3x - 4$	5	2	−1	−4	−7	−10	−13
c)	$2x - 5x$	9	6	3	0	−3	−6	−9
d)	$2x^2 - x$	21	10	3	0	1	6	15

3

a) $11x + 8y$ b) $-9a + 15b$ c) $-11ab - 6xy$
d) $3a^2 - 3a$

4

a) $9y$ b) $17x$ c) $-4b$ d) $(xy - ab)$

5

a) $960x^2yz$ b) $60xyz$ c) $-288a^2bc$
d) $-12a^3bc$ e) $10xy$ f) $-5y^2$

6

a) $-59xy$ b) $2xy$ c) $-7a^2b^2 - c^2d^2$

7

a) $3a + 9b$ b) $5a + 9$ c) $5m - 6n$ d) $-5m + 6n$

8

a) $27ab + 18a$ b) $56ab - 72ac$
c) $60xy - 30y^2$ d) $-36x^2 - 30xy^2$
e) $54x^2 + 63xy^2$ f) $2a - 3$
g) $ab - 2bc$ h) $-16a^2b + 2b^2$

Basiswissen | Gleichungen lösen, Seite 9

1

a) $x = 6$ b) $x = 2$ c) $x = 1$
d) $x = 10$ e) $x = 0$ f) $x = -4$

2

a) $x = 14$ b) $x = 12$ c) $x = 5$
d) $x = \frac{9}{2}$ e) $x = -\frac{2}{5}$ f) $x = \frac{3}{2}$

3

a) $x = 2$ b) $x = 6$ c) $y = 9\frac{5}{14}$
d) $y = 0$ e) $u = -31$

4

a) $x = \frac{1}{2}$ b) $y = -\frac{2}{3}$ c) $z = 8\frac{1}{3}$

5

$x = 3$

6

a) $x = 4$ b) $x = 15$

7

$(x + 4) \cdot 2 + 10 = 3x + 12$
$x = 6$

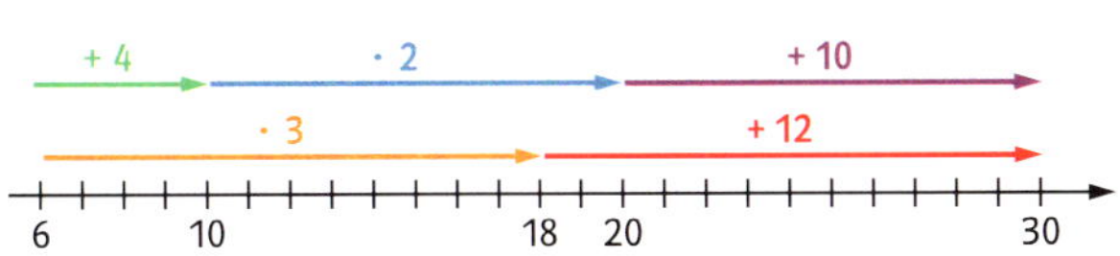

Basiswissen | Dreiecke, Seite 10

1

	α	β	γ	
a)	60°	60°	60°	spitzwinklig Dreieck
b)	40°	125°	15°	stumpfwinklig Dreieck
c)	45°	45°	90°	rechtwinklig Dreieck

2

a)

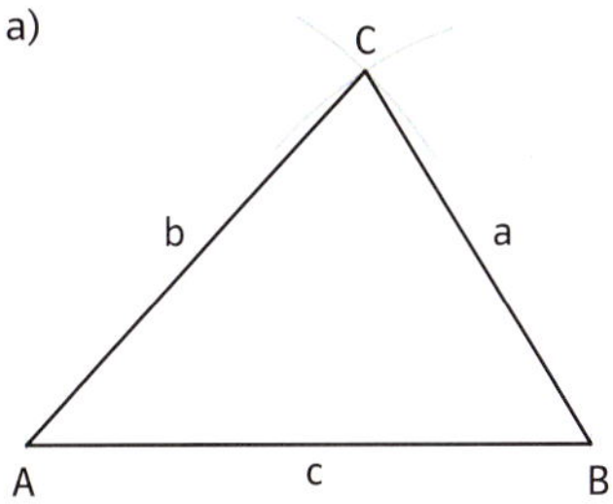

b)

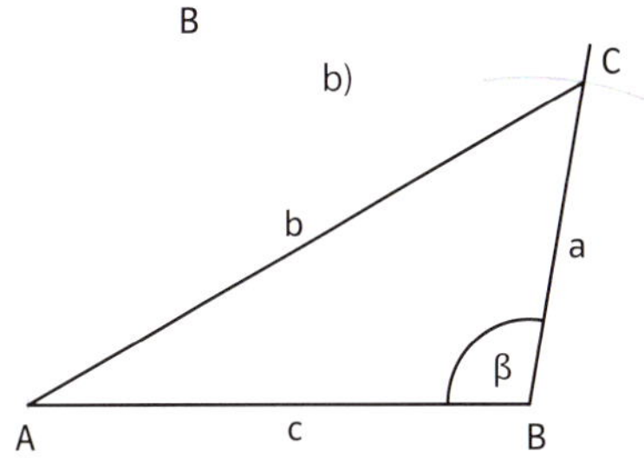

c)

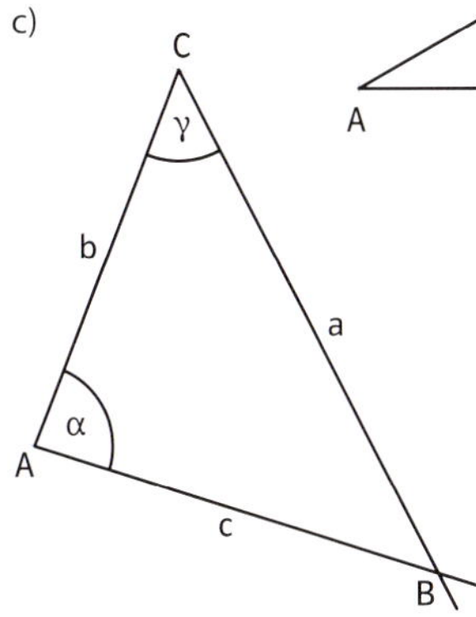

d)

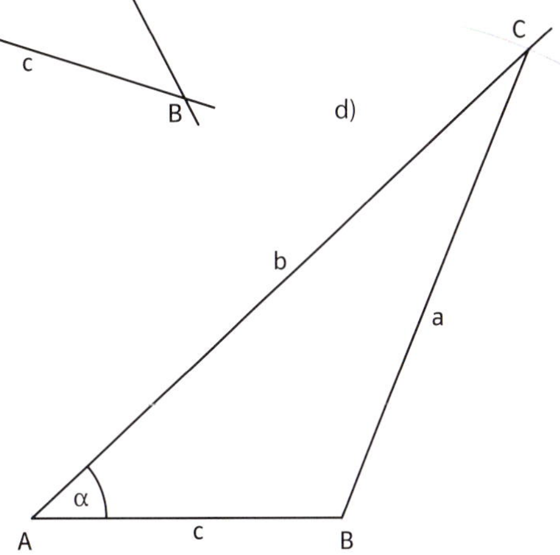

3

Einer maßstäblichen Zeichnung (1 cm entspricht 10 m) entnimmt man: h = 15,9 cm.
Der Turm ist etwa 159 m hoch.

4

a)

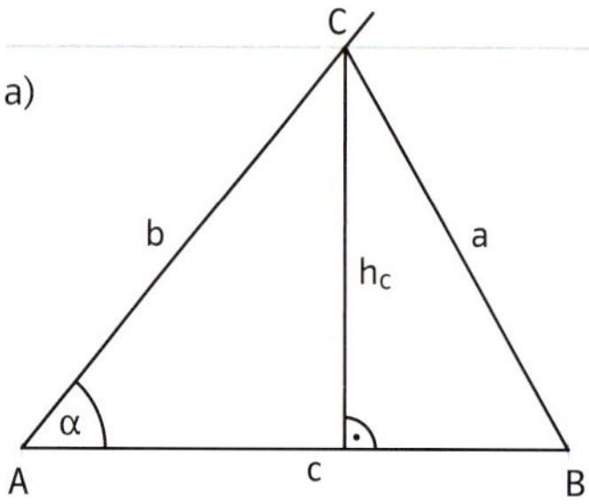

b)

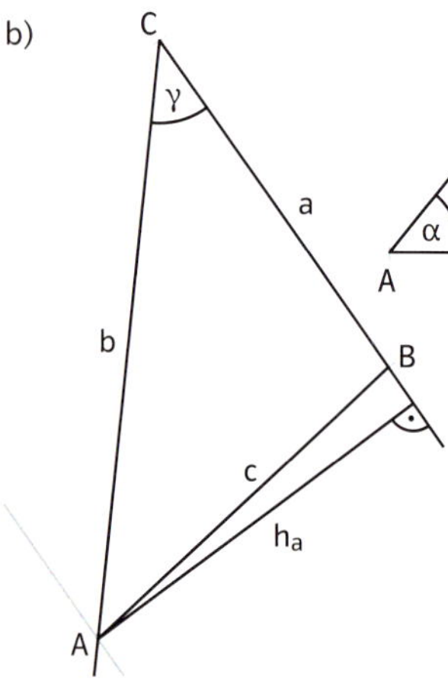

Basiswissen | Daten, Seite 11

1

a) Rangliste: 8 €, 9 €, 12 €, 12 €, 13 €, 14 €, 17 €, 18 €, 19 €, 22 €, 25 €, 26 €, 29 €, 31 €, 33 €, 36 €, 45 €, 47 €, 51 €, 55 €, 62 €, 72 €

b) Minimum: 8 € Zentralwert: 25,50 €
Maximum: 72 € Mittelwert: 29,82 €
Spannweite: 64 €

2

Mittelwert: 9,8

3

Anzahl der Mängel: 63

a) Beleuchtung	38,1 %
Karosserie	4,9 %
Reifen	25,4 %
Warndreieck	6,3 %
Verbandskasten	7,9 %
ohne TÜV/AU	1,6 %
ohne Papiere	11,1 %
sonstige Mängel	4,9 %

b) Die meisten Mängel betrafen Beleuchtung und Reifen. Dies waren zusammen 63,5 %, also fast $\frac{2}{3}$ aller Mängel.

4

auf keinen Fall	1236 Personen
eigentlich dagegen	645 Personen
unentschieden	372 Personen
eigentlich dafür	501 Personen
sehr dafür	246 Personen

Lösungen der Rückspiegel

Rückspiegel, Seite 29, links

1

a) $2n^2 + 2n = 2n(n + 1)$
b) $2n^2 + 3n + 1 = (2n + 1)(n + 1)$

2

a) $24abx + 18abx^2$
b) $-42m^2n + 3mn^2$
c) $x^2 - x - 12$
d) $-y^2 - 6y + 27$
e) $30x^2 - 3x - 6$
f) $6x^2 + xy - y^2$

3

a)

·	x	−6
x	x^2	$-6x$
5	$5x$	-30

$x^2 - x - 30$
$= (x - 6)(x + 5)$

b)

·	x	−7
x	x^2	$-7x$
12	$12x$	-84

$x^2 + 5x - 84$
$= (x - 7)(x + 12)$

4

a) $81x^2 + 90xy + 25y^2$
b) $9x^2 + 2{,}4xy + 0{,}16y^2$
c) $(y - 8x)^2$
d) $(4a + 5b)^2$
e) $(9t + 11s)(9t - 11s)$
f) $s^2 - 4u^2$

5

a) $x^2 + 16x + 64$
b) $a^2 - 20a + 100 = (a - 10)^2$
c) $121 - 22w + w^2 = (11 - w)^2$
d) $4x^2 - 4xy + y^2 = (2x - y)^2$
e) $(6r + 9s)^2 = 36r^2 + 108rs + 81s^2$

6

a) $0 = 6a^2 + 4ax$
b) $V = a^3 + a^2x = a^2(a + x)$

7

a) $4(x^2 + 6xy + 9y^2) = 4(x + 3y)^2$
b) $3(16x^2 - 40xy + 25y^2) = 3(4x - 5y)^2$
c) $28(u^2 - 4w^2) = 28(u - 2w)(u + 2w)$
d) $0{,}5(p^2 - 4p + 4) = 0{,}5(p - 2)^2$

Rückspiegel, Seite 29, rechts

1

a) $2n^2 + 4n + 2 = (2n + 2)(n + 1)$
b) $n^2 + 4n + 4 = (n + 2)^2$

2

a) $48a^2b + 64ab^2$
b) $-8x^3y + 24x^3$
c) $17r - 17s - rt + st$
d) $16b + 15a - ab - 240$
e) $16x^2 - 49x + 3$
f) $-6x^2 - 3{,}8xy + 0{,}8y^2$

3

a)

$\cdot$	x	-3
x	x^2	$-3x$
14	$14x$	-42

$x^2 + 11x - 42$
$= (x - 3)(x + 14)$

b)

$\cdot$	$-3x$	y
$2x$	$-6x^2$	$2xy$
$-3y$	$9xy$	$-3y^2$

$-6x^2 + 11xy - 3y^2$
$= (-3x + y)(2x - 3y)$

4

a) $256t^2 - 384st + 144s^2$
b) $0{,}49c^2 - 0{,}28cd + 0{,}04d^2$
c) $(3x + 0{,}5y)^2$
d) $(a + 0{,}5b)^2$
e) $(x + 0{,}5y)(x - 0{,}5y)$
f) $\frac{1}{9}a^2 - \frac{1}{4}b^2$

5

a) $9x^2 + 3xy + 0{,}25y^2 = (3x + 0{,}5y)^2$
b) $64m^2 - 32mn + 4n^2 = (8m - 2n)^2$
c) $c^2 - 34c + 289 = (c - 17)^2$
d) mehrere Lösungen möglich
$16r^2 - 56rs + 49s^2 = (4r - 7s)^2$
$4s^2 - 56rs + 196r^2 = (2s - 14r)^2$
e) $(15a - 5b)^2 = 225a^2 - 150ab + 25b^2$

6

a) $O = 22x^2 + 26x + 4$
b) $V = 6x^3 + 12x^2 + 6x$

7

a) $\frac{1}{2}(x^2 - 4x + 4) = \frac{1}{2}(x - 2)^2$
b) $\frac{3}{4}\left(v^2 - \frac{1}{4}w^2\right)$
c) $6(25x^2 + 20xy + 4y^2) = 6(5x + 2y)^2$
d) $\frac{1}{5}(x^2 + 4xy + 4y^2) = \frac{1}{5}(x + 2y)^2$

Rückspiegel, Seite 49, links

1

a) $x = 3$ b) $x = 2$ c) $x = -2$ d) $x = 10$

2

a) 9 b) 21 c) 105 d) −15 e) −63

3

a) $x = -\frac{5}{2}$ b) $y = -1$ c) $x = -1$ d) $z = -11$

4

a) $x = 10\,cm$ b) $x = 6\,cm$

5

a) $b = \frac{A}{a}$
b) $b = 4\,cm$; $b = 4{,}5\,cm$, $b = 6{,}5\,cm$

6

a) $v = 7{,}5\,\frac{m}{s}$; $v \approx 7{,}6\,\frac{m}{s}$; $v \approx 8{,}0\,\frac{m}{s}$
b) $v = \frac{75}{10{,}2 - t}\,\frac{m}{s}$; t in s

Rückspiegel, Seite 49, rechts

1

a) $x = 2$ b) $x = 8$ c) $x = 12$ d) $x = 1{,}5$

2

a) −2 b) 0 c) −6
d) +2 e) +0,5

3

a) $x = 4$ b) $y = 21$ c) $x = 1$ d) $z = 7$

4

a) $x = 8\,cm$ b) $x = 12\,cm$

5

a) $G = \frac{P}{p\%}$ b) $G = 420{,}00$ €; $G = 3500\,m$; $G = 960\,kg$

6

a) $v = 112\,\frac{km}{h}$; $v \approx 86{,}9\,\frac{km}{h}$; $v = 105\,\frac{km}{h}$; $v = 126\,\frac{km}{h}$
b) $v = \frac{84}{1 - t}\,\frac{km}{h}$; t in h

Rückspiegel, Seite 75, links

1

$a = 12\,cm$ $u_R = 50\,cm$ $u_Q = 48\,cm$
Das Rechteck hat den größeren Umfang.

2

a) $u = 19{,}7\,cm$; Der Konstruktion entnimmt man $h_c = 4{,}8\,cm$ und berechnet $A = 18{,}0\,cm^2$.
b) $u = 22{,}0\,cm$; Der Konstruktion entnimmt man $h_a = 5{,}2\,cm$ und berechnet $A = 28{,}6\,cm^2$.

3

$A = 36{,}49\,m^2$

4

$A_1 = 591\,m^2$ $A_2 = 643\,m^2$

5

Der Verschnitt ist immer gleich: $1373\,cm^2$

Rückspiegel, Seite 75, rechts

1
$h = 20\,cm$

2
a) $u = 20{,}0\,cm$; Der Konstruktion entnimmt man $h_a = 3{,}0\,cm$ und berechnet $A = 19{,}5\,cm^2$.
b) $u = 22{,}1\,cm$; Der Konstruktion entnimmt man $c = 2{,}5\,cm$ und $h = 4{,}0\,cm$ und berechnet $A = 23{,}4\,cm^2$.

3
$A = 36{,}13\,m^2$

4
$A_1 = 591\,m^2$ $A_2 = 643\,m^2$ $A_3 = 689\,m^2$

5
a) $A = (8 + \pi)e^2$
b) $A = (2 + \pi)e^2$
a) $A = \frac{(\pi - 2)}{4}e^2$

Rückspiegel, Seite 97, links

1
a) $y = 2{,}5x$

x	−3	−2	−1	0	1	2	3
y	−7,5	−5	−2,5	0	2,5	5	7,5

b) $y = -2x - 1$

x	−3	−2	−1	0	1	2	3
y	5	3	1	−1	−3	−5	−7

c) $y = 0{,}4x + 1{,}5$

x	−3	−2	−1	0	1	2	3
y	0,3	0,7	1,1	1,5	1,9	2,3	2,7

d) $y = -\frac{3}{5}x + 0{,}8$

x	−3	−2	−1	0	1	2	3
y	2,6	2	1,4	0,8	0,2	−0,4	−1

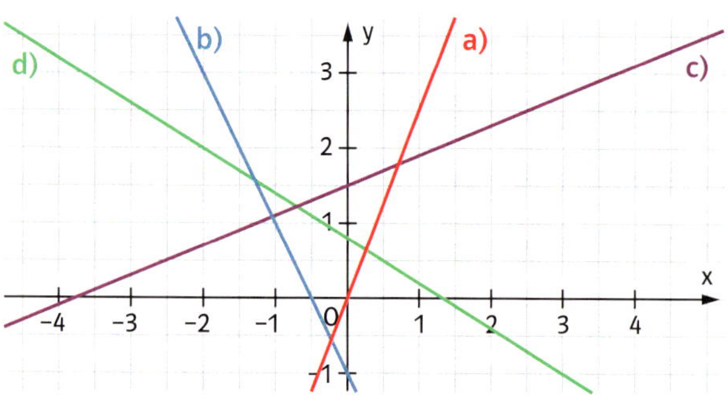

2
a) $y = -\frac{2}{3}x - 4$ linear, Steigung $-\frac{2}{3}$ und y-Achsenabschnitt −4
b) $y = 3x$ proportional, Gerade geht durch den Ursprung
c) $y = 2$ linear, Steigung 0, y-Achsenabschnitt 2
d) $y = x^2 - 5x$ weder linear noch proportional Schaubild ist keine Gerade

3
g_1: $y = \frac{1}{2}x + 2$ g_2: $y = \frac{3}{2}x - 1{,}5$
g_3: $y = -\frac{3}{4}x + 0{,}5$ g_4: $y = -\frac{2}{5}x - 0{,}5$

4

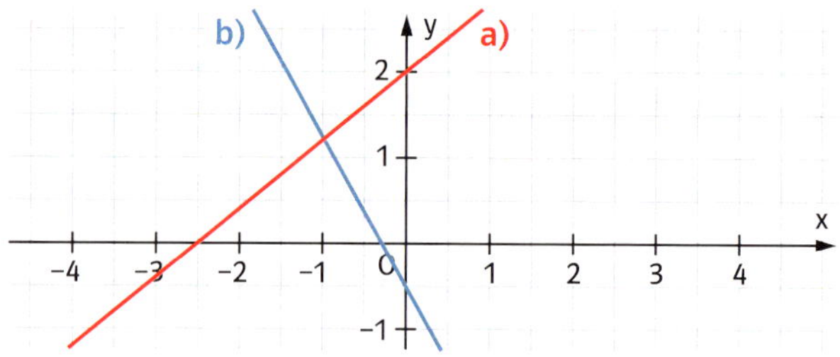

5
a) P(2 | 1,5) Q(4 | 3)
b) V(−2 | 4) W(−1,5 | 3)
c) S(2 | 0,5) T(5 | 1,25)

6
z. B. $y = -2x + 3$

7
a) 4 m
b) $y = 0{,}4x + 2$
c) Schaubild, nach ungefähr 20 Tagen

Rückspiegel Seite 97, rechts

1
a)

x	−3	−2	−1	0	1	2	3
y	4,5	3	1,5	0	−1,5	−3	−4,5

b)

x	−3	−2	−1	0	1	2	3
y	0,5	$-\frac{1}{6}$	$-\frac{5}{6}$	−1,5	$-\frac{13}{6}$	$-\frac{17}{6}$	$-\frac{21}{6}$

c)

x	−3	−2	−1	0	1	2	3
y	6,5	1,5	−1,5	−2,5	−1,5	1,5	6,5

d)

x	−3	−2	−1	0	1	2	3
y	5,5	5	4,5	4	3,5	3	2,5

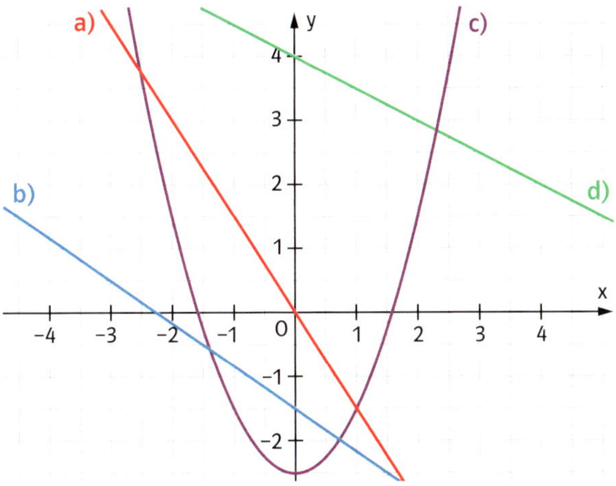

2
$y = 2{,}5x + 1$

3
g_1: $y = \frac{2}{7}x - \frac{5}{2}$ g_2: $y = \frac{5}{3}x + \frac{3}{2}$
g_3: $y = -2x + 2$ g_4: $y = -\frac{5}{6}x - \frac{1}{2}$

4
$y = -1{,}5x + 2$

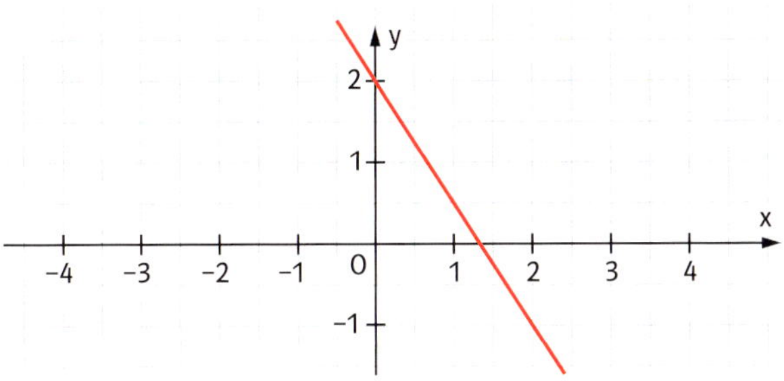

5
a) $y = x + 1$ b) $y = -x + 3$ c) $y = \frac{1}{2}x - 2$

6
a) $y = 15 + 25x$
x ist die Anzahl der Stunden, y die Wasserhöhe in cm.
b) 15 cm Wasserhöhe sind 12,5 %
120 cm Wasserhöhe sind 100 %
Nach 4,2 h oder 4 h 12 min ist diese Höhe erreicht.

Rückspiegel, Seite 119, links

1
a) $L = \{(3\,;\,-2)\}$ b) $L = \{(4\,;\,2)\}$

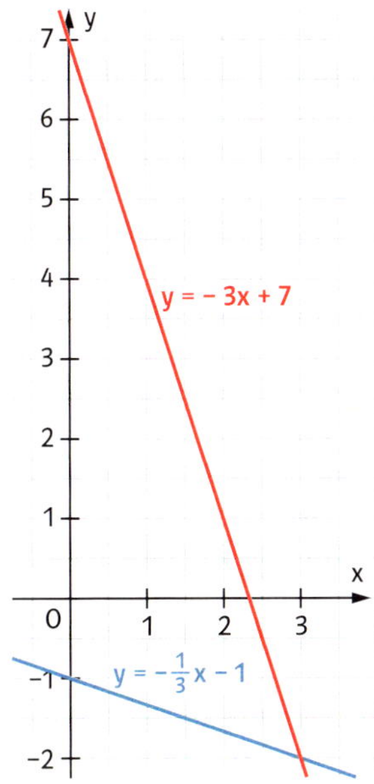

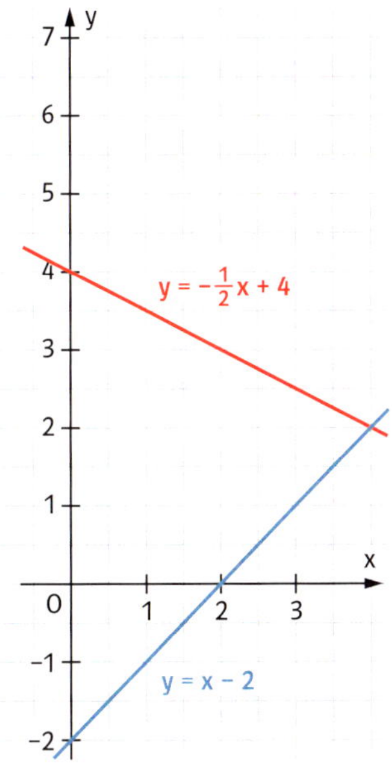

2
a) $y = -\frac{1}{2}x + 5$ und $y = x - 1$; $L = \{(4\,;\,3)\}$
b) $y = 3x + 3$ und $y = \frac{1}{2}x - 2$; $L = \{(-2\,;\,-3)\}$

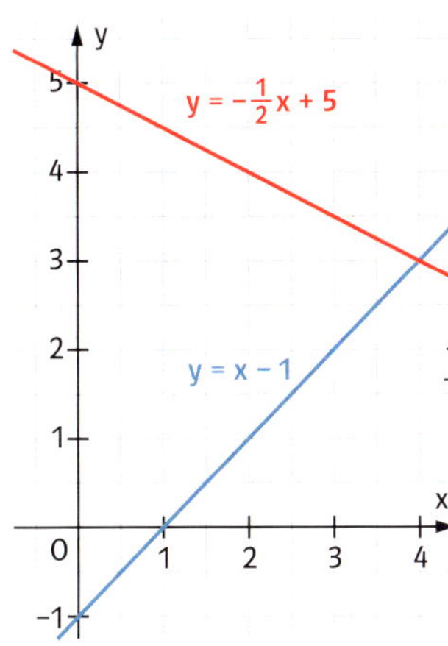

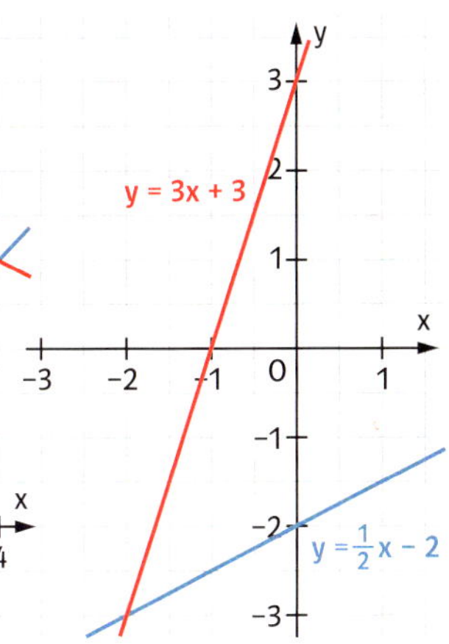

3
a) $L = \{(2\,;\,3)\}$ b) $L = \{(1\,;\,-\frac{2}{3})\}$

4
a) $L = \{(4\,;\,\frac{3}{2})\}$ b) $L = \{(4\,;\,3)\}$
c) $L = \{(7\,;\,10)\}$

5
g: $y = x + 2$ und h: $y = -\frac{1}{2}x + 5$; $S(2\,|\,4)$

6

a) Keine Lösung, Geraden sind parallel.

b) S(0 | −1); L = {(0 ; −1)}

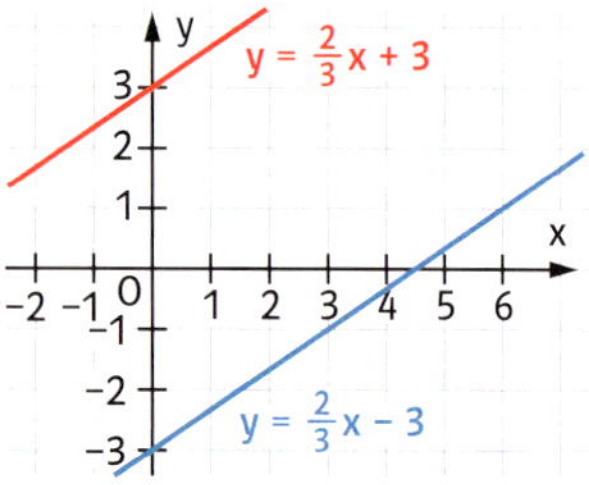

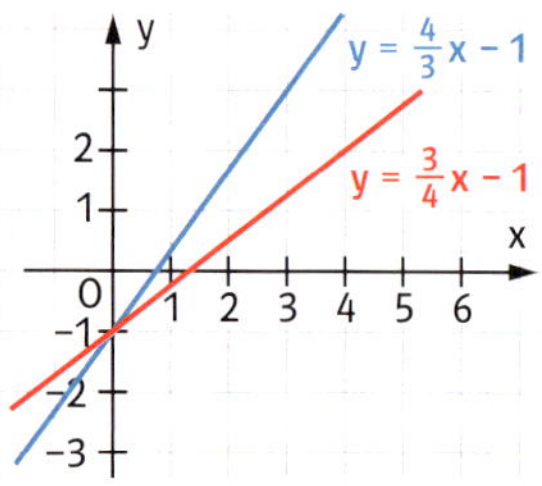

7

Erwachsene zahlen 5 €, Kinder 2 €. Für zwei Erwachsene und zwei Kinder müssen 14 € bezahlt werden.

8

Die Angebote können mit zwei linearen Gleichungen dargestellt werden. A: $y = 120 + 25x$ und B: $y = 100 + 30x$

Familie Hartmann muss die Anzahl der Urlaubstage berücksichtigen. Bei 4 Tagen sind die Angebote gleich, ab 5 Tagen wird das Angebot A günstiger.

Rückspiegel, Seite 119, rechts

1

a) L = {(3 ; 2)}

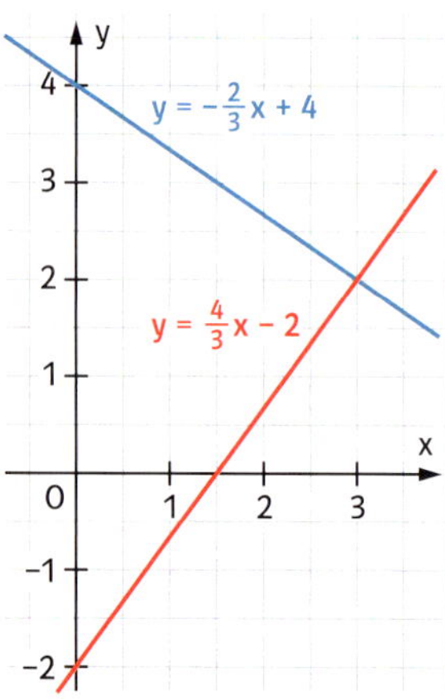

b) L = {(2 ; 1,5)}

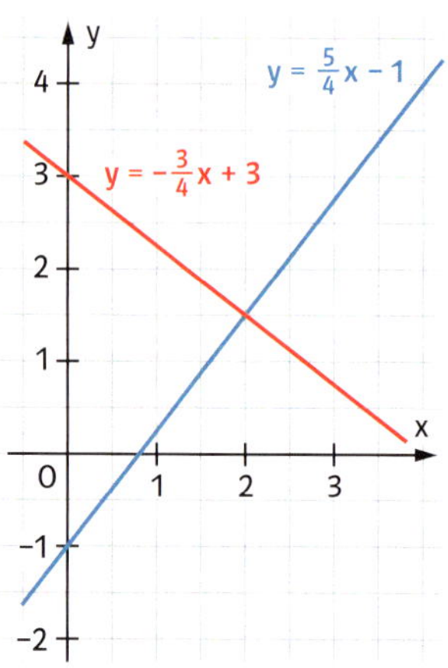

2

a) $y = \frac{1}{2}x + 1$ und $y = -3x + 8$; L = {(2 ; 2)}

b) $y = -\frac{2}{5}x - \frac{4}{5}$ und $y = -\frac{5}{2}x + \frac{11}{2}$; L = {(3 ; −2)}

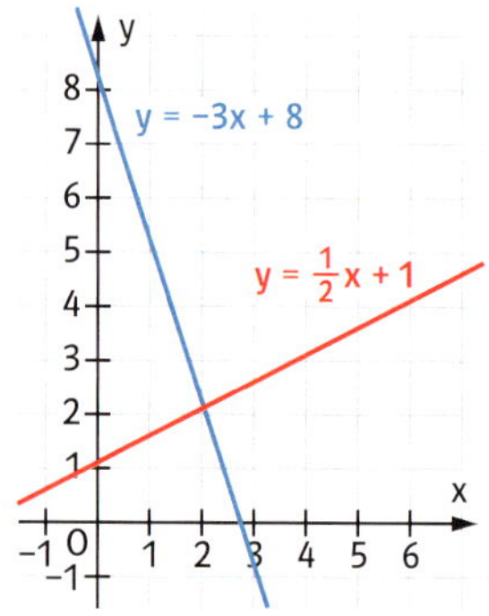

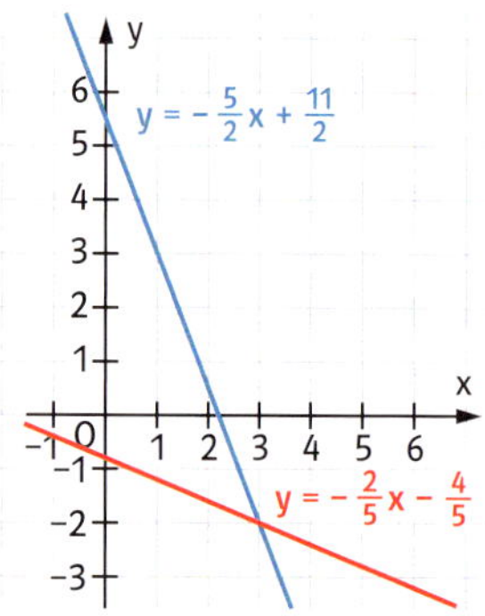

3

a) L = {(−1 ; 2)}   b) L = {(0 ; 4)}

4

a) L = {(3 ; −2)}   b) L = {(24 ; 16)}   c) L = {(27 ; 44)}

5

g: $y = \frac{1}{3}x + 2$ und h: $y = -x + 4$; S(1,5 | 2,5)

6

a) unendlich viele Lösungen, es ist dieselbe Gerade, $y = 3x - 4$

b) Keine Lösung, Geraden sind parallel.

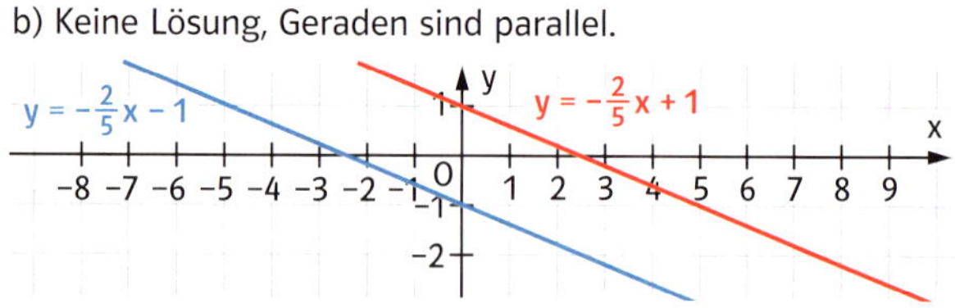

7

Eine Tulpe kostet 0,80 €, eine Rose 1,50 €.

Ein Strauß mit 8 Rosen und 7 Tulpen kostet 17,60 €.

8

Die Tarife können mit zwei linearen Gleichungen dargestellt werden. A: $y = 45{,}50 + 0{,}165x$ und B: $y = 75{,}25 + 0{,}155x$

Familie Munz muss ihren Stromverbrauch ermitteln. Bei 2975 KWh sind beide Tarife gleich teuer, bei einem höheren Verbrauch wird der Tarif B günstiger.

Rückspiegel, Seite 143, links

1

$V = 1080\,cm^3$ $O = 663\,cm^2$

2

c = 5 cm

3

a) $M = 565{,}5\,cm^2$; $O = 1017{,}89\,cm^2$; $V = 1696{,}5\,cm^3$
b) $M = 592{,}8\,cm^2$; $O = 678{,}8\,cm^2$; $V = 1096{,}7\,cm^3$
c) $M = 7{,}17\,m^2$; $O = 9{,}58\,m^2$; $V = 2{,}22\,m^3$

4

a) $V = 42\,412\,m^3$ b) $A = 5655\,m^2$

5

$G = \frac{1}{2}c \cdot h_c = 24\,cm^2$
$V = G \cdot h = 192\,cm^3$
$u = 32\,cm$
$M = u \cdot h = 256\,cm^2$
$O = 2 \cdot G + M = 304\,cm^2$

6

$V_1 = 56{,}1\,cm^3$; $V_2 = 254{,}5\,cm^3$; $V = 310{,}6\,cm^3$
$O_1 = 82{,}9\,cm^2$; $O_2 = 240{,}3\,cm^2$; $O = 287{,}0\,cm^2$

Rückspiegel, Seite 143, rechts

1

Das Volumen vergrößert sich mit dem Faktor 8. Die Oberfläche vergrößert sich mit dem Faktor 4.

2

$c = 5\,cm$

3

a) $h = 5{,}0\,cm$ b) $h = 2{,}5\,dm$
c) $h = 12{,}0\,dm$

4

a) $V = 5\,495\,651\,m^3$ 137392 Güterwagen; 1717,4 km lang
b) 176,5 m

5

$G = a \cdot h_a = 75\,cm^2$
$V = G \cdot h = 900\,cm^3$
$u = 42\,cm$
$M = u \cdot h = 504\,cm^2$
$O = 2 \cdot G + M = 654\,cm^2$

6

$V_Z = 366{,}7\,cm^3$; $V_Q = 56{,}2\,cm^3$; $V = V_Z - V_Q = 310{,}5\,cm^3$
$O = 2\pi r h + 2\pi r^2 - 2ab + 2ah + 2bh = 388{,}6\,cm^2$

Rückspiegel, Seite 163, links

	Grundwert	Veränderung in Prozent	Veränderter Grundwert
a)	315 €	+16 %	365,40 €
b)	820 km	−5 %	779 km
c)	20 km	+30 %	26 km

2

Herr Stark muss 1163,87 € bezahlen.

3

a) 679 € b) 672,21 €

4

a) 10,20 € Zinsen; neuer Kontostand 690,20 €
b) 459 €

5

	Kapital	Zinssatz	Zinsen	Zeit
a)	600 €	5 %	10 €	4 Mon.
b)	1200 €	6 %	18 €	$\frac{1}{4}$ Jahr
c)	1800 €	6 %	4,20 €	14 Tage
d)	2400 €	11 %	198 €	270 Tage

6

Rechnungsbetrag abzüglich 2 % Skonto 1231,37 €, also 25,13 €. Zinsen für diesen Betrag 7,90 €. Es lohnt sich, sie spart 17,23 €.

Rückspiegel, Seite 163, rechts

	Grundwert	Veränderung in Prozent	Veränderter Grundwert
a)	23,56 €	+10,5 %	26,03 €
b)	124 m	$-3\frac{1}{4}$ %	119,97 m
c)	125,50 €	−2 %	122,99 €

2

Der Heimtrainer kostete ohne Mehrwertsteuer 755,46 €.

3

a) Der ursprüngliche Preis betrug 300 €.
b) um 23,5 %

4

a) 1330 €
b) Marion 1,75 % (Jan 1,5 %)

5

	Kapital	Zinssatz	Zinsen	Zeit
a)	564 €	4,5 %	14,81 €	7 Mon.
b)	678,50 €	10,5 %	53,39 €	$\frac{3}{4}$ Jahr
c)	1225,38 €	$3\frac{1}{4}$ %	8,85 €	80 Tage
d)	826,75 €	10,5 %	32,07 €	133 Tage

6

Frau Hahn muss für die 9000 € Rest beim Händler 630 € bezahlen, bei der Bank bekommt sie das Geld für 570 € Zinsen. Die Bank ist also günstiger.

Rückspiegel, Seite 189, links

1

Kniffel: Würfel
Domino: Spielsteine
Schach: Es gibt kein Zufallsgerät.
Roulette: Glücksrad
Quartett: Karten
Bingo: Zahlentrommel

2

a) Kopf oder Wappen
b) eine Zahl von 1 bis 49
c) eine Zahl von 7 bis 10, Bube, Dame, König, Ass

3

a) $\frac{1}{8} = 12{,}5\,\%$ b) $\frac{1}{5} = 20\,\%$ c) $\frac{1}{55} \approx 1{,}8\,\%$

4

a) $\frac{4}{16} = 25\,\%$ b) $\frac{3}{16} = 18{,}75\,\%$
c) $\frac{7}{16} = 43{,}75\,\%$ d) $\frac{0}{16} = 0\,\%$

5

Unter den 2100 geborenen Kindern sind ungefähr 1071 Jungen und 1029 Mädchen zu erwarten.

6

Peters und Sarahs Schätzungen sind sicher falsch, da Peter insgesamt 105 % und Sarah 98 % geschätzt haben. Zusammen müssen aber die Wahrscheinlichkeiten immer 100 % ergeben.

Rückspiegel, Seite 189, rechts

1

a) Eine Karte ziehen. Wer die höchste Karte zieht, muss geben.
Die Reihenfolge der Karten mit der höchsten beginnend: Kreuz-Bube, Pik-Bube, Herz-Bube, Karo-Bube, alle Kreuz-Karten in der Reihenfolge Ass, 10, König, Dame, 9, 8, 7, Alle Pik-Karten, alle Herz-Karten, alle Karo-Karten in dieser Reihenfolge.
b) Eine weiße Figur in der rechten und eine schwarze Figur in der linken Hand verdeckt halten. Der Partner zieht – schwarz oder weiß – und spielt mit dieser Farbe.
c) Einen Würfel werfen. Wer die höchste Augenzahl hat, beginnt.

2

a) Loch 1 (unten), Loch 2 (oben), die Wand oder gar nichts treffen.
b) Einen der Ringe von 1 bis 12 treffen oder daneben werfen.

3

a) $\frac{40}{100} = \frac{2}{5} = 40\,\%$ b) $\frac{9}{15} = \frac{3}{5} = 60\,\%$

4

a) 300 Lose b) $\frac{2}{180} = \frac{1}{90} \approx 1{,}1\,\%$

5

$\frac{(190 - 23)}{190} \approx 87{,}9\,\%$ oder $1 - \frac{23}{190} \approx 87{,}9\,\%$

6

a) Gleichwahrscheinlich: 1; 4 und 5
Gleichwahrscheinlichkeit: 2 und 3
b)

Augenzahl	1	2	3	4	5
Wahrscheinlichkeit	24 %	14 %	14 %	24 %	24 %

Lösungen des Sammelpunktes

1

a) $(3x - 2)^2 = 9x^2 - 12x + 4$
b) $(7x - 3y)^2 = 49x^2 - 42xy + 9y^2$
c) $(4x + 6y)^2 = 16x^2 + 48xy + 36y^2$
$(3x + 8y)^2 = 9x^2 + 48xy + 64y^2$
$(2x + 12y)^2 = 4x^2 + 48xy + 144y^2$

2

a) (B)
b) $(3 - 2y)(1 + y) = 3 + y - 2y^2$
c) $(5a - 7b)^2 = 25a^2 - 70ab + 49b^2$
oder $(5a + 7b)^2 = 25a^2 + 70ab + 49b^2$

3

a) (C)
b) Anna und Sofie
c) A und C

4

a) $84xy + 72y^2$
b) $5x(7 - 2y) = 35x - 10xy$
c) Ja, Petra hat Recht. Es bleibt nach der Vereinfachung der Term $4xy$ übrig, d.h. das Ergebnis ist durch 4 teilbar.
Termansatz: $(x + y)^2 - (x - y)^2$

5

a) $121x^2 - 66xy + 9y^2 = (11x - 3y)^2$
b) $50s^2 - 140st + 98t^2 = 2(5s - 7t)^2$
c) Termansatz: $x^2 - (x + 1)^2 + (x + 2)^2 - (x + 3)^2 = -4x - 6$
$= 2(-2x - 3)$
Das Ergebnis ist also durch 2 teilbar und somit gerade.

6

a) Die Zahlen heißen 16; 17 und 18.
b) $x + (x - 1) + (x - 2)$
c) Die drei Zahlen heißen 33; 34; 35.
Der Term $x + (x + 1) + (x + 2)$ ergibt umgeformt den Term $3x + 3$. Dieser Term ist durch 3 teilbar.
Die Summe 100 ist nicht durch 3 teilbar.

7

a) z.B. $4x + 3y$
b) z.B. $3x - 3y$
c) z.B. $x = 1$ und $y = -1$; $x = 5$ und $y = 1$;
$x = -1$ und $y = -2$

8

a) $O = 2a^2 + 4ah$
$O = 2 \cdot 8^2 + 4 \cdot 8 \cdot 15$
$O = 608\,cm^2$
b) $h = \frac{O - 2a^2}{4a}$
c) $V = 1{,}5a^3$; $O = 8a^2$

9

a) $\delta = 135°$; $\beta = 40°$
b) $\delta = 125°$; $\beta = 70°$
c) $\gamma = 45°$; $\varepsilon = 80°$

10

a) $\gamma = 42°$
b) $\alpha = 50°$
c) $\gamma = 70°$

11

a) $A = 44{,}2\,cm^2$
b) $A = 77{,}4\,cm^2$
c) A, C, D, E

12

a) (3)
b) (B)
c) 1 C; $V = a^2(a + 2) = a^3 + 2a^2$
2 A; $V = a(a + 1)(a + 2) = (a^2 + a)(a + 2)$
$= a^3 + 2a^2 + a^2 + 2a = a^3 + 3a^2 + 2a$
3 B; $V = (a - 1)(a + 1)\,2a = (a^2 - 1)\,2a = 2a^3 - 2a$

13

a)

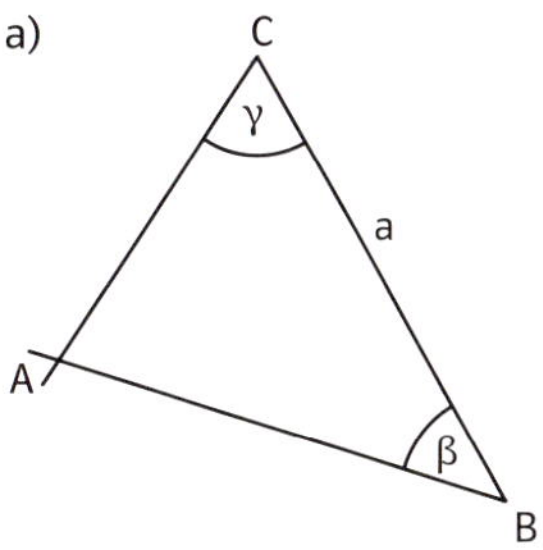

b)

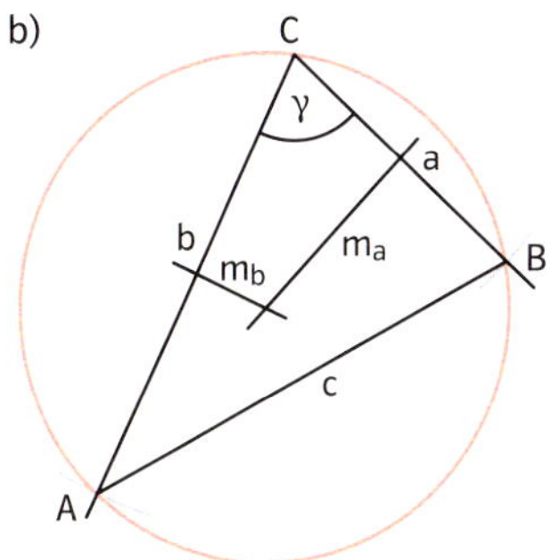

c)

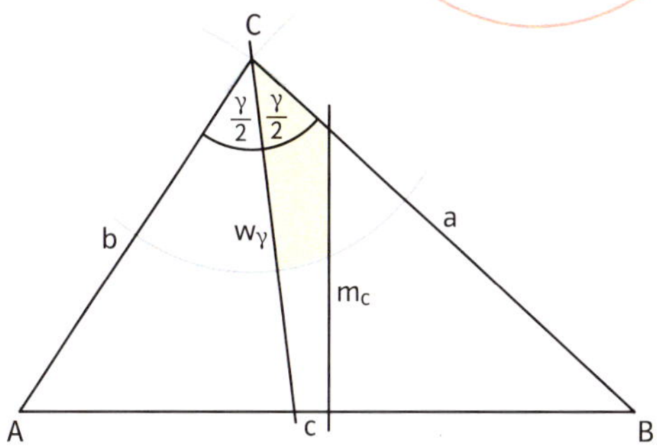

14

a) $\alpha = 32°$; $\beta = 21°$; $\gamma = 126°$
b) Es sind zu viele Angaben.
c) Die Seiten a und b sind zusammen kürzer als c.

15

a) A 2; Behälter hat überall den selben Querschnitt, füllt sich also gleichmäßig; geringes Volumen; Wasser steigt schnell
B 1; Behälter füllt sich erst langsam, dann schneller, da der Querschnitt kleiner wird; weiter oben gleichmäßig

C 4; Behälter füllt sich erst langsam, dann immer schneller; gleichmäßige Verengung nach oben hin

D 3 Behälter überall den selben Querschnitt, füllt sich gleichmäßig; großes Volumen; Wasser steigt langsam

b)

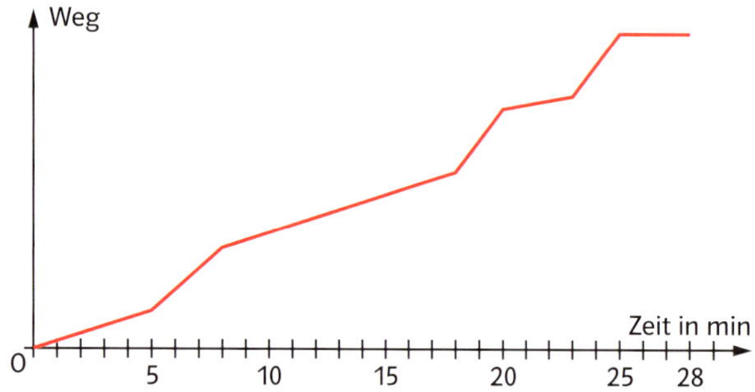

c) Es gibt keine waagrechten Abschnitte im Schaubild und die ansteigenden Abschnitte sind vertauscht: der flache gehört zum größten Würfel, der steile zum kleinsten.

16

a) g: $y = x - 2$ h: $y = -x - 0{,}5$ i: $y = 0{,}5x + 3$

b) keine

c) $y = 0{,}5x - 3{,}5$

17

a) ja, $y = -x + 4$ und $-48 = -52 + 4$

b) $h: y = x - 2$

c) 9 Flächeneinheiten

18

a) Die Kerze, die zur roten Gerade gehört, war 6 cm lang, die Kerze, die zur blauen Gerade gehört, war 4 cm lang. Die „blaue" Kerze ist die dickere der beiden.

b) Die Kerzen waren nach 20 Minuten etwa gleich weit abgebrannt.

c) Die rote Kerze hätte 8 cm lang sein müssen.

19

a) 120 Minuten

b) Die zylinderförmigen Kerzen sind dann gleich dick.

c) Die 24 cm lange Kerze brennt insgesamt 6 Stunden, die 12 cm lange Kerze brennt insgesamt 7,5 Stunden.

20

a) Familie Schmid zahlt bei Rent a mobil 280 €, bei Auto-Service 375 €.

Familie Spatz zahlt bei Rent a mobil 105 €, bei Auto-Service 112,50 €.

In beiden Fällen ist Rent a mobil günstiger.

b) Nein, diese Aussage gilt lediglich für die Firma Auto-Service.

c) Bei 120 gefahrenen Kilometern sind die beiden Angebote gleich günstig (90 €).

21

a) $x = 3$; $y = -2$

b) Keine, Geraden verlaufen parallel.

c) An der Anzahl der Schnittpunkte: Bei einem Schnittpunkt gibt es genau eine Lösung, bei unendlich vielen Schnittpunkten (Geraden liegen aufeinander) gibt es unendlich viele Lösungen, bei keinem Schnittpunkt (Geraden liegen parallel) gibt es keine Lösung.

22

a) $x = 3$; $y = -2{,}5$

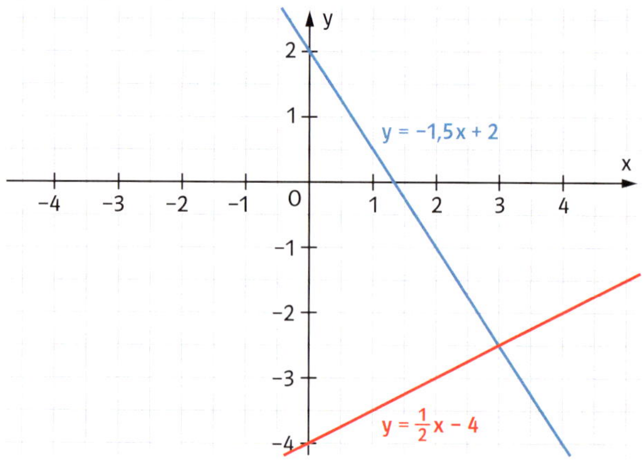

b) $x = 3$; $y = 2$

c) Die Geraden haben die Gleichungen:

g: $y = \frac{4}{3}x - 3$; h: $y = x + 3$

Die Geraden g und h schneiden sich im Punkt Q(18 | 21).

23

a) $x = 2$; $y = -1$

b) Frau Bauer kauft 3 kg Äpfel und 4 kg Orangen.

c) Die Mädchen erhalten jeweils 25 Kugeln, die Jungen bekommen jeweils 50 Kugeln.

24

a) $V = 3250\,cm^3$

b) $O = 448\,cm^2$

c) An jeder Ecke entstehen drei neue Quadratflächen, die mit den vorherigen Außenflächen übereinstimmen. Daher ändert sich beim Abschneiden von Außenecken die Oberflächengröße nicht.

25

a) Es werden 7 Teilwürfel entnommen.

Das Volumen beträgt somit $1280\,cm^3$.

b) Durch die Ausschachtung wird die Oberfläche vergrößert. Sie besteht aus 72 Teilquadraten (20 Würfel, 8 davon haben 3 freie Flächen, 12 haben 4 freie Flächen).

$O = 1152\,cm^2$

c) Die Oberfläche hat um $33{,}\overline{3}\,\%$ zugenommen.

26

a) 50 cm b) 75 cm

c) $\frac{2}{3}$ des Gesamtvolumens sind mit Wasser gefüllt.

Wenn der Körper auf der Vorderfläche liegt, füllt das Wasser erneut zwei Drittel der Körperhöhe.

Also steht das Wasser 20 cm hoch. Rechnerische Lösung ebenso möglich.

27

a) Die Prismen mit der parallelogrammförmigen und der rechteckigen Grundfläche sind gleich hoch.

b) Das parallelogrammförmige Prisma ist ebenfalls 12 cm hoch.

Das Dreiecksprisma ist doppelt so hoch, also 24 cm.

Das trapezförmige Prisma ist 8 cm hoch.

c) Die Höhen verhalten sich wie 3 : 6 : 3 : 2.

28

a)

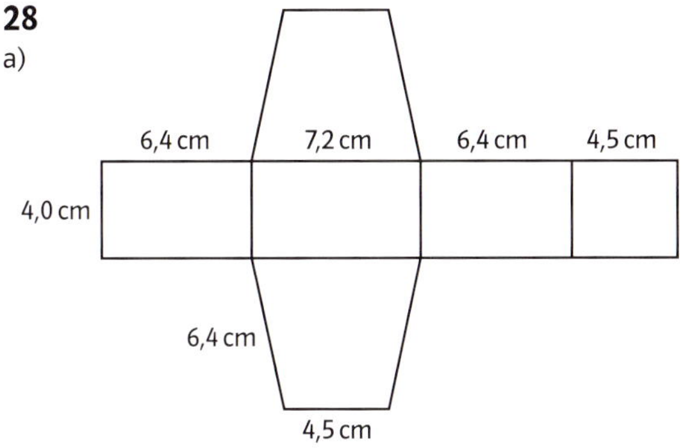

b) Die Höhe der Trapezfläche kann durch Abmessen bestimmt werden: h_t = 6,3 cm.

Damit gilt für die Oberfläche: O = 171,7 cm².

c)

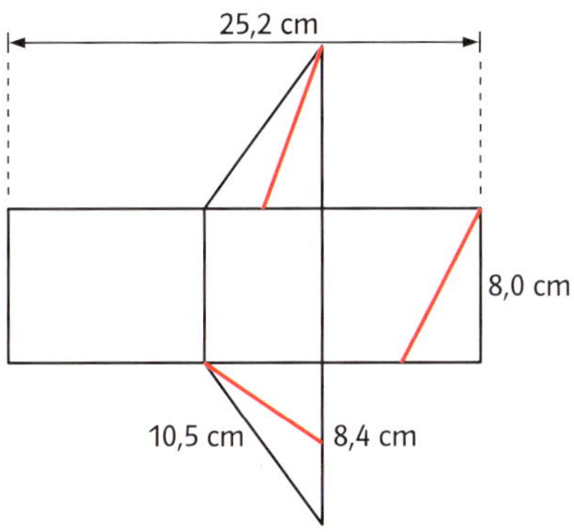

Der Streckenzug hat eine Länge von ungefähr 25,6 cm.

29

a) Die Körperhöhe beträgt 12,2 cm.

b) O = 591,36 cm²

c) h_t = 7,5 cm

30

a) Es gibt 5 Möglichkeiten. Alle entstehenden Körper sind Prismen.

b) Die Oberfläche eines einzelnen Prismas misst: O = 510 cm²

Die zusammengesetzten Körper haben folgende Oberflächengrößen: 930 cm²; 684 cm²; 810 cm²; 936 cm².

c) Das große Mantelrechteck ist jetzt ein Quadrat.

Es gibt also eine weitere Möglichkeit der Zusammensetzung: Das Quadrat A'B'F'E' wird dabei um 90° gedreht.

Der Körper ist dann allerdings kein Prisma.

31

a) Der Mantel kostete ursprünglich 240 €.

b) Die Antikvase hatte zuvor einen Wert von 1350 €.

c) 26,25 %

32

a) 93,20 € b) Ursprünglicher Preis: 110 €

c) 12,5 %

33

a) 20 % b) Die Schokoladentafel wog vorher 300 g.

c) 635,29 €

34

a) Das bisherige Paket dürfte 4,0 kg schwer gewesen sein.

b) Wäre der Preis proportional angehoben worden, hätte das neue 4,5-kg-Sparpaket nur 16,86 € kosten dürfen.

Es ist somit kein Sparpaket.

c) Die Ware kostet dann noch 53,3 % des ursprünglichen Preises, also noch mehr als die Hälfte.

35

a) Für die Jugendlichen (25 %), Erwachsene (21,2 %)

b) 48 € c) 15,4 %

36

a) 474,33 € b) 150 €

c) Der neue Preis beträgt noch 25 % des ursprünglichen Preises.

Folgende Aussagen sind deshalb richtig:

(1) Es kostet jetzt weniger als 30 % des ursprünglichen Preises.

(2) Der Preisnachlass beträgt drei Viertel des anfänglichen Preises.

37

a) K = 2500 €

b) Marie bekommt nach 1 Jahr und 9 Monaten 5337,92 € ausbezahlt.

c) Die Spareinlage beträgt 7500 €.

38

a) Es fallen 8,85 € Zinsen an.

b) Gesamtkosten über Möbelhaus Gigant: 18 500 €
Gesamtkosten über Stadtsparkasse: 18 403,75 €
c) ab 6666,67 €

39

a) In beiden Fällen beträgt der Zinssatz 8 %.
Die Frage ist, für wie lange sie das Geld leihen muss.
b) Bank C bietet einen Zinssatz von 7,5 % und ist dann am günstigsten, wenn sie das Geld auch für das gesamte Jahr braucht.

c) Zinsen für Sparguthaben:	67,50 €
Jahreszinsen bei den Banken A und B:	1200 €
Jahreszinsen bei Bank C:	1125 €
Ersparnis bei Bank A und B:	172,50 €
Ersparnis bei Bank C:	247,50 €

40

a) $V = 17\,408\ \text{cm}^3$
b) Das Abschneiden von Eckwürfeln ändert die Oberfläche nicht.
$O = 4224\ \text{cm}^2$
c) Der ursprüngliche Quader hat 66 Oberflächenquadrate. Damit die Oberfläche um mindestens 10 % zunimmt, müssen mindestens 7 Teilquadrate hinzukommen. Beim Herausbrechen eines Teilwürfels entstehen 2 zusätzliche Teilquadratflächen.
Dies gilt allerdings nur für Teilwürfel, die an den Kanten aber nicht an den Ecken liegen. Es müssen also 4 solcher Teilwürfel herausgebrochen werden.

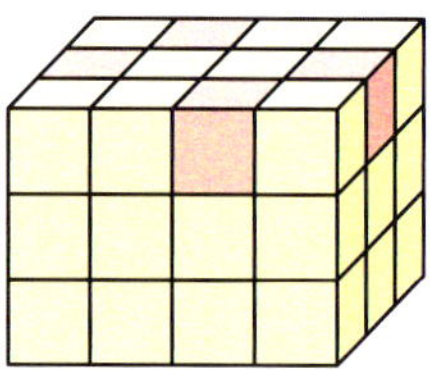

oder so

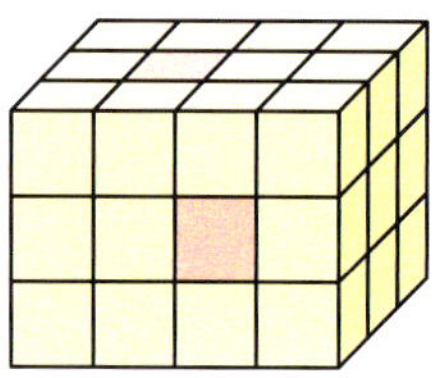

41

a) Es entstehen ein Rechteck und ein Dreieck.
Das Rechteck ist kein Quadrat. Die Seiten sind paarweise verschieden lang.
b) Das Volumen des kleinen Körpers verhält sich zum gesamten Würfelvolumen wie 1 : 16.
Das Volumenverhältnis der Teilkörper ist 1 : 15.

42

a) Der Arbeiter passt in der Höhe ungefähr 5-mal in das Auge. Wenn man annimmt, dass der Arbeiter 1,80 m groß ist, hat das gesamte Plakat eine Länge von ca. 15 m und eine Höhe von ca. 12 m. Der Flächeninhalt beträgt somit ungefähr $180\ \text{m}^2$.
b) Es wären ungefähr 66 700 Einzelfotos notwendig.
c) Das Auge hat auf dem Werbeplakat ungefähr die Höhe von 9 m. Das Auge eines Menschen ist ungefähr 2 cm hoch. Das ist bei einer Körpergröße von 1,80 m der 90. Teil. Also wäre der „Plakatmensch" $90 \cdot 9\ \text{m} = 810\ \text{m}$ groß.

43

a) Die Länge des Unterarms entspricht etwa der Länge des kleinen Zehs. Der kleine Zeh passt ungefähr 10-mal in die gesamte Fußlänge. Rechnet man mit 50 cm Unterarmlänge, dann wäre der Fuß somit ungefähr 5 m lang und etwa 1,80 m breit.
b) Ungefähr 15 bis 18 Fußballschuhe.
c) Die Fußlänge misst etwa ein Sechstel der Körpergröße. Der komplett in Bronze gegossene Uwe Seeler wäre dann 30 m hoch.

Register

Mathematische Symbole

$=$	gleich
$<$	kleiner als
$>$	größer als
$\mathbb{N}$	Menge der natürlichen Zahlen
$\mathbb{Z}$	Menge der ganzen Zahlen
$\mathbb{Q}$	Menge der rationalen Zahlen
$g \perp h$	die Geraden g und h sind zueinander senkrecht
⊾	rechter Winkel
$g \parallel h$	die Geraden g und h sind parallel
g, h, …	Buchstaben für Geraden
A, B, … , P, Q, …	Buchstaben für Punkte
$\alpha, \beta, \gamma, \delta, \ldots$	griechische Buchstaben für Winkel
$\overline{AB}$	Strecke mit den Endpunkten A und B
$A(-2 \mid 4)$	Punkt im Koordinatensystem mit dem x-Wert −2 und y-Wert 4

Maßeinheiten und Umrechnungen

Zeiteinheiten

Jahr		Tag		Stunde		Minute		Sekunde
1 a	=	365 d						
		1 d	=	24 h				
				1 h	=	60 min		
						1 min	=	60 s

Gewichtseinheiten

Tonne		Kilogramm		Gramm		Milligramm
1 t	=	1000 kg				
		1 kg	=	1000 g		
				1 g	=	1000 mg

Längeneinheiten

Kilometer		Meter		Dezimeter		Zentimeter		Millimeter
1 km	=	1000 m						
		1 m	=	10 dm				
				1 dm	=	10 cm		
						1 cm	=	10 mm

Flächeneinheiten

Quadrat-kilometer		Hektar		Ar		Quadrat-meter		Quadrat-dezimeter		Quadrat-zentimeter		Quadrat-millimeter
$1\,km^2$	=	100 ha										
		1 ha	=	100 a								
				1 a	=	$100\,m^2$						
						$1\,m^2$	=	$100\,dm^2$				
								$1\,dm^2$	=	$100\,cm^2$		
										$1\,cm^2$	=	$100\,mm^2$

Raumeinheiten

Kubikmeter		Kubikdezimeter		Kubikzentimeter		Kubikmillimeter
$1\,m^3$	=	$1000\,dm^3$				
		$1\,dm^3$	=	$1000\,cm^3$		
		1 l	=	1000 ml		
				$1\,cm^3$	=	$1000\,mm^3$

Bildquellenverzeichnis

4.1: Avenue Images GmbH, (Photo Disc), 4.2: (Stockbyte), 4.4: (Brand X Pictures), 5.2: (Thinkstock), Hamburg – 5.3: Corbis, (zefa/Engel), Düsseldorf – 5.4: Getty Images, (Image Bank), München – 12.1: Avenue Images GmbH, (Photo Disc), Hamburg – 13.3: Corbis, (zefa/Allig), 28.1: (Archivo Iconografico), Düsseldorf – 28.3: Picture-Alliance, (akg / von Linden), Frankfurt – 30.1: Avenue Images GmbH, (Stockbyte), 30.4: (PhotoDisc), Hamburg – 35.1: Alamy Images RM, (profimedia), Abingdon, Oxon – 36.1: Casio, Norderstedt – 37.1: Imago, Berlin – 37.2: Mauritius, (Keyphoto International), Mittenwald – 37.3: Getty Images, (Image Bank), München – 38.1: Avenue Images GmbH, (Image Source), Hamburg – 41.2: Helga Lade (Photri), Frankfurt/M. – 47.4: Avenue Images GmbH, (image 100), Hamburg – 49.1: Ziegelwerk Schmid, Bönnigheim – 49.2: Mauritius, (Rawi), Mittenwald – 49.3: www.bilderbox.com, (Fotofinder), Thening – 51.3: Avenue Images GmbH, (STOCK4B-RF), Hamburg – 51.4: www.vulkaneifelwetter.de – 53.1: Mauritius, (age), Mittenwald – 62.3: Okapia, (Möller), Frankfurt – 66.2: Conrad Electronic GmbH, Hirschau – 67.2: PCE Group oHG, Meschede – 69.3: AP, Frankfurt am Main – 70.3: MEV, Augsburg – 74.1: Corbis, (Sidney/zefa), Düsseldorf – 74.3: Peter Arnold, (Jim Wark), New York – 76.1: Avenue Images GmbH, (Brand X Pictures), 76.2: (Stockdisc), Hamburg – 76.3: Corbis, (zefa/Klawitter), Düsseldorf – 77.1: Avenue Images GmbH, (Stockdisc), Hamburg – 77.2: Getty Images, (Photographer`s Choic), 77.3: (Photonica), München – 78.1: MEV, Augsburg – 80.2: Avenue Images GmbH, (Image Source), 86.1: (image 100), Hamburg – 86.3: Getty Images, (Stone), München – 87.1: Mauritius, (Heidi Velten), Mittenwald – 88.1: Getty Images, München – 89.3: Lokomotiv-Ateliers für Visuelle Kom, (Fotofinder), Stadtlohn – 90.1: Avenue Images GmbH, (Corbis RF), Hamburg – 93.2: Alamy Images RF, (Black Star), Abingdon, Oxon – 93.3: Fotofinder, (FreeLens Pool), Berlin – 96.1: MEV, Augsburg – 96.2: Mauritius, (Hackenberg), Mittenwald – 98.4: Getty Images, (Stock 4B), München – 99.2: Avenue Images GmbH, (Image Source), Hamburg – 104.3: Imago Stock & People, (Niehoff), Berlin – 106.1: Viscom Fotostudio, (Siegfried Schenk), Schwäbisch Gmünd – 112.1: Mauritius, (Hackenberg), Mittenwald – 113.3: laif, (Specht), Köln – 115.1: Getty Images, (Image Bank), München – 120.1: Avenue Images GmbH, (Thinkstock), Hamburg – 125.3: iStockphoto, (RF/mike morley), Calgary, Alberta – 128.4: www.wasserfest.de – 130.5: Silvestris, Dießen – 134.4: Kage, Manfred P. und Christina, Lauterstein – 135.1: DaimlerChrysler, Stuttgart – 135.2: Züblin Services GmbH, Stuttgart – 135.3: iStockphoto, (Don Wilkie), Calgary, Alberta – 135.5: Helga Lade, (Rainer Binder), Frankfurt – 142.2: Fotofinder, (FreeLens Pool), Berlin – 143.1: iStockphoto, (Craig Barhorst), Calgary, Alberta – 143.2: Corbis, (FORESTIER YVES/CORBI), 14.1: (zefa/Engel), Düsseldorf – 144.2: Avenue Images GmbH, (Stockdisc), 144.3: (Stockdisc), Hamburg – 145.1: Getty Images, (Stone), München – 146.1: MEV, Augsburg – 149.1: Getty Images, (Altrendo), München – 151.3: MEV, Augsburg – 152.1: creativ collection, Freiburg – 153.1: Getty Images RF, München – 159.2: ullstein bild, (Contrast/Pollak), Berlin – 160.1, 161.1: MEV, Augsburg – 161.4: Picture-Alliance, (Conradie), Frankfurt – 164.1: Getty Images, (Image Bank), München – 164.2: Corbis, (Thomsen/zefa), Düsseldorf – 164.3: Avenue Images GmbH, (PhotoDisc), Hamburg – 164.5: Getty Images, (Photonica), München – 165.1: Avenue Images GmbH, (PhotoDisc), 165.2: (Stock Disc), Hamburg – 165.3: Corbis, (Emely/zefa), Düsseldorf – 165.4: Getty Images, (Image Bank), München – 166.1: MEV, Augsburg – 172.3: Alamy Images RM, (Karpeles), Abingdon, Oxon – 177.2: Motor-Presse International, (Fotofinder), Stuttgart – 178.1: Bananastock RF, (Banana Stock), Watlington / Oxon – 180.1: Getty Images, (Stone), 180.2: (photonica/Hoshikawa), 180.3: (photonica/Neo Vision), München – 180.4: Corbis, (Randy Faris), Düsseldorf – 180.5: Getty Images, (FoodPix), München – 181.1: Corbis, (Sagel), 181.2: (Stevenson), 181.3: Corbis, (creasource), Düsseldorf – 191.1: Picture-Alliance, (dpa), 191.2: (Weißbrod), Frankfurt

Alle übrigen Fotos entstammen dem Archiv des Ernst Klett Verlages, Stuttgart.

Nicht in allen Fällen war es uns möglich, den uns bekannten Rechteinhaber ausfindig zu machen. Berechtigte Ansprüche werden selbstverständlich im Rahmen der üblichen Vereinbarungen abgegolten.